WLW

高等职业院校

物联网应用技术专业"十二五"规划系列教材

物联网技术概论

WULIANWANG JISHU GAILUN

U0190542

总 主 编　任德齐
副总主编　陈　良　程远东
主　　编　谢昌荣　曾宝国
副 主 编　汤　平　李菊英
主　　审　魏运全
编　　者（以姓氏笔画为序）
李　婷　张　明
卓晓波　梁　爽

重庆大学出版社

内容提要

本书以培养职业能力为核心,以物联网技术架构体系为主线,引入技能练习和应用案例的分析,尽可能采用更多的图文,使读者获得愉快的课程学习体验。

本书分为物联网概述、物联网的现状及战略意义、物联网体系架构、物联网的技术基础、物联网安全、物联网的技术标准、物联网应用案例以及物联网知识体系和课程安排共8章内容,比较全面地介绍了物联网的概念、战略意义、实现技术、典型应用和知识体系。

本书图文并茂,贴近实际,案例丰富,可作为高职高专物联网应用技术专业物联网导论课程教材,还可作为高等应用学院、高职学院、中职学校计算机类专业、电子商务专业和电子信息类专业的公共物联网技术概论课程教材,同时也可作为物联网应用技术培训机构、物联网爱好者的学习参考书。

图书在版编目(CIP)数据

物联网技术概论/谢昌荣,曾宝国主编.—重庆:重庆大学出版社,2013.7(2021.7 重印)
高等职业院校物联网应用技术专业“十二五”规划系列教材
ISBN 978-7-5624-7362-6

Ⅰ.①物… Ⅱ.①谢…②曾… Ⅲ.①互联网络—应用—高等职业教育—教材②智能技术—应用—高等职业教育—教材
Ⅳ.①TP393.4②TP18

中国版本图书馆 CIP 数据核字(2013)第110155号

高等职业院校物联网应用技术专业“十二五”规划系列教材
物联网技术概论
总 主 编 任德齐
副总主编 陈 良 程远东
主 编 谢昌荣 曾宝国
副 主 编 汤 平 李菊英
责任编辑:章 可 版式设计:章 可
责任校对:谢 芳 责任印制:赵 晟
*
重庆大学出版社出版发行
出版人:饶帮华
社址:重庆市沙坪坝区大学城西路21号
邮编:401331
电话:(023) 88617190 88617185(中小学)
传真:(023) 88617186 88617166
网址:http://www.cqup.com.cn
邮箱:fxk@cqup.com.cn(营销中心)
全国新华书店经销
重庆升光电力印务有限公司印刷
*
开本:787mm×1092mm 1/16 印张:17.5 字数:437千
2013年7月第1版 2021年7月第8次印刷
ISBN 978-7-5624-7362-6 定价:45.00元

本书如有印刷、装订等质量问题,本社负责调换
版权所有,请勿擅自翻印和用本书
制作各类出版物及配套用书,违者必究

全国高职院校物联网应用技术专业研究协作会

顾问单位

四川大学
重庆大学
重庆物联网产业发展联盟

理事长单位

重庆工商职业学院

副理事长单位

重庆电子工程职业学院
重庆城市管理职业学院
重庆正大软件职业技术学院
重庆科创职业学院
重庆航天职业技术学院
四川信息职业技术学院
四川工程职业技术学院
成都职业技术学院
绵阳职业技术学院
贵州交通职业技术学院
九江职业技术学院

理事单位

重庆新标公司
中国移动物联网基地
工信部电信研究院西部分院
重庆普天普科通信技术有限公司
四川维诚信息技术有限公司
成都道惟尔科技有限公司
广州飞瑞敖电子科技有限公司
重庆管理职业学院
重庆工程职业技术学院
重庆工业职业技术学院
重庆能源职业学院
四川化工职业学院
四川托普信息职业技术学院
成都农业科技职业学院
武汉职业技术学院
武汉软件工程职业学院
昆明冶金高等专科学校
贵州信息职业技术学院
贵州职业技术学院
陕西工业职业技术学院
汉中职业技术学院
宝鸡职业技术学院
襄阳汽车职业技术学院

物联网应用技术专业教材编委会

顾　问

彭　舰　（四川大学计算机学院，教授）
石为人　（重庆大学自动化学院，教授）
王　瑞　（重庆物联网产业发展联盟，秘书长）
孙　建　（重庆新标公司，董事长）
刘纯武　（重庆瑞迪恩责任有限公司，总经理）

总主编

任德齐

副总主编

陈　良　程远东

编委会成员

程远东　刘洪涛　曾宝国　邱　丰　易国建　刘宝锺　徐　欣　刘鸿飞
汤　平　周南权　焦　键　李圣良　杨　槐　王小平　谢昌荣　唐中剑
罗　建　潘　科　彭　勇　王建勇　郭　兵　李　婷　王泽芳　景兴红
宋　苗　肖　佳　屈涌杰　李　纯　王　波　张　健　万　兵　王　飞
钱　游　梁修荣　杨　军　胡德清　占跃华　白国庆　胡玉蓉　梁　爽
张魏群　张　明　徐　磊

序言

近几年来,物联网作为新一代信息通信技术,继计算机、互联网之后掀起了席卷世界的第三次信息产业浪潮。信息产业第一次浪潮兴起于20世纪50年代,以信息处理PC机为代表;20世纪80年代,以互联网、通信网络为代表的信息传输推动了信息产业的第二次浪潮;而2008年兴起的以传感网、物联网为代表的信息获取或信息感知,推动信息产业进入第三次浪潮。

与错失前两次信息产业浪潮不同,我国与国际同步开始物联网的研究。2009年8月,温家宝总理在视察中科院无锡物联网产业研究所时提出"感知中国"概念,物联网被正式列为国家五大新兴战略性产业之一。当前我国在物联网国际标准制定、自主知识产权、产业应用和制造等方面均具有一定的优势,成为国际传感网标准化的四大主导国之一。据不完全统计,目前全国已有28个省市将物联网作为新兴产业发展重点之一。2012年国家发布了《物联网"十二五"发展规划》,物联网将大量应用于智能交通、智能物流、智能电网、智能医疗、智能环保、智能农业等重点行业领域中。业内预计,未来五年全球物联网产业市场将呈现快速增长态势,年均增长率接近25%。保守预计,到2015年中国物联网产业将实现5 000多亿元的规模,年均增长率达11%左右。

产业的发展离不开人才的支撑,急需大批的物联网应用技术高素质技能人才。物联网广阔的行业应用领域为高等职业教育敞开了宽广的大门,带来了无限生机,越来越多的院校开办这个专业。截止到2012年,国内已有400余所高职院校开设了物联网相关专业(方向),着眼培养物联网应用型人才。由于物联网属于电子信息领域的交叉领域,物联网应用技术专业与电子、计算机以及通信网络等传统电子信息专业有何差异?物联网应用技术人才需要掌握的专业核心技能究竟是哪些?物联网应用技术专业该如何建设?这些问题需要深入思考。作为新专业有许多工作要做:制定专业的培养方案、专业课程体系、实训室建设,同时急需要开发与之配套的教材、教学资源。

2012年6月,针对物联网专业建设过程中面临的共性问题,重庆工商职业学院、重庆电子工程职业学院、重庆城市管理职业学院、绵阳职业技术学院、四川信息职业技术学院、成都职业技术学院、贵州交通职业技术学院、武汉职业技术学院、九江职业技术学院、重庆正大软件职业技术学院、四川工程职业技术学院、重庆航天职业技术学院、重庆管理职业学院、重庆科创职业学院、昆明冶金高等专科学校、陕西工业职业技术学院等西部国家示范和国家骨干高职学院联合倡议,在重庆大学、四川大学等"985"高校专家的指导下,在重庆物联网产业联盟组织的支持下,依托重庆大学出版社,发起成立了国内第一个由"985"高校专家、行业专家、职业学院教师等物联网行业技术与教育精英人才组成的"全国高等职业院校物联网应用技术专业研究协作会”(简称协作会)。旨在开发物联网信息资源、探索与研究职业教育中物联网应用技术专业的特点与规律、推进物联网教学模式改革及课程建设。协作会的成立为“雾里看花”的国内高职物联网相关专业教学人员提供了一个交流、研讨、资源开发的平台,促进高职物联网应用技术专业又快又好地发展。

在协作会的统一组织下,汇集国内行业技术专家与众多高职院校从事物联网相关专业教学的资深教师联合编撰的物联网应用技术专业系列教材是“协作会”推出的第一项成果。本套教材根据物联网行业对应用技术型人才的要求进行编写,紧跟物联网行业发展进度和职业教育改革步伐,注重学生实际动手能力的培养,突出物联网企业实际工作岗位的技能要求,使教材具有良好的实践性和实用价值。帮助学生掌握物联网行业的各种技术、规范和标准,提高技能水平和实践能力,适应物联网行业对人才的要求,提高就业竞争力。系列教材具有以下特点:

1. 遵循“由易到难、由小到大”的规律构建系列教材

以学生发展为中心。满足学生需要,重视学生的个体差异和情感体验,提倡教学中设计有趣而丰富的活动,引导学生参与、参与、再参与。

教材编写时根据教学对象的知识结构和思维特点,按照学生的认知规律,由小而简单的知识开始,便于学生掌握基本的知识点和技能点,再逐步由小知识一步步叠加构成后面的大而相对复杂的知识,这样可以避免学生产生学习过程中的畏难情绪,有利于教与学。

2. 校企合作,精心选择、设计任务载体

系列教程编写过程中强调行业人员参与,每本教材都有行业一线技术专家参加编写,注重案例分析,以案例示范引领教学。根据课程特点,部分教材将编写成项目形式,将课程内容划分为几个课题,每个课题分解成若干个任务,精心选择、设计每一课题的每一个任务。各个任务中的主要知识点蕴含在各个任务载体中,学生围绕每个任务的实现而循序渐进地学习,实现相应的教学目标,从而激发学生的学习兴趣,树立学生的学习信心。

3. 教材编写遵循“实用、易学、好教”的原则

教材内容根据“实用、易学、好教”的原则编写,尽量选择生活、生产实际中的实例,突出学以致用,淡化理论推导,着重分析,简化原理讲解,突出常用的功能以及应用,使学生易学,老师好教。

我们深信,这套系列教材的出版,将会有效地推动全国高等职业院校物联网应用技术专业的教学发展,填补国内高职院校物联网技术应用专业系列教材的空白。

本系列教材比较准确地把握了物联网应用技术专业课程的特征,既可作为高职学院物联网应用技术专业的课程教材,也可作为职业培训机构的物联网相关技术培训教材,对从事物联网工作的工程技术人员也有学习参考价值。当然,鉴于物联网技术仍处于发展阶段,编者的理论水平和实践能力有限,本套教材可能存在一定缺陷和疏漏,我们衷心希望使用本系列教材的院校和师生提出宝贵建议和意见,使该系列教材得到不断的完善。

总主编　任德齐

2013 年 1 月

前 言

物联网是国家新兴战略产业中信息产业发展的核心领域，将在国民经济中发挥重要作用。目前，物联网技术是全球研究的热门课题，我国和其他许多国家都把它的发展提到了国家级的战略高度，称之为继计算机、互联网之后世界信息产业的第三次浪潮。新技术发展需要大批高技能人才。为适应国家战略性新兴产业发展的需要，加大物联网高端技能人才的培养力度，许多高职院校在已有的教学条件基础上加大投入，开设了物联网应用技术专业，或修订相关专业人才培养计划，加入《物联网技术概论》课程，以满足新兴产业发展对物联网技术人才的迫切需求。

本书针对高职院校的特点，引入大量技能练习和应用案例的分析，并尽可能采用更多的图文，使读者在接受理论知识的同时，更深入地理解所学的技能，获得愉快的课程学习体验。

《物联网技术概论》定位为导向和技术应用型教材，弱化理论推导，强化技能培养，瞄准高职高专培养目标，以"必需""够用"为度。编写的主要目的是加强学生对物联网技术的认识和应用能力的培养，使学生不仅具备一定的理论知识，更具备技术应用能力。

本书将紧紧围绕物联网中技术架构体系，分为物联网概述、物联网的现状及战略意义、物联网体系架构、物联网的技术基础、物联网安全、物联网的技术标准、物联网应用案例以及物联网知识体系和课程安排共8章内容，比较全面地介绍了物联网的概念、战略意义、实现技术和典型应用。总学时34~40，若加上技能训练可以达到52~64学时。

本书在编写过程中，遵循企业物联网综合实验开发平台的技能训练要求，在教学过程中可同步进行该系统包含的RFID技术与应用、无线传感网络技术、传感器与检测技术、物联网综合实训方面的实验和设计。

本书由谢昌荣、曾宝国主编，汤平、李菊英为副主编。其中谢昌荣完成了第1章、第4章(4.2部分)、第5章(部分)、第8章的编写；曾宝国完成了第7章的编写；汤平完成了第4章(4.1、4.2(部分)、4.3)的编写；李菊英完成了第2章、第5章(部分)、第3章(部分)的编写；李婷完成了第3章(部分)、第6章的编写；参加本书编写的还有张明、梁爽和卓晓波。全书由谢昌荣统稿，本书在编写过程中得到了许多职业技术学院相关领导、老师的支持和帮助，得到了重庆大学出版社相关领导、编辑的支持和帮助，在此，向所有为本书的出版做出贡献的人们表示衷心感谢！

本书图文并茂，贴近实际，案例丰富，可作为高职高专物联网应用技术专业物联网导论课程教材，还可作为高等应用学院、高职学院、中职学校计算机类专业、电子商务专业和电子信息类专业的公共物联网技术概论课程教材，同时也可作为物联网应用技术初学者自学教材和各类物联网培训班的培训教材。

鉴于编者水平有限，书中难免存在疏漏和不足，恳请广大读者批评指正。编者的E-mail为xcr0312@sina.com。

编 者

2013年5月

目录 CONTENTS

第 1 章 物联网概述 …… 1
1.1 物联网的起源和发展 …… 2
1.2 物联网概念 …… 7
1.3 人类将进入物联网时代 …… 10
本章小结 …… 16
自测题 …… 17

第 2 章 物联网的现状及战略意义 …… 19
2.1 物联网现状分析 …… 20
2.2 物联网的战略意义 …… 22
2.3 中国物联网的发展 …… 32
本章小结 …… 37
自测题 …… 38

第 3 章 物联网体系架构 …… 41
3.1 物联网体系概述 …… 42
3.2 感知互动层 …… 43
3.3 网络传输层 …… 45
3.4 应用服务层 …… 46
本章小结 …… 48
自测题 …… 49

第 4 章 物联网技术基础 …… 51
4.1 物联网感知层技术 …… 52
4.2 物联网网络层技术 …… 91
4.3 物联网应用层技术 …… 135
本章小结 …… 154
自测题 …… 155

第 5 章 物联网安全 …… 159
5.1 物联网安全特征、需求与目标 …… 160
5.2 物联网面临的安全威胁与攻击 …… 164

5.3 物联网安全体系 …… 166
5.4 RFID 安全和隐私 …… 169
5.5 数据加密的实现 …… 184
本章小结 …… 188
自测题 …… 188

第6章 物联网的技术标准 …… 191
6.1 物联网标准制定的意义 …… 192
6.2 国际物联网标准制定现状 …… 193
6.3 中国物联网标准制定现状 …… 196
6.4 全面推进物联网标准化 …… 198
本章小结 …… 200
自测题 …… 200

第7章 物联网应用案例 …… 203
7.1 智能电网 …… 204
7.2 智能交通 …… 212
7.3 智能物流 …… 224
7.4 智能家居 …… 232
7.5 环境监测 …… 250
本章小结 …… 256
自测题 …… 257

第8章* 物联网的知识体系和课程安排 …… 259
8.1 物联网的知识体系 …… 260
8.2 物联网应用技术专业课程体系 …… 265
本章小结 …… 268
自测题 …… 268

参考文献 …… 269

第1章 物联网概述

教学目标

了解物联网的起源和发展

掌握物联网的定义及特征

理解物联网的关键技术

了解人类进入物联网时代的特征

熟悉物联网的应用领域

重点、难点

物联网的概念

物联网的关键技术

1.1 物联网的起源和发展

1.1.1 物联网的起源

网络深刻地改变着人们的生产和生活方式。从早期用电子邮件沟通地球两端的用户,到超文本标记语言(HTML)和万维网(WWW)技术引发的信息爆炸,再到如今多媒体数据的丰富展现,互联网已不仅仅是一项通信技术,更成就了人类历史上最庞大的信息世界。在可以预见的未来,互联网上的各种应用,或者说以互联网为代表的计算模式,将持续地把人们吸引在浩瀚的信息空间中。

进入21世纪以来,随着感知识别技术的快速发展,信息从传统的人工生成的单通道模式转变为人工生成和自动生成的双通道模式。以传感器和智能识别终端为代表的信息自动生成设备可以实时准确地开展对物理世界的感知、测量和监控。低成本芯片制造使得物联网的终端数目激增,而网络技术使得综合利用来自物理世界的信息变为可能。与此同时,互联网的触角(网络终端和接入技术)不断延伸,深入人们生产、生活的各个方面。以手机和笔记本电脑作为上网终端的使用率迅速攀升,其中手机年增长率为98.5%,笔记本电脑为42.4%,而桌面计算机仅为5.8%。互联网随身化、便携化的趋势进一步明显。

一方面是物理世界的联网需求,另一方面是信息世界的扩展需求。来自上述两方面的需求催生出了一类新型网络——物联网(Internet of Things)。

物联网是一个基于互联网、传统电信网等信息承载体,让所有能够被独立寻址的普通物理对象实现互联互通的网络。它具有普通对象设备化、自治终端互联化和普适服务智能化3个重要特征。

物联网概念最早出现于比尔·盖茨1995年出版的《未来之路》一书,在书中比尔·盖茨已经提及物联网概念,只是当时受限于无线网络、硬件及传感设备的发展,并未引起世人的重视。

1998年,美国麻省理工学院(MIT)创造性地提出了当时被称作EPC系统的“物联网”的构想。

1999年,美国麻省理工学院的Auto-ID实验室首先提出“物联网”的概念,主要是建立在物品编码、RFID技术和互联网的基础上,如图1.1所示。过去在中国,物联网被称之为传感网。中科院早在1999年就启动了传感网的研究,并已取得了一些科研成果,建立了一些适用的传感网。同年,在美国召开的移动计算和网络国际会议提出了“传感网是下一个世纪人类面临的又一个发展机遇”。

2003年,美国《技术评论》提出传感网络技术将是未来改变人们生活的十大技术之首。

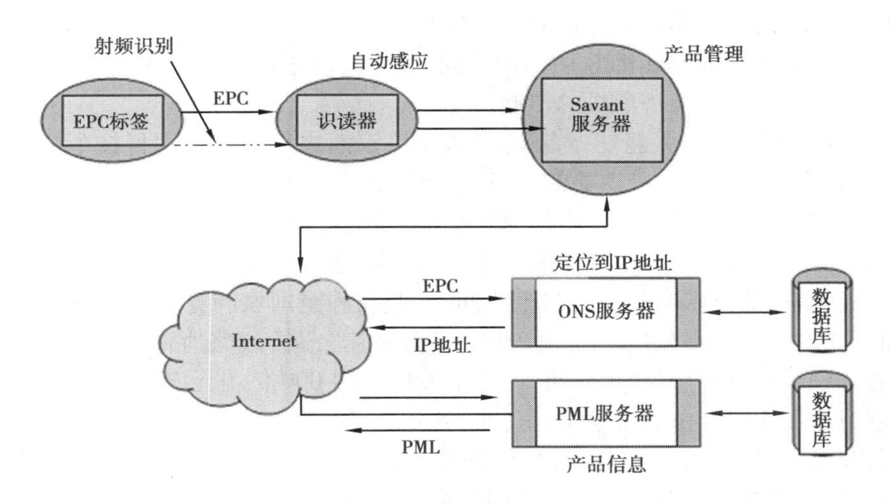

图 1.1 “物联网”的概念

2005 年 11 月 17 日,在突尼斯举行的信息社会世界峰会(WSIS)上,国际电信联盟(ITU)发布了《ITU 互联网报告 2005:物联网》,正式提出了“物联网”的概念。报告指出,无所不在的“物联网”通信时代即将来临,世界上所有的物体从轮胎到牙刷、从房屋到纸巾都可以通过因特网主动进行交换。射频识别技术(RFID)、传感器技术、纳米技术、智能嵌入技术将得到更加广泛的应用。根据 ITU 的描述,在物联网时代,通过在各种各样的日常用品上嵌入一种短距离的移动收发器,人类在信息与通信世界里将获得一个新的沟通维度,从任何时间、任何地点的人与人之间的沟通连接扩展到人与物和物与物之间的沟通连接。

美国权威咨询机构 FORRESTER 预测,到 2020 年,世界上物物互联的业务,跟人与人通信的业务相比,将达到 30:1。因此,“物联网”被称为是下一个万亿级的通信业务。

2009 年 1 月 28 日,奥巴马就任美国总统后,与美国工商业领袖举行了一次“圆桌会议”,作为仅有的两名代表之一,IBM 首席执行官彭明盛首次提出“智慧地球”这一概念,建议新政府投资新一代的智慧型基础设施。

2009 年 2 月 24 日,IBM 大中华区首席执行官钱大群在 2009 IBM 论坛上公布了名为“智慧地球”的最新策略。此概念一经提出,即得到美国各界的高度关注,甚至有分析认为 IBM 公司的这一构想极有可能上升至美国的国家战略,并在世界范围内引起轰动。IBM 认为,IT 产业下一阶段的任务是把新一代 IT 技术充分运用在各行各业之中,具体地说,就是把感应器嵌入和装备到电网、铁路、桥梁、隧道、公路、建筑、供水系统、大坝、油气管道等各种物体中,并且被普遍连接,形成物联网。

针对中国经济的状况,钱大群表示,中国的基础设施建设空间广阔,而且中国政府正在以巨大的控制能力、实施决心和配套资金对必要的基础设施进行大规模建设,“智慧地球”这一战略将会产生更大的价值。在策略发布会上,IBM 还提出,如果在基础建设的执行中植入“智慧”的理念,不仅能够在短期内有力地刺激经济、促进就业,而且能够在短时间内为中国打造一个成熟的智慧基础设施平台。当今世界许多重大的问题如金融危机、能源危机和环境恶化等,实际上都能够以更加"智慧"的方式解决。在全球经济形势低迷的同时,也孕育着未来的发展机遇,中国不仅能够借此机遇开创新乐观产业和新的市场,更能以此加速发展,摆脱经济危机的影响。

IBM希望"智慧地球"策略能掀起继"互联网"浪潮之后的又一次科技革命。IBM前首席执行官郭士纳曾提出一个重要的观点,认为计算模式每隔15年发生一次变革。这一判断像摩尔定律一样准确,人们把它称为"十五年周期定律"。1965年前后发生的变革以大型机为标志,1980年前后以个人计算机的普及为标志,而1995年前后则发生了互联网革命。每一次这样的技术变革都引起企业间、产业间甚至国家间竞争格局的重大动荡和变化。而互联网革命一定程度上是由美国"信息高速公路"战略所催熟。20世纪90年代,美国克林顿政府计划用20年时间,耗资2 000亿~4 000亿美元,建设美国国家信息基础结构,创造了巨大的经济和社会效益。而今天,"智慧地球"战略被不少美国人认为与当年的"信息高速公路"有许多相似之处,同样被他们认为是振兴经济、确立竞争优势的关键战略。该战略能否掀起如当年互联网革命一样的科技和经济浪潮,不仅为美国所关注,更为世界所关注。

1.1.2 物联网的发展

南京航空航天大学国家电工电子示范中心主任赵国安说:"物联网前景非常广阔,它将极大地改变人们目前的生活方式。"业内专家表示,物联网把我们的生活拟人化了,万物成了人的同类。在这个物物相联的世界中,物品(商品)能够彼此进行"交流",而无须人的干预。物联网利用射频自动识别技术,通过计算机互联网实现物品(商品)的自动识别和信息的互联与共享。可以说,物联网描绘的是充满智能化的世界。在物联网的世界里,物物相连、"天罗地网"。

"物联网"被称为继计算机、互联网之后,世界信息产业的第三次浪潮。业内专家认为,物联网一方面可以提高经济效益,大大节约成本;另一方面可以为全球经济的复苏提供技术动力。

1. 美国

2008年12月,奥巴马向IBM咨询了"智慧地球"的有关细节,并共同就投资智能基础设施对于经济的促进效果进行了研究,结果显示,如果在新一代宽带网络、智能电网和医疗IT系统的建设方面投入300亿美元,就可以产生100万个就业岗位,并衍生出众多新型现代服务业态,从而帮助美国建立起长期竞争优势。

2009年2月17日,奥巴马签署生效的《2009年美国恢复和再投资法案》(即美国的经济刺激计划)提出要在智能电网领域投资110亿美元,卫生医疗信息技术应用领域投资190亿美元。IBM提出的"智慧地球"概念已上升至美国的国家战略。

2. 欧盟

2009年6月18日,欧盟委员会向欧盟议会、理事会、欧洲经济和社会委员会及地区委

员会递交了《欧盟物联网行动计划》，希望欧洲在构建新型物联网管制框架的过程中，在世界范围内起主导作用。

欧盟除了通过ICT研发计划投资4亿欧元，启动90多个研发项目提高网络智能化水平外，还将在2011—2013年间每年新增2亿欧元进一步加强研发力度，同时拿出3亿欧元专款，支持物联网相关公司合作短期项目建设。

3. 日本

2004年日本就推出了“u-Japan”计划，着力发展泛在网及相关产业，并希望由此催生新一代信息科技革命，在2010年实现“无所不在的日本”。2009年8月，日本又将“u-Japan”升级为“i-Japan”战略，提出“智慧泛在”构想，将传感网列为其国家重点战略之一，致力于构建一个个性化的物联网智能服务体系，充分调动日本电子信息企业的积极性，确保日本在信息时代的国家竞争力始终位于全球第一阵营。日本政府希望通过物联网技术的产业化应用，减轻由人口老龄化所带来的医疗、养老等社会负担。

4. 韩国

韩国的移动RFID技术已于2007年被国际标准化组织（ISO）作为国际标准采纳。2009年10月13日，韩国通过了《物联网基础设施构建基本规划》。计划在2013年之前创造50万亿韩元的物联网产业规模。韩国通信委员会确定了“通过构建世界最先进的物联网基础实施，打造未来广播通信融合领域超一流ICT强国”的目标，并确定了构建物联网基础设施、发展物联网服务、研发物联网技术、营造物联网扩散环境等四大领域、12项详细课题。

5. 国内政策

2010年6月7日，胡锦涛在中国科学院第十五次院士大会、中国工程院第十次院士大会上的讲话：“……当前，要重点在推动以下科技发展上作出努力，争取尽快取得突破性进展……第三，大力发展信息网络科学技术。要抓住新一代信息网络技术发展的机遇，创新信息产业技术，以信息化带动工业化，发展和普及互联网技术，加快发展物联网技术，重视网络计算和信息存储技术开发，加快相关基础设施建设，积极研发和建设新一代互联网，改变我国信息资源行业分隔、核心技术受制于人的局面，促进信息共享，保障信息安全。要积极发展智能宽带无线网络、先进传感和显示、先进可靠软件技术，建设由传感网络、通信设施、网络超算、智能软件构成的智能基础设施，按照可靠、低成本信息化的要求，构建泛在的信息网络体系，使基于数据和知识的产业成为重要新兴支柱产业，推进国民经济和社会信息化……”

物联网是国家重点发展的一项战略性新兴产业。温家宝在十一届全国人大三次会议上作《政府工作报告》时明确提出：“加快物联网的研发应用。加大对战略性新兴产业的投入和政策支持。”温家宝在《让科技引领中国可持续发展》讲话中明确指出“……要着力突破传感网、物联网关键技术，及早部署后IP时代相关技术研发，使信息网络产业成为推动产业升级、迈向信息社会的‘发动机’”。

中国物联网行业应用市场规模预测：新华社副社长周锡生在2010年中国国际物联网（传感网）博览会暨中国物联网大会上发布了《2009—2010中国物联网年度发展报告》，《年报》认为，2009年中国物联网产业市场规模1 700多亿元，物联网产业在公众业务领域，以及平安家居、电力安全、公共安全、健康监测、智能交通、重要区域防入侵、环保等诸多行业的市场规模均超过百亿元。2010年中国物联网产业市场规模超过2 000亿元，2015年中国物联网整体市场规模有望达到7 500亿元。

各省市也相应制定了物联网产业规划，涉及的重点示范行业应用领域为：①建设经济领域物联网示范工程，重点建设智能工业、智能农业、智能物流和智能电网等示范工程。②建设公共管理领域物联网示范工程，重点建设城市智能交通、智能公共安全、智能环保和智能灾害防控等示范工程。③建设公众服务领域物联网示范工程，建设智能医护和智能家居等示范工程。

6. 专家观点

2010年6月22日上海开幕的中国国际物联网大会指出：物联网将成为全球信息通信行业的万亿元级新兴产业。到2020年之前，全球接入物联网的终端将达到500亿个。我国作为全球互联网大国，未来将围绕物联网产业链，在政策市场、技术标准、商业应用等方面重点突破，打造全球产业高地。

中国互联网协会理事长胡启恒：近年来中国的互联网产业迅速发展，网民数量全球第一，在未来物联网产业发展中已具备基础。物联网连接物品网，达到远程控制的目的，实现人和物或物和物之间的信息交换。当前物联网行业的应用领域非常广泛，潜在市场规模巨大。物联网产业在发展的同时还将带动传感器、微电子、视频识别系统一系列产业的同步发展，带来巨大的产业集群效益。

中国联通集团副总经理李刚：在信息技术的支撑下，物联网正在引发新一轮的生活方式变革，已成为一个发展迅速、规模巨大的市场。以国内RFID为例，在2009年产值就达到了85亿元人民币，在全球居第三位，仅次于英国和美国。未来更加安全稳定的有线和无线数据传输网络，将成为我国物联网快速发展的关键。

北京易云智力CEO杨书华认为物联网的发展需要“四点联动”：物联网发展需要国家政策支持，更需要相关标准和规范；企业应该积累核心技术，纵向发展，横向联合；整个社会要积极应用和推广；积极储备和培养这方面的人才。

1.2　物联网概念

1.2.1　物联网的定义、特征及分类

1. 定义

“物联网概念”是在“互联网概念”的基础上，将其用户端延伸和扩展到任何物品与物品之间，进行信息交换和通信的一种网络概念。其定义是：通过射频识别、红外感应器、全球定位系统、激光扫描器等信息传感设备，按约定的协议，把任何物品与互联网相连接，进行信息交换和通信，以实现智能化识别、定位、跟踪、监控和管理的一种网络。物联网就是“物物相连的互联网”。

物联网这个词，国内外普遍公认的是 MIT Auto-ID 中心 Ashton 教授 1999 年在研究 RFID 时最早提出来的。在 2005 年国际电信联盟（ITU）发布的同名报告中，物联网的定义和范围已经发生了变化，覆盖范围有了较大的拓展，不再只是指基于 RFID 技术的物联网。

总体上物联网可以概括为通过各种信息传感设备，如传感器、射频识别技术、全球定位系统、红外感应器、激光扫描器、气体感应器等各种装置与技术，实时采集任何需要监控、连接、互动的物体或过程的声、光、热、电、力学、化学、生物、位置等各种需要的信息，与互联网结合形成的一个巨大网络，实现物与物、物与人，所有的物品与网络的连接，方便识别、管理和控制。

2. 特征

与传统的互联网相比，物联网有其鲜明的特征。

①全面感知：它是各种感知技术的广泛应用。物联网上部署了海量的多种类型传感器，每个传感器都是一个信息源，不同类别的传感器所捕获的信息内容和信息格式不同。传感器获得的数据具有实时性，按一定的频率周期性地采集环境信息，不断更新数据。

②可靠传递：物联网技术的重要基础和核心仍旧是互联网，通过各种有线和无线网络与互联网融合，将物体的信息实时准确地传递出去。在物联网上的传感器定时采集的信息需要通过网络传输，由于其数量极其庞大，形成了海量信息，在传输过程中，为了保障数据的正确性和及时性，必须适应各种异构网络和协议。

③智能处理：物联网不仅仅提供了传感器的连接，其本身也具有智能处理的能力，能够对物体实施智能控制。物联网将传感器和智能处理相结合，利用云计算、模糊识别等各种智能技术，扩充其应用领域。从传感器获得的海量信息中分析、加工和处理出有意义的数据，以适应不同用户的不同需求，发现新的应用领域和应用模式。

3.“物”的涵义

需特别注意的是物联网中“物”的涵义，这里的“物”要满足以下条件才能够被纳入“物联网”的范围：①要有数据传输通路；②要有一定的存储功能；③要有 CPU；④要有操作系统；⑤要有专门的应用程序；⑥遵循物联网的通信协议；⑦在世界网络中有可被识别的唯一编号。

4. 物联网分类

①私有物联网(Private IoT)：一般面向单一机构内部提供服务。

②公有物联网(Public IoT)：基于互联网(Internet)向公众或大型用户群体提供服务。

③社区物联网(Community IoT)：向一个关联的“社区”或机构群体(如一个城市政府下属的各委办局，如公安局、交通局、环保局、城管局等)提供服务。

④混合物联网(Hybrid IoT)：是上述的两种及以上的物联网的组合，但后台有统一运维实体。

5.“中国式”物联网的定义

自 2009 年 8 月温家宝提出“感知中国”以来，物联网被正式列为国家五大新兴战略性产业之一，写入“政府工作报告”，物联网在中国受到了全社会极大的关注，其受关注程度是在美国、欧盟以及其他各国不可比拟的。

物联网的概念与其说是一个外来概念，不如说它已经是一个“中国制造”的概念，它的覆盖范围与时俱进，已经超越了 1999 年 Ashton 教授和 2005 年 ITU 报告所指的范围，物联网已被贴上“中国式”标签。

“中国式”物联网的定义：将无处不在的末端设备和设施，包括具备“内在智能”的传感器、移动终端、工业系统、楼控系统、家庭智能设施、视频监控系统等和“外在使能”的，如贴上 RFID 的各种资产、携带无线终端的个人与车辆等“智能化物件或动物”或“智能尘埃”，通过各种无线或有线的长距离或短距离通信网络实现互联互通(M2M)、应用大集成以及基于云计算的 SaaS 营运等模式，在内网、专网或互联网环境下，采用适当的信息安全保障机制，提供安全可控乃至个性化的实时在线监测、定位追溯、报警联动、调度指挥、预案管理、远程控制、安全防范、远程维保、在线升级、统计报表、决策支持、领导桌面等管理和服务功能，实现对“万物”的“高效、节能、安全、环保”的“管、控、营”一体化。

“一句式”理解物联网：把所有物品通过信息传感设备与互联网连接起来，以实现智能化识别和管理。

1.2.2　物联网关键技术

1. RFID 和 EPC 技术

RFID 和 EPC 是物联网中让物品“开口说话”的关键技术，物联网中，通过 EPC 编码和 RFID 标签上存储着规范而具有互用性的信息，经过无线数据通信网络把它们自动采集到中央信息系统，实现物品（商品）的识别。

2. 传感控制技术

在物联网中，传感控制技术主要负责接收物品“讲话”的内容。传感控制技术是关于从自然信源获取信息，并对之进行处理、变换和识别的一门多学科交叉的现代科学与工程技术，它涉及传感器、信息处理和识别的规划设计、开发、制造、测试、应用及评价改进等活动。

3. 无线网络技术

物联网中，物品与人的无障碍交流，必然离不开高速、可进行大批量数据传输的无线网络。无线网络既包括允许用户建立远距离无线连接的全球语音和数据网络，也包括用于近距离连接的蓝牙技术和红外技术。

4. 组网技术

组网技术就是网络组建技术，分为以太网组网技术和 ATM 局域网组网技术，也可分为有线组网、无线组网。在物联网中，组网技术起到“桥梁”的作用，其中应用最多的是无线自组网技术，它能将分散的节点在一定范围之内自动组成一个网络，来增加各采集节点获取信息的渠道。除了采集到的信息外，该节点还能获取一定范围之内的其他节点采集到的信息，因此在该范围内节点采集到的信息可以统一处理、统一传送，或者经过节点之间的相互“联系”后，它们协商传送各自的部分信息。

5. 人工智能

人工智能是研究使计算机来模拟人的某些思维过程和智能行为（如学习、推理、思考、规划等）的技术。在物联网中，人工智能技术主要负责将物品“说话”的内容进行分析，从而实现计算机自动处理。

1.2.3　物联网与互联网的关系

物联网将从任何时间、任何地点、任何人之间的沟通连接，扩展到人与物、物与物之间的沟通连接。这个定义包括三层含义：第一，物联网是基于互联网，也就是物联网不是一个完全新建的、与互联网独立的网络，它采用的是互联网的通信协议，利用互联网的基础设施；第二，物联网利用各种技术手段使得各种物体能够接入"互联网"，实现基于互联网的连接和交互，包括物可以与人之间实现交互，物也可以与物之间实现交互；第三，目前的互联网应用主要面向人（例如 E-mail、IM、SNS、微博等），而物联网将增加面向"物"的应用，也将增强"人"与"物"之间的应用。互联网和物联网的比较见表 1.1。

表 1.1 互联网和物联网的比较

网络 比较项	互联网	物联网
起源	①计算机技术的出现 ②技术的传播速度加快	①传感技术的创新 ②云计算
面向的对象	人	人和物
发展的过程	技术的研究到人类的技术共享使用	芯片多技术的平台应用过程
使用者	所用的人	人和物，人即信息体，物即信息体
核心的技术	主流的操作系统和语言开发	芯片技术开发和标准制定
创新的空间	主要内容的创新和体验的创新	技术就是生活，想象就是科技，让所有物品都有智能
技术手段	网络协议，Web 2.0	数据采集，传输介质，后台计算

1.3 人类将进入物联网时代

物联网概念的问世，打破了之前的传统思维。过去的思路一直是将物理基础设施和 IT 基础设施分开，一方面是机场、公路、建筑物，另一方面是数据中心、个人电脑、宽带等。而在物联网时代，钢筋混凝土、电缆将与芯片、宽带整合为统一的基础设施，在此意义上，基础设施更像是一个新的地球。故也有业内人士认为物联网与智能电网均是智慧地球的有机构成部分。

不过，也有观点认为，物联网迅速普及的可能性有多大，尚难以轻言判定。毕竟 RFID 早已为市场所熟知，但部分拥有 RFID 业务的相关上市公司定期报告显示出业绩的高成长性尚未显现出来，所以，对物联网的普及速度存在着较大的分歧。但可以肯定的是，在国家大力推动工业化与信息化两化融合的大背景下，物联网会是工业乃至更多行业信息化过程中，一个比较现实的突破口。而且，RFID 技术在多个领域多个行业已进行了一些闭环应用，在这些先行的成功案例中，物品的信息已经被自动采集并上网，管理效率大幅提升，有些物联网的梦想已经部分地实现了。所以，物联网的雏形就像互联网早期的形态局域网一样，虽然发挥的作用有限，但昭示的远大前景已经不容质疑。

这几年推行的智能家居其实就是把家中的电器通过网络监控起来。可以想象，物联

网发展到一定阶段，家中的电器可以和外网连接起来，通过传感器传达电器的信号，厂家可以远程知道你家中电器的使用情况。

物联网的发展，必然带动传感器的发展，传感器发展到一定程度，“变形金刚”会真的出现在人们的面前。

1.3.1　应用案例

物联网已不仅仅是一个概念，它已经在很多领域有所运用，只是并没有形成大规模的运用。常见的运用案例有：

①物联网传感器产品已率先在上海浦东国际机场防入侵系统中得到应用。机场防入侵系统铺设了3万多个传感节点，覆盖了地面、栅栏和低空范围，可以防止人员的翻越、偷渡、恐怖袭击等攻击性入侵。浦东机场周界防入侵系统一期工程的系统组成如图1.2所示。机场周界防入侵系统的一期工程包括了前端周界防入侵探测分系统、联动控制分系统、视频监控分系统、指控中心分系统、网络及供电分系统等。主体方案中前端周界防入侵探测分系统采用了中科院全新的传感器网络防入侵设备，根据机场对周界布防的要求，将周界布防设定为双层、单层、砖墙等三种基本类型，建立了三级三维的布防体系，画地为牢，排除外界干扰，虚警、漏警率极低。

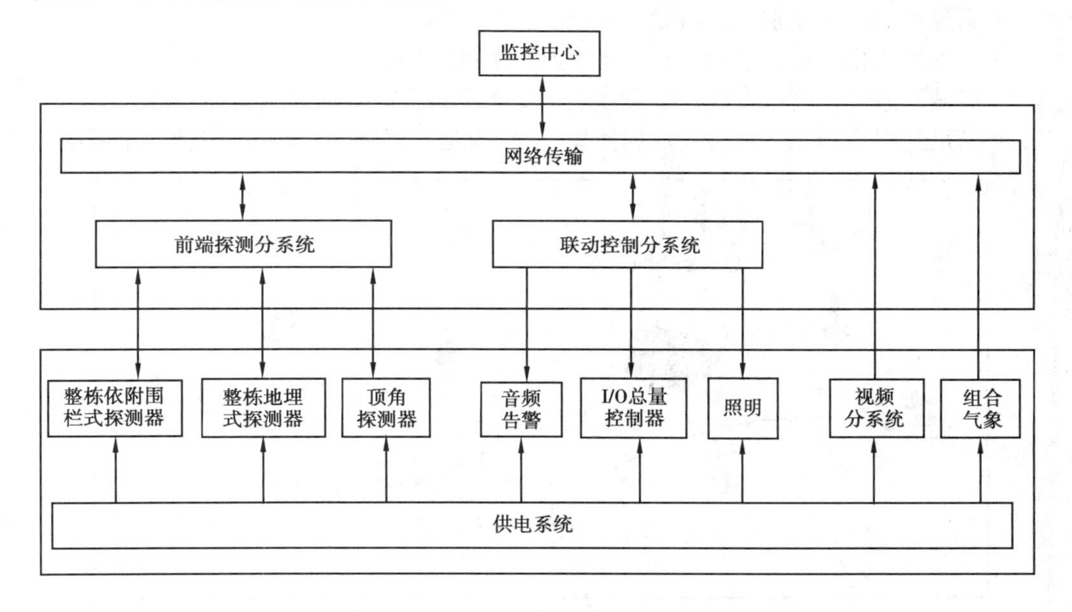

图1.2　浦东机场周界防入侵系统一期工程的系统组成

物联网传感器还广泛用于加气站安防监控系统中，该系统主要由视频监控系统、气体燃料储存容器液位和压力监测系统、压缩机高压和低压监测报警系统、可燃气体泄漏监测报警系统、火焰探测报警系统等子系统组成，如图1.3所示。

②ZigBee路灯控制系统点亮济南园博园。ZigBee无线路灯照明节能环保技术的应用

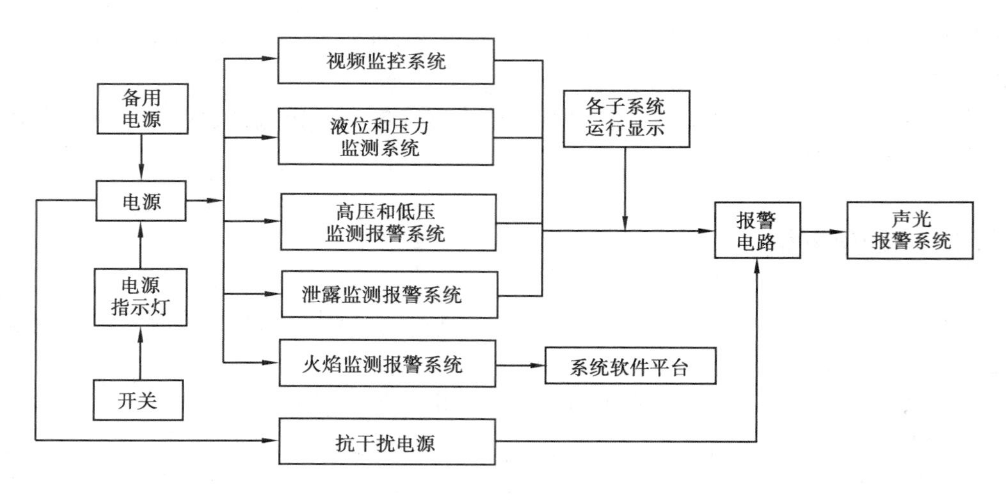

图 1.3　系统整体布局

是此次园博园中的一大亮点。园区所有的功能性照明都采用了 ZigBee 无线技术实现路灯控制。ZigBee 路灯控制系统(见图 1.4)的功能及优势:

- 数据采集、统计管理、数据查询功能;
- 报警功能;
- 满足道路亮化要求,提高路灯系统的管理水平;
- 实现智能化的按需、节能照明、单个路灯测控应用;
- 对城市路灯设施进行线控、点控、点测等多种科学有效的控制管理;
- 满足远程控制、实时监控、数据搜集、适时调光、灯具保护、动态节电等功能需求。

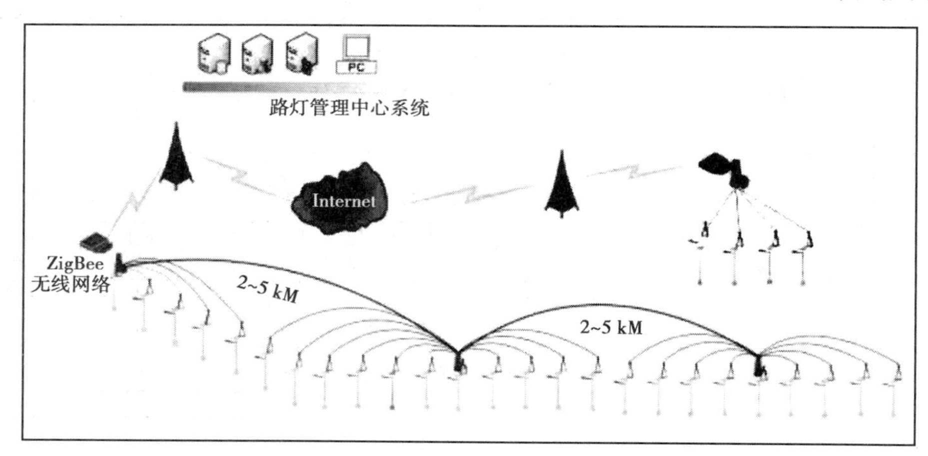

图 1.4　ZigBee 路灯控制系统

③智能交通系统(ITS)是利用现代信息技术为核心,利用先进的通信、计算机、自动控制、传感器技术,实现对交通的实时控制与指挥管理。

智能交通解决方案包括基于浮动车技术的实时交通信息生成和发布系统、推定补全系统、实时预测系统、统计预测系统,为驾驶者、交管机构等提供实时交通路况及短长期预测路况信息，如图 1.5 所示。

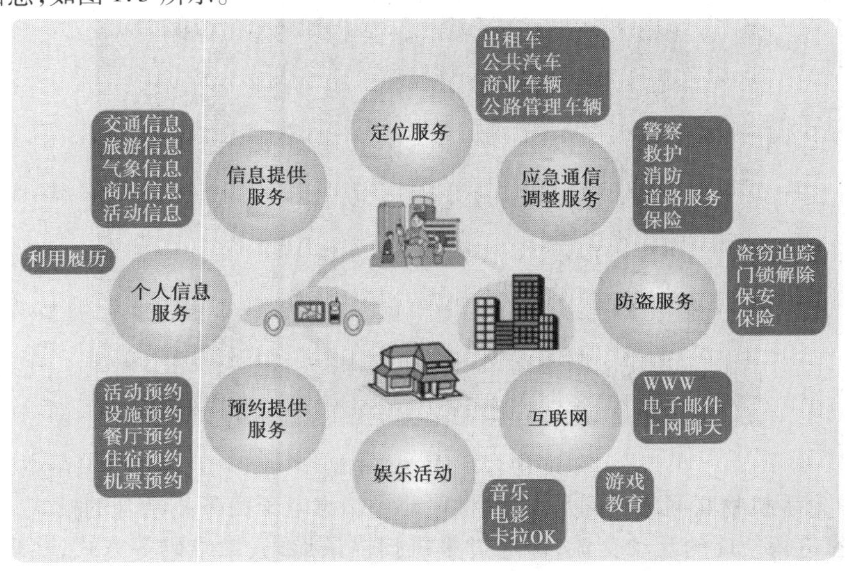

图 1.5　智能交通解决方案

④我国首家高铁物联网技术应用中心于 2010 年 6 月 18 日在苏州科技城启用。该中心建立的高铁检票入站系统如图 1.6 所示。刷卡购票、手机购票、电话购票等新技术的集成使用，可以让旅客摆脱拥挤的车站购票；与地铁类似的检票方式，则可实现持有不同票据旅客的快速通行。

图 1.6　高铁检票入站系统

⑤2011 年 1 月 3 日，国家电网首座 220 kV 智能变电站——无锡市惠山区西泾变电站投入运行，并通过物联网技术建立传感测控网络，实现了真正意义上的"无人值守和巡检"。西泾变电站利用物联网技术，建立传感测控网络，将传统意义上的变电设备"活化"，实现自我感知、判别和决策，从而完成自动控制。完全达到了智能变电站建设的前期

预想,设计和建设水平全国领先。智能变电站如图 1.7 所示。

图 1.7 智能变电站

(6)首家手机物联网落户广州,这种将移动终端与电子商务相结合的模式,让消费者可以与商家进行便捷的互动交流,即通过手机扫描条形码、二维码等方式,实现购物、比价、鉴别产品等功能。

有分析表示,预计 2013 年手机物联网占物联网的比例将过半,至 2015 年手机物联网市场规模将达 6 847 亿元,手机物联网的应用正伴随着电子商务大规模兴起,如图 1.8 所示。

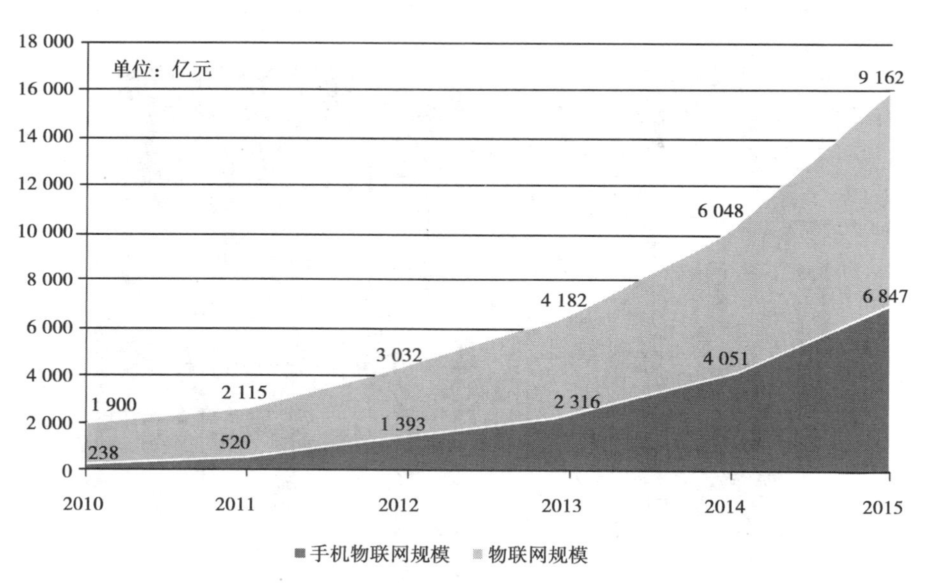

图 1.8 2010—2015 年中国物联网、手机物联网市场规模及增长状况研究

1.3.2 “泛在聚合”物联网

目前,全球范围内物联网的产业实践主要集中在三大方向。

第一个实践方向被称为“智慧尘埃”,主张实现各类传感器设备的互联互通,形成智能化功能的网络;第二个实践方向即是广为人知的基于 RFID 技术的物流网,该方向主张通过物品物件的标识,强化物流及物流信息的管理,同时通过信息整合,形成智能信息挖掘;第三个实践方向被称作数据“泛在聚合”意义上的物联网,认为互联网造就了庞大的数据海洋,应通过对其中每个数据进行属性的精确标识,全面实现数据的资源化,这既是互联网深入发展的必然要求,也是物联网的使命所在。

比较而言,“智慧尘埃”意义上的物联网属于工业总线的泛化。这样的产业实践自从机电一体化和工业信息化以来,实际上在工业生产中从未停止过,只是那时不叫物联网而是叫工业总线。这种意义上的物联网将因传感技术、各类局域网通信技术的发展,依据其内在的科学技术规律,坚实而稳步地向前行进,并不会因为人为的一场运动而加快发展速度。

RFID 意义上的物联网,所依据的 EPCglobal 标准在推出时,即被定义为未来物联网的核心标准,但是该标准及其唯一的方法手段 RFID 电子标签所固有的局限性,使它难以真正指向物联网所提倡的智慧星球。原因在于,物和物之间的联系所能告知人们的信息是非常有限的,而物的状态与状态之间的联系,才能使人们真正挖掘事物之间普遍存在的各种联系,从而获取新的认知,获取新的智慧。

“泛在聚合”即是要实现互联网所造就的无所不在的浩瀚数据海洋,实现彼此相识意义上的聚合。这些数据既代表物,也代表物的状态,甚至代表人工定义的各类概念。数据的“泛在聚合”,将能使人们极为方便地任意检索所需的各类数据,在各种数学分析模型的帮助下,不断挖掘这些数据所代表的事物之间普遍存在的复杂联系,从而实现人类对周边世界认知能力的革命性飞跃。

1.3.3 物联网的十大应用领域

从智能家居到智能交通、智能电网、智能物流、环境与安全检测、工业与自动化控制、金融与服务业、精细农牧业、医疗健康、国防军事,从幕后到台前,物联网正迅速地改变着世界,如图 1.9 所示。

图 1.9　物联网的应用

技能练习

搜索查看当地物联网应用案例，并简述其主要内容。

本章小结

物联网的发展是随着互联网、传感器等技术的发展而发展的。其核心是在计算机互联网的基础上，利用射频识别技术、无线数据通信等技术，构造一个实现全球物品信息实时共享的实物互联网。

物联网的显著特点是技术高度集成，学科复杂交叉，综合应用广泛，目前的发展应用主要在智能电网、智能交通、智能物流、智能家居等领域。

通过本章的学习，能够理解物联网的核心问题、本质特色以及最高目标，应对物联网的概念定义、关键技术、发展和应用领域有一个基本了解，建立物联网整体概念，为后续各章节的学习打下良好的基础。

一、不定项选择题

1. 你所了解的物联网是（　　）。
   A. 一种传感网或射频识别网
   B. 所有物完全开放、互联、共享的互联网平台
   C. 物物互联无所不在的网络
   D. 能够互动、通信的产品或嵌入传感器的电子产品都是物联网的应用
2. 你认为物联网的出现（　　）。
   A. 多此一举，浪费物力劳力
   B. 新兴事物，有存在的价值
   C. 是互联网的发展，有更好发展前景
   D. 不清楚物联网是什么东西，不作评论
3. 物联网的核心技术是（　　）。
   A. 传感控制技术　　B. 无线射频识别技术（RFID）
   C. 无线网络技术　　D. 人工智能技术
4. 如果物联网的相关产品被广泛地使用，在使用之前，你最关注其产品的（　　）。
   A. 收费方式　　B. 技术高低　　C. 产品服务　　D. 其他
5. 你认为当前物联网发展哪两个方面最重要？（　　）
   A. 扩大规模　　B. 物品流动性　　C. 传感技术　　D. 标准体系
6. 你认为当前物联网发展遇到的主要困难和问题有那些？（　　）
   A. 国家安全问题　　B. 个人隐私问题
   C. 商业模式　　D. 商品流动性差
   E. 传感技术不完善　　F. 技术标准的统一
   G. 物联网的政策与法规　　H. 投入大，资金不足
7. 你认为物联网的发展最需要政府哪些方面的支持？（　　）
   A. 政策　　B. 资金　　C. 法规　　D. 教育
8. 你对物联网的未来持什么样的态度？（　　）
   A. 物联网是一场科技革命，值得关注
   B. 物联网从起步到真正运作发展起来还是存在很多问题，不能急于求成
   C. 物联网技术不够成熟，很难推广，不会做大
   D. 物联网将迅速发展，成为下一个万亿元产业

二、问答题

1. 简述物联网的定义,分析物联网的“物”的条件。

2. 简述物联网应具备的三个特征。

3. 分析物联网的关键技术。

4. 简述互联网和物联网的区别及联系。

5. 简述物联网技术的发展历程(从 1995 年开始)。

6. 请举出身边 1 或 2 个物联网应用实例,并谈谈你对物联网发展趋势的看法(需要给出一些理由)。

第2章 物联网的现状及战略意义

教学目标

了解物联网的现状

理解物联网的战略意义

熟悉中国物联网的发展情况

重点、难点

物联网的现状

物联网的战略意义

2.1 物联网现状分析

2.1.1 理论研究方面

物联网要实现“物物互联”，标识物体的电子标签和感知物体的传感器网络相当关键。因此相应的研究也集中在这些方面。

①在电子标签方面，如今业界都倾向于 RFID(Radio Frequency Identification)技术，这主要由于 RFID 具有远距离非接触读写、多标签读写、数据可更新、穿透性及适应环境能力强等许多优势，RFID 技术与互联网、通信等技术相结合，可实现全球范围内物品跟踪与信息共享。

②在传感器网络方面，物联网的技术研究主要集中在网络化物理(Cyber Physical System,CPS)。CPS 即信息物理系统，是物联网的本质含义，它表示的是一种虚拟世界与物理世界的映射和对应关系。

在巨大的无线传感网络中，一方面，传感器是机器感知物质世界的“感觉器官”，可以感知热、力、光、电、声、位移等信号，为网络系统的处理、传输、分析和反馈提供最原始的信息；另一方面，随着传统的传感器逐步实现微型化、智能化、信息化以及网络化，无线传感网络正以其低成本、微型化、低功耗和灵活的组网方式、铺设方式以及适合移动目标等优势受到广泛重视。物联网正是通过遍布在各个角落和物体上的形形色色的传感器以及由它们组成的无线传感器网络，来最终实现对整个物质世界的“感知”。

③物联网的研究不仅限于识别和感知，对其体系结构的研究也引起了国内外学者和研究机构的大讨论，提出了多种不同的物联网体系结构。麻省理工学院 Auto-ID 实验室提出的 EPC-global 物联网体系架构和日本 UID-Center 提出的 Ubiquitous ID(UID)物联网体系结构是两种主流的体系结构。

EPC-global 物联网体系架构的主要组成部件包括：产品电子代码(EPC，一种全球范围内标准定义的产品数字标识)，RFID 标签和阅读器，EPC 中间件，EPC 信息服务(EPC-IS)，对象名字服务(ONS)。其中由 EPC、RFID 标签、RFID 阅读器、EPC 中间件组成实体和内部层次，EPC-IS 称为商业伙伴之间的数据传输层，ONS 等组成其他应用服务层。对于基于 EPC 的物联网，蒋亚军等认为 EPC 系统作为一个非常先进的、综合性的和复杂的系统，由电子代码体系、射频识别系统以及信息网络系统三大部分组成，其关键技术主要包括神经网络软件(Savant)技术、对象名解析服务技术，实体标记语言(PML)技术。

UID-Center 提出的 UID 技术体系架构由泛在识别(uCode)、泛在通信器(UC)、信息系统服务器和 uCode 解析服务器等 4 部分构成。UID 使用 uCode 作为现实世界物品和场所的标识，UC 从 uCode 电子标签中读取 uCode 获取这些设施的状态，并控制它们，UC 类似于 PDA 终端。UID 是将现实世界使用 uCode 标签的物品、场所等各种实体和虚拟世界中存储在信息服务器中各种相关信息联系起来，实现“物物互联”。

除了这两种主流体系结构，Duquennoy 提出的物品万维网（Web of Things，WoT）是一种面向应用的以用户为中心的体系结构，把万维网服务嵌入到系统中，采用简单的万维网服务形式使用物联网，从而试图把互联网中成功的、面向信息获取的万维网应用结构移植到物联网上，以简化物联网中信息的发布和获取。

2.1.2　应用方面

目前，国际物联网产业的应用发展现状主要体现在以下几个方面：

1. 各国齐头并进，相继推出物联网区域战略规划

当前，世界各国的物联网基本上都是出于技术研究与试验应用阶段；美、日、韩、欧盟等都在投入巨资深入研究探索物联网，并启动了以物联网为基础的“智慧地球”“U-Japan”“U-Korea”“物联网行动计划”等国家性区域战略规划。

2009 年 1 月，在美国总统奥巴马与美国工商领袖的“圆桌会议”上，IBM 公司 CEO 提出“智慧地球”的概念，即把传感器放到电网、铁路、桥梁和公路等物体中，能量极其强大的计算机群，能够对整个网络的内部人员和物体实施管理和控制。这样，人类可以更加精确地利用动态实施的方式管理生产活动和生活方式，达到“智慧”状态。

2009 年 5 月 7 日至 8 日，欧洲各国的官员、企业领袖和科学家在布鲁塞尔就物联网进行专题讨论，并将其作为振兴欧洲经济的方向之一。欧盟委员会信息社会与媒体中心主任鲁道夫·施特曼迈尔说：“物联网及其技术是我们的未来。”2009 年 6 月欧盟发布了新时期下物联网的行动计划。

日本和韩国分别提出了“U-Japan”“U-Korea”计划和构想。“U”来自拉丁文“Ubiquitous”意为“无所不在”。

2. 基础性关键技术 RFID，最受市场瞩目

2010 年以来，由于经济形势的好转和物联网产业发展等利好因素推动，全球 RFID 市场也持续升温，并呈现持续上升趋势。市场咨询公司 IDTechEx 认为，2012 年整个 RFID 市场规模将达到 76.7 亿美元，比 2011 年增长 17%。主要包括 RFID 卡、标签、读写器以及软件和相关服务，分为有源以及无源 RFID 等。与此同时，RFID 的应用领域越来越多，人们对 RFID 产业发展的期待也越来越高。目前 RFID 技术正处于迅速成熟的时期，许多国家都将 RFID 作为一项重要产业予以积极推动。我国金卡工程协调领导小组办公室透露，截至 2012 年 12 月，我国累计发行统一标识的银行卡约 28.5 亿张，行业与地方的各类智能 IC 卡发行 80 多亿张，居全球第一位。至 2011 年，我国 RFID 的市场规模已达 179.7 亿元，2012 年达到 260 亿元，居全球第三位。

3. 各组织纷纷研究制定相关技术标准，竞争日益激烈

ISO/IEC（国际标准化组织及国际电工委员会）在传感器网络、ITU-T（国际电信联盟远程通信标准化组织)在泛在网络、ETSI 在物联网、IEEE 在近距离无线、IETF 在 IPV6 的应用、3GPP 在 M2M 等方面都纷纷启动了相关标准的研究工作,竞争日益激烈。

2.2 物联网的战略意义

物联网的提出体现了大融合理念,突破了将物理基础设施和信息基础设施分开的传统思维,具有很大的战略意义。在实践上也期望其能够解决交通、电力和医疗等行业上的一些问题。

从通信的角度看,现有通信主要是人与人的通信,目前全球已经有 60 多亿用户,离总人口数已经相差不远,发展空间有限。而物联网涉及的通信对象更多的是"物",仅就目前涉及的行业而言,就有交通、教育、医疗、物流、能源、环保、安防等。涉及的个人电子设备,至少可能有电子书阅读器、音乐播放器、DVD 播放器、游戏机、数码相机、家用电器等。如果这些所谓的"物"都纳入物联网通信应用范畴,其潜在可能涉及的通信连接数可达数百亿个,为通信领域的扩展提供了巨大的想象空间。

考虑物联网潜在的巨大通信连接数目和极具吸引力的融合理念,有人将物联网称为在万维网和移动互联网之后互联网变革的第三阶段,还有人将其称为在大型机、PC 机、互联网之后的计算模式变革的第四阶段。简言之,以物联网为代表的新型产业革命为大家开启了巨大的想象空间,各国政府和产业界都对其未来发展寄予极大的希望。但是需要指出的是,这种战略上的巨大市场潜力要真正转化为现实的有分量的市场收入,还需要经过几十年长期不懈的努力和脚踏实地的工作才有可能,绝不能有不切实际、急功近利的幻想和冲动。

随着物联网的发展,物联网技术得到更加广泛的应用,将使人类社会步入智能化和统一化的时代,物联网产业发展有利于世界各国经济发展。更为重要的是物联网作为一种新的产业模式,其核心的价值除了经济增长之外,还能提升了整个社会的运行效率,改变人们的生活方式。

2.2.1 经济价值

1. 低碳经济与绿色经济

低碳经济是以低能耗、低污染、低排放为基础的经济模式,是人类社会继农业文明、工业文明之后的又一次重大进步。低碳经济实质是能源高效利用、清洁能源开发、追求绿色 GDP 的问题,核心是能源技术和减排技术创新、产业结构和制度创新以及人类生存发展观念的根本性转变。特征是以减少温室气体排放为目标,构筑低能耗、低污染为基础的经济发展体系,包括低碳能源系统、低碳技术和低碳产业体系。

绿色经济是以市场为导向、以传统产业经济为基础、以经济与环境的和谐为目的而发展起来的一种新的经济形式,是产业经济为适应人类环保与健康需要而产生并表现出来的一种发展状态。特征是绿色经济以经济与环境的和谐为目标,将环保技术、清洁生产工艺等众多有益于环境的技术转化为生产力,并通过有益于环境或与环境无对抗的经济行为,实现经济的可持续增长。绿色经济既是指具体的一个微观单位经济,又是指一个国家的国民经济,甚至是全球范围的经济。

物联网把新一代 IT 技术充分运用在各行各业之中,实现人类社会与物理系统的整合,并能实施实时的管理和控制,使人类能以更加精细和动态的方式管理生产生活,让它们达到“智慧”的状态,还能给绿色经济、低碳经济提供重要的技术支持,推进经济转型与可持续发展,并能保护自然生态环境,使人类与自然的关系更加和谐。

2. 信息经济与知识经济

有效利用资源与保护自然环境是经济可持续发展的基础,其能不断创造价值赋予经济发展不竭的动力。传统的农业经济和工业经济等物质生产经济更多地是通过物质的产量输出价值,在产业模式上出现革命性突破的可能性不大。信息经济与知识经济可以超越物质实体的限制,提供更多的创新机会和更大的创造空间。

“信息经济”的概念最早是由美国学者马克卢普在20世纪50年代提出的。信息经济是以现代信息技术等高科技技术为物质基础,信息产业起主导作用的,基于信息、知识、智力的一种新型经济,是产业信息化和信息产业化两个相互联系和沿着彼此促进的途径不断发展的产物。

“知识经济”最早是由联合国研究机构在1990年提出来的。知识经济是以现代科学技术为基础,建立在知识和信息的生产、存储、使用和消费之上的经济。知识经济基于工业经济和信息经济,是以知识的生产、传播、转让和使用,展示最新科技和人类知识精华为主要活动的经济形态。

如今,信息化建设是加快中国发展的战略选择。代表第三次信息产业浪潮的物联网,将是信息经济与知识经济的重要技术基础,它能为经济发展提供高效便捷的服务,并引领信息科技发展的方向,势必能推动信息经济与知识经济的大发展。

2.2.2 社会价值

1. 老龄化问题

随着医疗卫生水平前所未有的提高,人类的平均寿命得到很大程度地延长。长寿可以令人有更多的时间来享受美好的人生。然而,从另一个角度来看,人类平均寿命的延长,提高了老年人口占总人口的比例,也就是常说的人口老龄化。人口老龄化之所以成为一个社会问题主要体现在两个方面:第一,大多数老年人退休之后不再有直接的、丰厚的经济收入,如何“养老”必然成为一个对社会经济发展有重要影响的问题;第二,老年人体弱多病是自然规律,老年人必然对于健康医疗和照料看护等服务有着很高的要求。

基于物联网技术的医疗保健，可以满足为老人提供及时、准确、有效的医疗救治服务的要求，这就是常说的“智能医疗”。智能医疗系统借助简易实用的家庭医疗传感设备，对家中老年人的生理指标进行自测，并将生成的生理指标数据通过网络传输到护理人或有关医疗单位。根据需求，还可提供紧急呼叫救助服务、专家咨询服务等。

基于物联网技术的远程看护，可以实时地向老年人的子女或者监护人反馈老年人的起居生活信息。远程看护系统借助视频、温度、湿度等环境感知设备，对老年人周围的环境进行监测，同时关注老年人的各种活动，并能自动判断当前环境是否让老年人感到舒适，老年人目前的活动是否存在危险性等，将判断结果通知老年人或者老年人的子女以及监护人。

物联网技术在医疗保健和远程看护上的应用，使得年轻人可以专注于自己的工作，从而为人类社会创造更多的价值，同时不必担心老年人缺乏有效的医疗和看护服务。

2. 城市交通问题

(1)交通阻塞

城市的交通阻塞问题，是每一个经历者的烦恼，有基础设施的原因、人为的原因，也有管理的原因。如果我们能及时准确地收集交通信息，判断当前交通的拥堵情况，分析出交通阻塞的瓶颈区域；通过交通引导信息的及时发布，可以有效地引导车辆避开拥堵区域，避免交通阻塞进一步加剧；借助先进的交通信号系统，能够从宏观上对交通进行动态地调节与管制，实现车流量与道路通行能力的匹配。

(2)停车问题

在城市中心区，人多车多空间少，停车位与汽车数量很不相称，停车也是让每个现代都市饱受困扰的难题。在一个城市的购物商圈或者办公楼集中区域附近，找不到停车位的车主通常有两个选择：第一，驾驶汽车在路上缓慢行驶、不断寻找停车场；第二，迫不得已在马路两边将汽车乱停乱放。由停车难产生的慢速行驶和乱停车现象也变相地加剧了交通阻塞。

交通管理的科学化、现代化、智能化，一直是解决交通问题的发展方向。基于物联网技术的智能交通系统，以道路交通信息的收集、处理、发布、分析为主要方式，为交通参与者提供多样性的服务，被认为是改善交通状况的必由之路。

基于物联网技术的智能交通产业不仅是高新技术产业，同时也是综合性很强的交叉产业，涉及交通运输、电子信息、交通工程和城市规划等。因此，智能交通在提升交通系统的现代化管理水平和运营服务水平的同时，也孕育着巨大的商机。

车联网是指车与车、车与路、车与人、车与传感器设备等交互，实现车辆与公众网络通信的移动通信系统。车联网技术的应用，将使城市交通更通畅，从而为人类提供更方便快捷的交通运输环境。

3. 环境污染问题

(1)大气污染

据统计，全世界每年排入大气的污染物约有6亿多吨。污染源主要是以下三方面：

生活污染源：如家庭、商业服务部门等燃煤排放的烟尘和废气。

交通污染源：如汽车、火车、飞机、船舶等排放的废气。

工业污染源：如发电厂、钢铁厂、水泥厂、氮肥厂、烧碱厂及其他各类化工厂排放的废气和粉尘。

主要大气污染物有两大类：

气态污染物（如二氧化硫、硫化氢、一氧化碳、二氧化碳、二氧化氮、氨、氯气等）。

颗粒态污染物（如烟、雾、粉尘）。

（2）水污染

饮用水源被污染之后，通过饮水或者食物链将对人体健康产生影响，水中包含的污染物进入人体，可能引起一些严重的疾病，如重金属中毒、癌症等。工农业生产水源被污染之后，生产用水必须投入更多的处理费用，这将造成资源、能源的浪费。此外，水源富营养化现象会导致水质变差，以致大量水生植物和鱼类死亡。

（3）噪声污染

随着城市发展的加快，噪声已经成为城市的一大公害，严重影响了人们的生活和健康。噪声污染主要来源于交通运输、车辆鸣笛、工业噪声、建筑施工等，如汽车、火车、飞机、船舶等产生的交通噪声，大型工业设备产生的工业噪声，建筑施工场所发出的建筑噪声。噪声会对人类的生活和工作造成干扰，严重时也会损害人的身心健康。

（4）放射性污染

放射性物质发出的射线可以破坏人体的细胞和组织结构，也能损伤中枢神经，对人体造成不可逆转的严重伤害。核武器使用及试验的沉降物、核电站等核设施运营中产生的泄漏、废料以及民用放射性物质是人类接触到放射性物质的几种主要途径。

人类只有一个地球，我们应该珍惜它。必须统一规划能源结构、工业发展、城市建设布局等，发展与保护环境并重，综合运用各种防治污染的技术措施保护环境。应用物联网技术可以全方位对大气污染、水污染、噪声污染和放射性污染进行监测，并提高环境质量监测数据的准确性，增强污染源监控效果，有效提升环境监管力度。如物联网与环保设备的融合可以实现对工业生产过程中产生的各种污染源及污染治理各环节关键指标的实时监测、自动报警甚至远程控制，如远程关闭排污口，可以防止突发性环境污染事故的发生。环保物联网的建设与应用为构建规范化、信息化、一体化的环境监测提供了有力的支持，必将推动环境保护产业的发展，从而确保人类的生活环境安全舒适。

2.2.3　国家安全

1. 国界安防

国界是一个国家领土范围的地理界限，也是该国与其邻国相接触的最前沿部分。国界主要体现为两种形式：第一，人为形式的国界，如界碑、界墙等；第二，自然形式的国界，如山脉、荒漠、草原、海岸线等。

偷渡、非法越境严重损害一个国家的主权和利益。在中国云南边境,境内外不法分子采用非法越境的方式,携带海洛因、冰毒等毒品进入中国境内。这些毒贩不仅夺走了中国人民辛勤创造的财富,也剥夺了他人享受幸福生活的权利。在中国的福建、广东、广西边境,境内外不法分子相互勾结,一方面走私汽车、电器设备、油料等,偷逃巨额关税;另一方面,偷运在国内各地收购的文物出境。各种走私活动使中国的经济和文化蒙受重大损失。

设置边防哨所,以边防军警守卫重要关卡、要道,并定期巡逻整个辖区是目前许多国家采用的主要边防手段。然而,依靠边防军警的巡逻防护国界存在几个问题:第一,除去重点关卡和要道,一个边防哨所辖区内的大部分区域长时间处于无人值守状态,这些区域内的偷渡和非法越境行为很难在第一时间被发现;第二,一些边界附近自然环境恶劣(如酷热、严寒、缺氧),极不适合人类生存,对边防军警人员的身心造成极大的伤害。

构筑严密、坚固并且智能化的国界安防系统这一重大而迫切的需求,为物联网提供了用武之地。由于许多高精度感知设备的外观微小易于掩蔽,使得国界安防系统的"存在"不被偷渡者察觉。多种传感器的联合上报可以为拦截偷渡者提供准确的越境方位信息;图像和视频等多媒体设备可以准确地记录偷渡者的外形特征和偷渡过程,提供偷渡事实的铁证。利用安防系统提供的准确信息,边防部门可以快速制订出针对偷渡者的响应方案。物联网技术的应用,可以有效地防范偷渡和非法越境,极大地增强一个国家的国界安防实力。

2. 防范恐怖主义

20 世纪后期开始,恐怖主义活动日益频繁,在西欧、中东、拉美和亚洲的许多地区蔓延,即使像美国、俄罗斯这样的超级大国也常面临恐怖袭击的威胁。

恐怖主义活动手段卑劣而且残忍,严重影响了国际社会的安全与稳定。近 10 年来,世界上许多国家都被恐怖主义活动深深地困扰,例如俄罗斯北高加索地区的水电站爆炸;美国驻叙利亚使馆遭遇炸弹袭击;印度孟买的枪击袭击事件;伊朗清真寺爆炸袭击事件;还有给人类留下最惨痛记忆的,2001 年发生在美国纽约的"9·11"事件;等等。

恐怖主义活动大多是发生在人多热闹、疏于防范的地区。为尽可能大地渲染恐怖气氛,恐怖分子多采用枪击、爆炸、焚烧、毒气等血腥、残忍的暴力方式,对无辜的平民施以毒手。由于恐怖袭击造成的严重后果是人力无法扭转的,因此应对恐怖主义活动的最好方法是阻止恐怖袭击的实施。预防恐怖袭击具体的方式包括:严密监视可疑人员的行动和严格检查可疑的危险物品。

将痕量爆炸物传感器、有毒物传感器作为物联网的"鼻子",可以灵敏地"嗅探"出易燃易爆物品、危险化学物品的存在。物联网智能分析平台可以根据感知设备的上报数据,对这些危险品造成的危害程度以及危害波及的范围进行评估。将温度传感器、力学传感器作为物联网的触手,可以及时地发现环境中异常的温度变化或者物体形变。物联网智能分析平台可以根据变化信息判断出异常变化的区域是否有险情以及险情的级别。视频设备作为物联网的"眼睛",可以详细记录人的面部表情和身体动作。物联网智能分析平台通过对人的面部表情或身体动作的分析,可以在人群中锁定嫌疑目标。

3. 机场入侵防范

物联网传感器产品已率先在上海浦东国际机场防入侵系统中得到应用。机场防入侵系统铺设了3万多个传感节点,覆盖了地面、栅栏和低空范围,可以防止人员的翻越、偷渡、恐怖袭击等攻击性入侵。通过引入物联网技术,机场安防系统智能化得到了极大的提升。相比以往的报警系统,物联网防入侵技术能全自动分辨出是人、动物或风触发警报,并实时提供现场照片或录像,极大地降低了误报率,同时在指挥中心即可对入侵行为直接警告或处理,明显减少了工作人员的劳动强度。机场周界入侵系统在机场的安全防范中具有十分重要的地位。

4. 轨道交通安全

中国轨道交通正处于高速发展的重要时期,目前最突出、最紧迫需要解决的问题是轨道交通建设运营安全问题。然而因为轨道交通安全的基础研究和核心技术取得重大突破的周期长、难度大,要解决轨道交通安全问题,必须大力开展协同创新,共同攻克轨道交通安全的核心、关键技术。北京交通大学、西南交通大学、中南大学多次研讨沟通,确定了协同创新目标,提出了详尽的“轨道交通安全协同创新中心”方案,旨在从人才、资金、资源等方面开展协同创新,共同攻克轨道交通安全核心、关键技术。基于物联网技术的轨道交通安全系统可以实现对环境如辐射、温度、烟气的监测,对危险品违法携带的监测,对重点路段的实时监控,对天气的动态监控,对轨道情况、轨道列车运行中的定位及运行情况的监测,对安全态势进行评估预警和预测,甚至可以实现有效应急控制等,推动轨道交通运营设备维护模式的转变,既可以防范各种恐怖袭击也可以应对非恐怖性安全问题,从而确保轨道交通的安全。北京2011年已经将“轨道交通安全防范物联网络工程”作为十项示范工程之一。

5. 经济信息安全

在经济全球化背景下,经济信息安全事关国家安全,它以资本市场信息安全为核心,包括内容安全和技术安全两个层面。当前,大规模资本市场交易和资金流动都通过交易平台以网络化的形式实现。片面、虚假、歪曲的信息,会误导、扰乱市场;核心技术失控、网络漏洞以及黑客、病毒等都可能使大量财富瞬间化为乌有。没有经济信息安全,就没有交易安全,就没有金融安全和经济安全,也就没有完全意义上的国家安全。

RFID技术作为一种典型的物联网技术,目前被广泛应用于物流、交通、金融等领域。其中,物流行业内正广泛采用RFID技术构建高效、经济的供应链,在世界范围内基于RFID技术正在形成一张巨大的物流信息网络。由于每个RFID标签中包含了与产品相关的重要信息,这些信息一旦被非法获取,必然给产品的生产和销售厂商造成经济损失。由于RFID相关的加密技术、安全认证技术存在漏洞,给RFID产业的发展制造障碍,为国家的经济信息安全埋下隐患。

国家话语权和经济信息安全密不可分。没有话语权,就不可能实现真正意义上的、可持续的经济信息安全;没有经济信息安全,也不可能拥有强大的、有效的话语权。

物联网应用是信息技术与行业专业技术紧密结合的产物,物联网作为一个国家战略级的新兴产业,被赋予带动其他相关产业发展的重要使命,其关联着许多国民经济生产的重要行业如石油、石化、冶金、电力、煤矿等。随着物联网在国家基础设施方面的广泛应用,其在经济信息安全方面的问题已经上升到了国家层面,重视物联网信息安全,不仅是保证国家基础设施安全,同时也能促进物联网产业的有序健康发展。

2.2.4 科技发展需求

1. 传感器技术

科技发展的脚步越来越快,人类已经置身于信息时代。而作为信息获取最重要和最基本的技术——传感器技术,也得到了极大的发展。传感器信息获取技术已经从过去的单一化渐渐向集成化、微型化和网络化方向发展,并将会带来一场信息革命。传感器技术是现代信息技术的主要技术之一,也是物联网核心技术之一,在国民经济建设中占据有极其重要的地位。传感器技术的发展必将促进物联网的应用发展,加快物联网的产业化;反之,物联网的发展需求也必将进一步带动传感器技术的发展。

2. 信息处理与服务技术

①由于感知设备数量庞大,分布范围广阔,物联网从现实物理世界获取的数据量多到难以估计的程度。物联网信息处理方面的一个重要研究内容就是海量信息处理。

信息存储是对信息进一步加工,提取更多有用信息的基础。为应对数据的海量增长,分布式数据库系统比集中式数据库系统拥有更好的扩展性。分布式数据库系统可以保证用户就近访问和使用数据库资源,降低了通信代价。由于分布式数据库系统具有在空间位置上分散的特点,系统故障造成的损失可以最小。发展和完善分布式数据库系统是解决海量信息存储问题的主要方式。

海量信息的查询和检索,对于信息的分析和利用有重要意义。从海量信息中查询、检索目标信息的效率,往往由信息的存储、访问方式决定。提高海量信息查询、检索效率的关键在于设计优化的信息索引结构和高性能的信息查询算法。

②物联网信息处理的另外一个重要内容是智能信息处理,即利用信息提供各种有意义、有价值的服务,使信息处理进入一个更高级的阶段,如数据挖掘、知识发现等。

数据挖掘技术的目的在于发现不同数据之间潜在的联系,在不同应用背景下进行更高层次的分析,以便更好地解决决策、预测等问题。数据挖掘是多学科交叉研究领域,涉及数据库技术、人工智能、机器学习、统计学、高性能计算、信息检索、数据可视化。数据挖掘的发展依赖相关科技的进步,也推动了相关科技的发展。

知识发现的目的是向使用者屏蔽原始数据的烦琐细节,从原始数据中提炼出有意义的、简练的知识,让使用者直接把握核心内容。一个完整的知识发现过程,包括问题定义、数据抽取、数据预处理、数据挖掘以及模式评估。按照知识类型对知识发现技术分类,有关联规则、特征挖掘、分类、聚类、总结知识、趋势分析、偏差分析、文本挖掘等。

3. 网络通信技术

网络通信是物联网信息传递和服务支撑的基础技术。面向物联网的网络通信技术主要解决异构网络、异构设备的通信问题,以及保障相关的通信服务质量和通信安全,如近场通信、认知无线电技术等。

能量受限是传感器节点在实际工作环境中普遍面临的问题,而通信消耗的能量在传感器节点消耗的总能量中占比重最大。为降低传感器节点的能量消耗,延长其工作寿命,低功耗通信技术是极为关键、有效的解决方案。

近场(近距离)通信技术让各种电子设备在短距离内简单地进行无线连接通信,可以大大简化设备之间的识别、认证过程,使网络设备间的相互访问更直接、更安全。手机支付、身份认证、产品防伪都是近场通信技术的典型应用。

认知无线电技术为物联网大规模应用奠定了基础。认知无线电技术的使用,使得感知互动层网络的物理层和 MAC 层可以获得更多的通信资源,可以满足要求严格的业务服务质量需求,减少能量消耗,大幅度扩展通信效率。

物联网连接的网络、信息系统差异巨大,具有很强的异构性,即存在信息定义结构不同、操作系统不同、网络体系不同、信息传输机制不同等。为实现异构网络信息系统之间的互联、互通和互操作,需要建立一个开放的、分层的、可扩展的物联网的网络体系架构,实现异构网络的融合。

移动通信网、下一代互联网、传感器网络等都是物联网的重要组成部分,这些网络以网关为核心设备进行连接、协同工作,并承载各种物联网的服务。随着物联网业务的成熟和丰富,移动性支持和服务发展成为网关设备的必要功能。

信息和网络安全是物联网实现大规模商业应用的先决条件。物联网安全技术的研究包括安全体系结构、安全算法、网络组件及其互操作的隐私和安全策略等。

4. 能源技术

新能源技术是高新技术的支柱,包括核能技术、太阳能技术、燃煤、磁流体发电技术、地热能技术、海洋能技术等。其中核能技术与太阳能技术是新能源技术的主要标志,通过对核能、太阳能的开发利用,打破了以石油、煤炭为主体的传统能源观念,开创了能源的新时代。新能源技术的发展目标是能高效、低成本地推广使用,其发展方向就是替代传统能源。发电技术的发展方向如图 2.1 所示。

物联网的发展必将促进太阳能电池、电池储能技术的发展,智能电网的应用也将带动电力技术的革新。

总之,物联网在发展国民经济、建设文明和谐社会、维护保障国家安全以及推动科学技术进步等方面有着十分重要的战略意义。

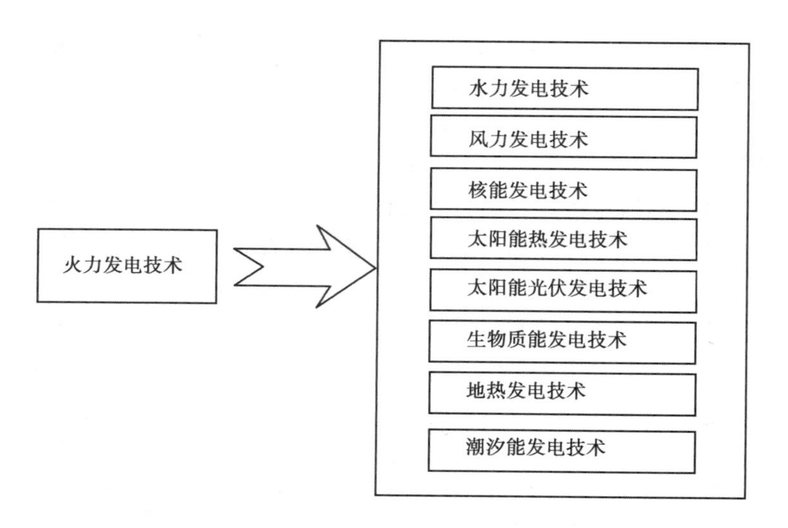

图 2.1 发电技术的发展方向

案例分析

"感知中国"计划

中国现代意义的传感器网络及其应用研究几乎与发达国家同步启动，其被首次正式提出是在 1999 年中国科学院发布的《知识创新工程试点领域方向研究》的信息与自动化领域研究报告中，并被作为该领域的重大项目之一。

2009 年 8 月 7 日，温家宝在中国科学院无锡高新微纳传感网工程技术研发中心考察时指出，要大力发展传感网，掌握核心技术，并首次提出"感知中国"概念。

在 2009 年 11 月 3 日，温家宝在《让科技引领中国可持续发展》的讲话中，再次提出"要着力突破传感网、物联网关键技术，及早部署后 IP 时代相关技术研发，使信息网络产业成为推动产业升级、迈向信息社会的'发动机'"。

2009 年 11 月 13 日，国务院批复同意《关于支持无锡建设国家传感网创新示范区（国家传感信息中心）情况的报告》，物联网被确定为国家战略性新兴产业之一。

2010 年，《政府工作报告》指出，要加快物联网的研发应用，抢占经济科技制高点。至此，"感知中国"计划正式上升至国家战略层面。

2010 年 6 月 5 日，胡锦涛在两院院士大会上讲话指出，当前要加快发展物联网技术，争取尽快取得突破性进展。"感知中国"计划进入战略实施阶段，中国物联网产业发展面临着巨大机遇。

IBM 给我们的启示

（1）"智慧地球"的提出及落地

"智慧地球"这一概念由时任 IBM 首席执行官的彭明盛于 2008 年首次提出，这一概念的提出表明 IBM 长期跟踪世界经济的发展趋势、分析全球市场变化，充分把握了"感知化、互联化、智能化"的科技大势。之后彭明盛又在"从城市开始构建智慧的地球"的主题

演讲中指出，将"智慧地球"从"智慧城市"开始逐步落地。

2009 年 8 月，IBM 与广东省信息产业厅签署战略合作备忘录，双方将加强在信息技术和信息服务领域的合作，携手共同推进"数字广东"建设。

2009 年 9 月，IBM 与沈阳市人民政府签约，宣布沈阳生态联合研究院成立。IBM 将推动沈阳在五年内从工业化城市向国家生态城市行列迈进，建成全国环境建设样板城市，为沈阳构建和谐安全便利舒适的生态人居环境。

2009 年 9 月，IBM 与美国迪比克市共同宣布，将建设美国第一个"智慧城市"。通过采用一系列 IBM 新技术"武装"迪比克市，将其完全数字化，并将城市的所有资源都连接起来（水、电、油、气、交通、公共服务等），因此可以侦测、分析和整合各种数据，并智能化地作出响应，服务于市民的需求。

2009 年 10 月，IBM 与南京市人民政府共同举办了"智慧南京"创新论坛，推进南京市面向未来 20 年发展的总体规划目标，展开了详细的探讨，重点结合南京市未来发展的两大方向，经济结构转型和城市环境提升，涉及相关领域包括：产业转型、软件产业发展、政府转型、交通管理、节能环保、智慧医疗和智慧电力。"智慧南京"的发展框架逐渐显出轮廓。

2009 年 10 月，IBM 还与全国百强县之首的江苏省昆山市政府和昆山中创软件共建 IBM"智慧城市"解决方案展示中心，以帮助昆山等中国城市以信息技术为基础，探索城市繁荣创新与可持续发展之路。

由此可见，IBM 正在马不停蹄地实施其"智慧城市"战略。

（2）回顾 IBM 的三次历史性转型

第一次是在 20 世纪 40 年代末，小托马斯·沃森出任 IBM 掌门人后，IBM 全面接受了计算机这一新技术，从而进入到电子时代。

第二次是郭士纳接手 IBM 后，制定了 IBM 的发展战略，从大型机到分布式系统包括个人计算机的转型，从生产硬件转向提供服务和软件开发，使 IBM 成功转型，成为能够提供整体解决方法的服务型公司。

第三次平台转型的主导者是彭明盛，他最先意识到桌面计算机将越来越不重要，云计算时代即将来临。鉴于此，IBM 将个人计算机业务出售给中国计算机厂商联想集团，正式标志着从"海量"产品业务向"高价值"业务全面转型。接下来，彭明盛收购了超过 20 家提供各类"业务分析"服务的公司。经过近 3 年的摸索，彭明盛很快找到了一个价值5 000 亿美元的市场，不仅为企业提供 IT 相关服务，而且进一步帮助企业改变商业流程，外包其核心业务以外的功能部门。在彭明盛的带领下，IBM 很轻松地实现了第三次平台转型。对此，哈佛大学商学院教授罗萨贝斯·莫斯·坎特表示："从一开始，IBM 就将自身定位为一家研究机构，而不仅仅是一家技术公司。"而咨询公司佛瑞斯 CEO 乔治·克罗尼则表示："IBM 不是一家技术公司，而是利用技术解决商业问题的公司。" IBM 从一个世界主要计算机产品厂商转向以服务和软件开发为发展方向的战略转型，成为被公认的 IT 产业的未来发展方向。IBM 成为全球最大的信息技术和业务解决方案公司。

在几次历史巨变中，IBM 都适时地实现了转型，以确保自己始终处于潮头位置。"智慧地球”的理念与实施,也将会带给 IBM 空前的市场。

(3)IBM 的经营范围

IBM 提供信息技术与业务解决方案,许多企业、单位应用 IBM 提供的服务。在近百年的历史过程中,多次领导产业革命,尤其是在 IT 行业中,制定多项标准,并努力帮助客户成功。

IBM 的大型机、超级计算机(主要代表有“深蓝”“蓝色基因”和“沃森”(Watson))、UNIX、服务器领先业界。

软件方面,IBM 软件部(Software Group)整合有五大软件品牌,包括 Lotus、WebSphere、IOD、Rational 及 Tivoli,在各自方面都是软件界的领先者或强有力的竞争者。1999年以后,微软的总体规模才超过 IBM 软件部。截止目前,IBM 软件部也是世界第二大软件实体。

那么 IBM 百年屹立的过人之处究竟在哪里?技术?品牌?抑或其他?IBM 过人之处在于:一是 IBM 超前的 IT 概念制造,并使之落地,如“e-business”“智慧地球”;二是其所树立的“无所不能”的 IT 巨人形象,使得其对客户所产生的磁性。这也许是 IBM 给商界的启示,不知我们中国何时会产生如此巨头?

2.3 中国物联网的发展

2.3.1 基本介绍

中科院上海微系统与信息技术研究所副所长、中科院无锡高新微纳传感网工程中心主任刘海涛自豪地说:“与计算机、互联网产业不同,中国在‘物联网’领域享有国际话语权!”我国物联网的迅速崛起得益于我国在物联网方面的几大优势。

1. 我国传感网技术研发水平处于世界前列

中国科学院早在 1999 年就启动了物联网核心传感网技术研究,与其他国家相比具有同发优势。该院组成了 2 000 多人的团队,先后投入数亿元,在无线智能传感器网络通信技术、微型传感器、传感器终端机、移动基站等方面取得重大进展,目前已拥有从材料、技术、器件、系统到网络的完整产业链。研发水平处于世界前列。

2. 在世界传感网领域,我国是标准主导国之一,专利拥有量高

我国在世界传感网领域,专利拥有量高。我国与德国、美国、韩国一起,成为国际标准制定的主导国之一。

3. 我国是目前能够实现物联网完整产业链的国家之一

业内专家表示,掌握“物联网”的世界话语权,不仅仅体现在技术领先,更在于我国是

世界上少数能实现产业化的国家之一。这使我国在信息技术领域迎头赶上甚至占领产业价值链的高端成为可能。

4. 我国无线通信网络和宽带覆盖率高，为物联网的发展提供了坚实的基础设施支持

目前，我国无线通信网络已经覆盖了城乡，从繁华的城市到偏僻的农村，从海岛到珠穆朗玛峰，到处都有无线网络的覆盖。无线网络是实现“物联网”必不可少的基础设施，为物联网的发展提供了坚实的基础设施支持，安置在动物、植物、机器和物品上的电子介质产生的数字信号可随时随地通过无处不在的无线网络传送出去。云计算技术的运用，使数以亿计的各类物品的实时动态管理变得可能。

5. 我国已经成为世界第二大经济体，有较为雄厚的经济实力支持物联网发展

中科院无锡微纳传感网工程技术研发中心是国内目前研究物联网的核心单位。2009年8月7日，温家宝在江苏无锡调研时，对微纳传感器研发中心予以高度关注，提出了把传感网络中心设在无锡、辐射全国的想法。温家宝指出“在传感网发展中，要早一点谋划未来，早一点攻破核心技术”，“在国家重大科技专项中，加快推进传感网发展”，“尽快建立中国的传感信息中心，或者称‘感知中国’中心”。江苏省委省政府接到指示后认真落实总理的要求，大力推进物联网发展，突出抓好平台建设和应用示范工作，并迅速形成了研发安全感与产业突破的先发优势。无锡市则作出部署：举全市之力，抢占新一轮科技革命制高点，把无锡建成传感网信息技术的创新高地、人才高地和产业高地。

2.3.2 高校研究

物联网在中国高校的研究，当前的焦点在北京邮电大学和南京邮电大学。作为“感知中国”的中心，无锡市2009年9月与北京邮电大学就传感网技术研究和产业发展签署合作协议，标志中国物联网进入实际建设阶段。协议声明，无锡市将与北京邮电大学合作建设研究院，内容主要围绕传感网，涉及光通信、无线通信、计算机控制、多媒体、网络、软件、电子、自动化等技术领域。此外，相关的应用技术研究、科研成果转化和产业化推广工作也同时纳入议程。

为积极参与“感知中国”中心及物联网建设的科技创新和成果转化工作，保持、扩大学校在物联网研究领域的优势，南京邮电大学召开了物联网建设专题研讨会，及时调整科研机构和专业设置，新成立了物联网与传感网研究院、物联网学院。2009年9月10日，全国高校首家物联网研究院在南京邮电大学正式成立。此外，南京邮电大学还有系列举措推进物联网建设的研究：设立物联网专项科研项目，鼓励教师积极参与物联网建设的研究；启动“智慧南邮”平台建设，在校园内建设物联网示范区等。

2010年6月10日，江南大学为进一步整合相关学科资源，推动相关学科跨越式发展，提升战略性新兴产业的人才培养与科学研究水平，服务物联网产业发展，江南大学信息工程学院和江南大学通信与控制工程学院合并组建成立物联网工程学院，这是全国第一个物联网工程学院。

2.3.3 政府措施

1. 四大措施支持创新与应用

我国将采取四大措施支持电信运营企业开展物联网技术创新与应用。这些措施包括：

①努力突破物联网关键核心技术，实现科技创新。结合物联网特点，在突破关键共性技术时，研发和推广应用技术，加强行业和领域物联网技术解决方案的研发和公共服务平台建设，以应用技术为支撑突破创新。

②制订我国物联网发展规划，全面布局。重点发展高端传感器、MEMS、智能传感器、传感器网节点、传感器网关、超高频 RFID、有源 RFID 和 RFID 中间件产业等，重点发展物联网相关终端和设备以及软件和信息服务。

③推动典型物联网应用示范，带动发展。通过应用引导和技术研发的互动式发展，带动物联网的产业发展。重点建设传感网在公众服务与重点行业的典型应用示范工程，确立以应用带动产业的发展模式，消除制约传感网规模发展的瓶颈。深度开发物联网采集来的信息资源，提升物联网的应用过程产业链的整体价值。

④加强物联网国际国内标准，保障发展。做好顶层设计，满足产业需要，形成技术创新、标准和知识产权协调互动机制。面向重点业务应用，加强关键技术的研究，建设标准验证、测试和仿真等标准服务平台，加快关键标准的制定、实施和应用。积极参与国际标准制定，整合国内研究力量形成合力，推动国内自主创新研究成果推向国际。

2. 财政部提供物联网发展专项资金支持

权威人士日前向记者表示，首批 5 亿元物联网专项基金申报工作已启动，共有 600 多家企业申报，工信部已筛选出 100 多家符合条件的企业。物联网专项基金总计 50 亿元，预计 5 年内发放完毕。

工信部、财政部还联合出台了物联网专项基金相关管理办法。该基金将重点支持技术研发类、产业化类、应用示范与推广类和标准研制与公共服务类四大项目。通过物联网专项基金引导，有关部门希望培育技术创新能力强，具有自主知识产权、自主品牌和国际竞争力的大企业，加快产业培育和发展。

2.3.4 机构介绍

1. 机构建设

作为首个全国性物联网产业社团组织——中国电子商会物联网技术产品应用专业委

员会(简称:“物专委”,英文简写:IOTCC),于2010年6月经过国家民政部初审,8月通过工信部核准,9月26日通过民政部最终审批正式成立。

2. 主要任务

在企业和政府之间发挥桥梁作用,协助政府对行业进行指导、协调、咨询和服务,帮助会员向政府反映企业要求。

协调企业与企业之间的关系,加强技术合作、产品流通,消除恶性竞争;监督会员正确执行国家的法规制度,规范行业发展。

通过会员单位间的信息沟通交流、技术产品合作、资源共享、资本运作等,推进物联网技术和产品的应用,推动中国物联网产业规模化、协同化发展。

2.3.5　遇到的问题

1. 知识产权

在物联网技术发展产品化的过程中,我国一直缺乏一些关键技术的掌握,所以产品档次上不去,价格下不来。缺乏RFID等关键技术的独立自主产权是限制中国物联网发展的关键因素之一。

2. 技术标准

目前行业技术主要缺乏以下两个方面标准:接口的标准化和数据模型的标准化。虽然我国早在2005年11月就成立了RFID产业联盟,同时次年又发布了《中国射频识别(RFID)技术政策白皮书》,指出应当集中开展RFID核心技术的研究开发,制定符合中国国情的技术标准。但是我们发现至2013年,中国的RFID产业仍是一片混乱。技术强度固然在增强,但是技术标准却还如镜中之月。正如同中国的3G标准一样,出于各方面的利益考虑,最后中国的3G有了三个不同的标准。

3. 产业链条

和美国相比,国内物联网产业链完善度上还存在着较大差距。虽然目前国内三大运营商和中兴、华为这一类的系统设备商都已是世界级水平,但是其他环节相对欠缺。物联网的产业化必然需要芯片商、传感设备商、系统解决方案厂商、移动运营商等上下游厂商的通力配合,所以要在我国发展物联网,在体制方面还有很多工作要做,如加强广电、电信、交通等行业主管部门的合作,共同推动信息化、智能化交通系统的建立。加快电信网、广电网、互联网的三网融合进程。产业链的合作需要兼顾各方的利益,而在各方利益机制及商业模式尚未成型的背景下,物联网普及仍相当漫长。

4. 行业协作

物联网应用领域十分广泛,许多行业应用具有很大的交叉性,但这些行业分属于不同的政府职能部门，要发展物联网这种以传感技术为基础的信息化应用，在产业化过程中必须加强各行业主管部门的协调与互动，以开放的心态展开通力合作，打破行业、地区、部门之间的壁垒，促进资源共享，加强体制优化改革，才能有效地保障物联网产业的顺利发展。

5. 盈利模式

物联网分为感知、网络、应用三个层次，在每一个层面上，都将有多种选择去开拓市场。在未来产业发展过程中，商业模式变得异常关键。对于任何一次信息产业的革命来说，出现一种新型而能成熟发展的商业盈利模式是必然的结果，可是这一点至今还没有在物联网的发展中体现出来，也没有任何产业可以在这一点上统一引领物联网的发展浪潮。

目前，物联网发展直接带来的一些经济效益主要集中在与物联网有关的电子元器件领域，如射频识别装置、感应器等。而庞大的数据传输给网络运营商带来的机会以及对最下游的如物流及零售等行业所产生的影响还需要相当长时间的观察。

6. 使用成本

物联网产业是需要将物与物连接起来并且进行更好的控制管理。这一特点决定了其发展必将会随着经济发展和社会需求而催生出更多的应用。所以，在物联网传感技术推广的初期，功能单一，价位高是很难避免的问题。电子标签和读写设备贵，成本高，无法大规模的应用，而没有大规模的应用，成本高的问题就更难以解决。如何突破初期的用户在成本方面的壁垒成了打开这一片市场的首要问题。所以在成本尚未降至能普及的前提下，物联网的发展将受到限制。

7. 安全问题

在物联网中，传感网的建设要求 RFID 标签预先被嵌入任何与人息息相关的物品中。可人们在观念上似乎还不能接受自己周围的生活物品甚至包括自己时刻都处于一种被监控的状态，这直接导致嵌入标签势必会使个人的隐私受到侵犯。

因此，如何确保标签物的拥有者个人隐私不受侵犯便成为射频识别技术以至物联网推广的关键问题。而且，这不仅仅是一个技术问题，还涉及政治和法律问题。

2.3.6 中国物联网“十二五”发展规划简述

1. 产业发展基础

无线射频识别（RFID）产业市场规模已超过 100 亿元，传感器市场规模已超过 900 亿元，其中，微机电系统（MEMS）传感器市场规模超过 150 亿元，机器到机器（M2M）终端数量接近 1 000 万，形成全球最大的 M2M 市场之一。

2. 发展目标

到 2015 年，我国要在核心技术研发与产业化、关键标准研究与制定、产业链条建立与

完善、重大应用示范与推广等方面取得显著成效，初步形成创新驱动、应用牵引、协同发展、安全可控的物联网发展格局。

技术创新能力显著增强。攻克一批物联网核心关键技术，在感知、传输、处理、应用等技术领域取得500项以上重要研究成果；研究制定200项以上国家和行业标准；推动建设一批示范企业、重点实验室、工程中心等创新载体，为形成持续创新能力奠定基础。

初步完成产业体系构建。形成较为完善的物联网产业链，培育和发展10个产业聚集区，100家以上骨干企业，一批“专、精、特、新”的中小企业，建设一批覆盖面广、支撑力强的公共服务平台，初步形成门类齐全、布局合理、结构优化的物联网产业体系。

3. 主要任务

①提升感知技术水平。
②推进传输技术突破。
③加强处理技术研究。
④巩固共性技术基础。

4. 示范工程建设

《物联网“十二五”发展规划》圈定9大领域重点示范工程，分别是：智能工业、智能农业、智能物流、智能交通、智能电网、智能环保、智能安防、智能医疗、智能家居。

技能练习

搜索查看物联网的发展现状，并简述其主要产业情况和技术特点。

本章小结

物联网要实现“物物互连”，其主要研究在标识物体的电子标签和感知物体的传感器网络这两方面，其次就是物联网体系结构的研究。目前国际物联网产业的应用发展现状主要体现在：①各国相继推出物联网区域战略规划；②RFID成为市场最为关注技术；③各组织纷纷研究制定相关技术标准。

物联网技术得到更加广泛的应用，将使人类社会步入智能化和统一化的时代，物联网在发展国民经济、建设文明和谐社会、维护保障国家安全以及推动科学技术进步等方面有着十分重要的战略意义。

物联网在中国迅速崛起，我国政府也高度重视这一领域的发展，已经将其列入国家重点支持的战略性新兴产业之一，并采取了各种激励和扶持政策。要推动中国物联网产业规模化、协同化发展，仍相当漫长。

一、判断题

1. 物联网的实质是利用射频自动识别（RFID）技术通过计算机互联网实现物品（商品）的自动识别和信息的互联与共享。 （ ）

2. 物联网是继计算机、互联网和移动通信之后的又一次信息产业的革命性发展。目前物联网被正式列为国家重点发展的战略性新兴产业之一。 （ ）

3. 物联网的核心和基础仍然是互联网，它是在互联网基础上的延伸和扩展的网络。 （ ）

4. 物联网的目的是实现物与物、物与人，所有的物品与网络的连接，方便识别、管理和控制。 （ ）

5. 物联网是互联网的应用拓展，与其说物联网是网络不如说物联网是业务和应用。 （ ）

6. 物联网是新一代信息技术，它与互联网没任何关系。 （ ）

7. 2003 年美国《技术评论》提出传感网络技术将是未来改变人们生活的十大技术之首。 （ ）

8. 物联网就是物物互联的无所不在的网络，因此物联网是空中楼阁，是目前很难实现的技术。 （ ）

9. 能够互动、通信的产品都可以看作是物联网应用。 （ ）

10. 物联网一方面可以提高经济效益，大大节约生产成本；另一方面可以为全球经济的复苏提供技术动力。 （ ）

二、单选题

1. 智慧地球（Smarter Planet）是（ ）提出的。

A. 无锡研究院 B. 温家宝 C. IBM D. 奥巴马

2. 2009 年 8 月 7 日温家宝在江苏无锡调研时提出（ ）概念。

A. 感受中国 B. 感应中国 C. 感知中国 D. 感想中国

3. 作为“感知中国”的中心，无锡市 2009 年 9 月与（ ）就传感网技术研究和产业发展签署合作协议，标志我国物联网进入实际建设阶段。

A. 北京邮电大学 B. 南京邮电大学 C. 北京大学 D. 清华大学

4. 物联网（Internet of Things）这个概念最先是由（ ）最早提出的。

A. MIT Auto-ID 中心的 Ashton 教授　　B. IBM

C. 比尔·盖茨　　D. 奥巴马

5. 2009 年 8 月(　　)在视察中科院无锡物联网产业研究所时对于物联网应用也提出了一些看法和要求,从此物联网正式被列为国家五大新兴战略性产业之一。

A. 胡锦涛　　B. 温家宝　　C. 习近平　　D. 吴邦国

6. 物联网概念是在(　　)年第一次被提出来。

A. 1998　　B. 1999　　C. 2000　　D. 2001

7. 被称为世界信息产业第三次浪潮的是(　　)。

A. 计算机　　B. 互联网　　C. 传感网　　D. 物联网

8. 2009 年 10 月 11 日,(　　)在科技日报上发表题为《我国工业和信息化发展的现状与展望》的署名文章,首次公开提及传感网络。

A. 胡锦涛　　B. 温家宝　　C. 李毅中　　D. 王建宙

9. 2009 年创建的国家传感网创新示范新区在(　　)。

A. 无锡　　B. 上海　　C. 北京　　D 南京

10. 2008 年 3 月,全球首个国际物联网会议“物联网 2008”在(　　)举行。

A. 上海　　B. 华盛顿　　C. 苏黎世　　D. 伦敦

三、简述题

1. 简述物联网的战略意义。

2. 简述我国物联网发展面临的问题。

第3章 物联网体系架构

教学目标

熟悉物联网的三层结构划分

熟练掌握物联网感知层的定义、功能及关键技术

理解物联网网络层的功能及关键技术

了解物联网应用层的功能及关键技术

重点、难点

物联网的三层体系构架

物联网各个层次的关键技术

3.1 物联网体系概述

物联网的价值在于让物体也拥有了“智慧”，从而实现人与物、物与物之间的沟通，物联网的特征在于感知、互联和智能的叠加。因此，物联网由三个部分组成：感知部分，即以二维码、RFID、传感器为主，实现对“物”的识别；传输网络，即通过现有的互联网、广电网络、通信网络等实现数据的传输；智能处理，即利用云计算、数据挖掘、中间件等技术实现对物品的自动控制与智能管理等。

目前在业界，物联网体系架构也大致被公认为有这三个层次：底层是感知层，第二层是网络层，最上面则是应用层，如图3.1所示。

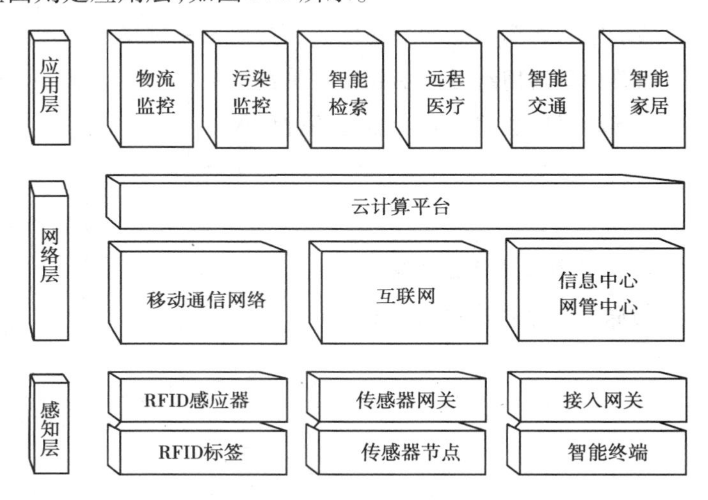

图3.1 物联网体系架构

在物联网体系架构中，三层及其关系可以作如下理解。

感知层相当于人体的皮肤和五官，该层包括二维码标签和识读器、RFID标签和读写器、摄像头、GPS、传感器等，它的主要任务是识别物体和采集信息。

网络层类似于人体结构中的神经中枢和大脑，该层包括通信与互联网的融合网络、网络管理中心和信息处理中心等，它的主要任务是将感知层获取的信息进行传递和处理。

应用层类似于人的社会分工，该层是物联网与行业专业技术的深度融合，与行业需求结合，实现行业智能化。它的主要任务是对获取的信息进行分析和处理，作出正确决策，实现智能化的管理、应用和服务。

在各层之间，信息不是单向传递的，也有交互、控制等，所传递的信息多种多样，这其中的关键是物品的信息，包括在特定应用系统范围内能唯一标识物品的识别码和物品的静态信息与动态信息。

相应的，其技术体系包括感知层技术、网络层技术、应用层技术以及公共技术，如图3.2所示。

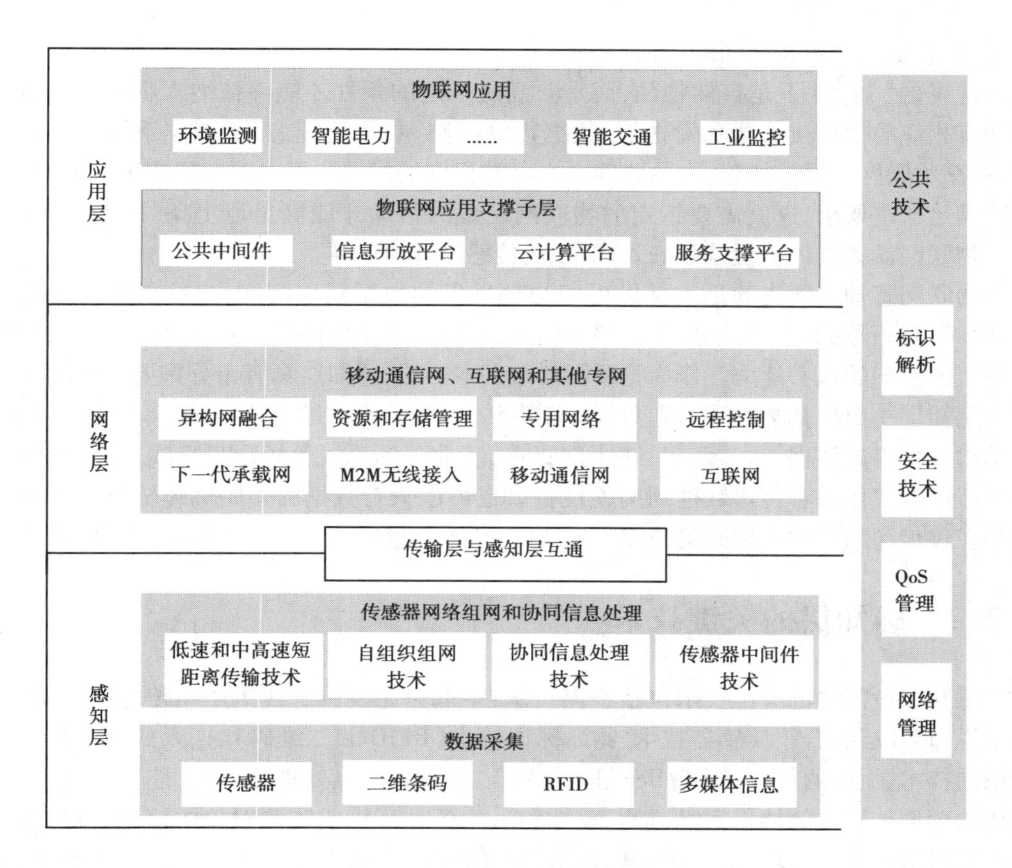

图3.2　物联网技术体系架构

公共技术不属于物联网技术的某个特定层面，而是与物联网技术架构的三层都有关系，它包括标识与解析、安全技术、网络管理和服务质量(QoS)管理。

下面对这三层的功能和关键技术进行分别介绍。

3.2　感知互动层

物联网与传统网络的主要区别在于，物联网扩大了传统网络的通信范围，即物联网不仅仅局限于人与人之间的通信，还扩展到人与物、物与物之间的通信。在物联网具体实现过程中，如何完成对物的感知这一关键环节呢？本节将针对这一问题，对感知层及其关键技术进行介绍。

3.2.1　感知层的功能

物联网在传统网络的基础上，从原有网络用户终端向“下”延伸和扩展，扩大通信的对象范围，即通信不仅仅局限于人与人之间的通信，还扩展到人与现实世界的各种物体之间的通信，以及物与物之间的通信。

这里的“物”并不是自然物品，而是要满足一定的条件才能够被纳入物联网的范围，例如有相应的信息接收器和发送器、数据传输通路、数据处理芯片、操作系统、存储空间等，遵循物联网的通信协议，在物联网中有可被识别的标识。可以看到现实世界的物品未必能满足这些要求，这就需要特定的物联网设备的帮助才能满足以上条件，并加入物联网。物联网设备具体来说就是嵌入式系统、传感器、RFID 等。

物联网感知层解决的是人类世界和物理世界的数据获取问题，包括各类物理量、标识、音频、视频数据。感知层处于三层架构的最底层，是物联网发展和应用的基础，具有物联网全面感知的核心能力。作为物联网的最基本一层，感知层具有十分重要的作用。

感知层一般包括数据采集和数据短距离传输，即首先通过传感器、摄像头等设备采集外部物理世界的数据，通过蓝牙、红外、ZigBee、工业现场总线等短距离有线或无线传输技术进行协同工作或者传递数据到网关设备。也可以只有数据的短距离传输这一部分，特别是在仅传递物品的识别码的情况下。实际上，感知层这两个部分有时很难明确区分。

3.2.2 感知层的关键技术

感知层所需要的关键技术包括检测技术、中低速无线或有线短距离传输技术等。具体来说，感知层综合了传感器技术、物品标识技术（RFID 和二维码）、嵌入式计算技术、智能组网技术、无线通信技术（ZigBee 和蓝牙等）、分布式信息处理技术等，能够通过各类集成化的微型传感器的协作实时监测、感知和采集各种环境或监测对象的信息。通过嵌入式系统对信息进行处理，并通过随机自组织无线通信网络以多跳中继方式将所感知信息传送到接入层的基站节点和接入网关，最终到达用户终端，从而真正实现“无处不在”的物联网的理念。

感知层涉及的主要技术，将在本书第 4 章进行详细介绍。

3.2.3 感知层的典型应用

对于目前关注和应用较多的 RFID 网络来说，张贴安装在设备上的 RFID 标签和用来识别 RFID 信息的扫描仪、感应器属于物联网的感知层。在这一类物联网中被检测的信息是 RFID 标签内容，高速公路不停车收费系统、超市仓储管理系统等都是基于这一类结构的物联网，如图 3.3 所示。

用于战场环境信息收集的智能微尘（Smart Dust）网络，如图 3.4 所示，感知层由智能传感节点和接入网关组成，智能节点感知信息（温度、湿度、图像等）能自行组网传递到上层网关接入点，由网关将收集到的感应信息通过网络层提交到后台处理。环境监控、污染监控等应用是基于这一类结构的物联网。

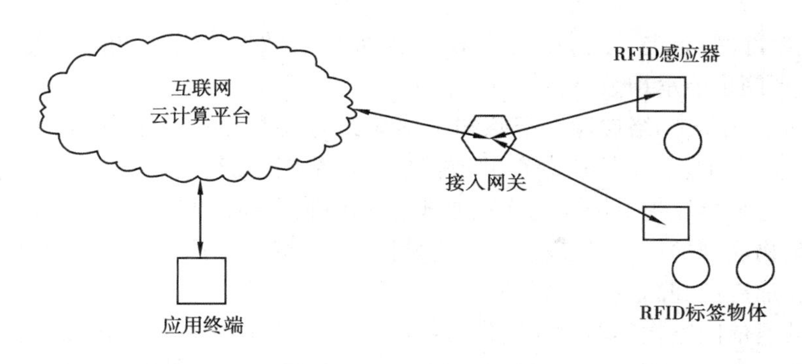

图 3.3　物联网感知层结构-RFID 感应方式

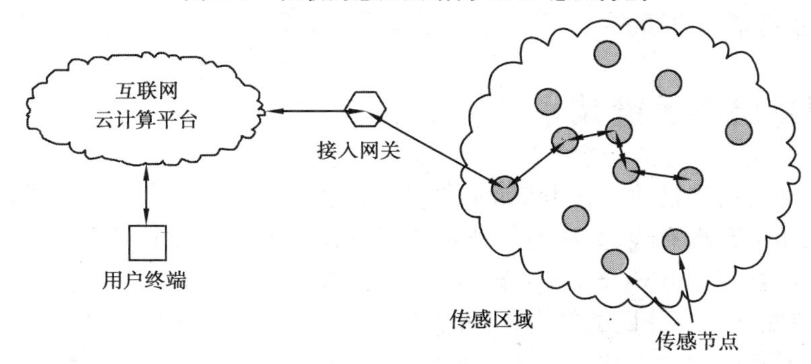

图 3.4　物联网感知层结构 - 自组网多跳方式

3.3　网络传输层

物联网的网络层将建立在现有的移动通信网和互联网基础上。物联网通过各种接入设备与移动通信网和互联网相连，如手机付费系统中由刷卡设备将内置手机的 RFID 信息采集上传到互联网，网络层完成后台鉴权认证并从银行网络划账。网络层也包括信息存储查询、网络管理等功能。

网络层中的感知数据管理与处理技术是实现以数据为中心的物联网核心技术。感知数据管理与处理技术包括传感网数据的存储、查询、分析、挖掘、理解以及基于感知数据决策和行为的理论和技术。云计算平台作为海量感知数据的存储、分析平台，将是物联网网络层的重要组成部分，也是应用层众多应用的基础。

在产业链中，通信网络运营商将在物联网网络层占据重要的地位，而正在高速发展的云计算平台将是物联网发展的又一助力。

3.3.1　网络层的功能

物联网网络层是在现有网络的基础上建立起来的，它与目前主流的移动通信网、国际互联网、企业内部网、各类专网等网络一样，主要承担着数据传输的功能，特别是当三网融合后，有线电视网也能承担数据传输的功能。

在物联网中，要求网络层能够把感知层感知到的数据无障碍、高可靠性、高安全性地进行传送，它解决的是感知层所获得的数据在一定范围，尤其是远距离传输问题。同时，物联网网络层将承担比现有网络更大的数据量和面临更高的服务质量要求，所以现有网络尚不能满足物联网的需求，这就意味着物联网需要对现有网络进行融合和扩展，利用新技术以实现更加广泛和高效的互联功能。

由于广域通信网络在早期物联网发展中的缺位，早期的物联网应用往往在部署范围、应用领域等诸多方面有所局限，终端之间以及终端与后台软件之间都难以开展协同。随着物联网发展，建立端到端的全局网络将成为必须。

3.3.2 网络层的关键技术

由于物联网网络层是建立在 Internet 和移动通信网等现有网络基础上，除具有目前已经比较成熟的如远距离有线、无线通信技术和网络技术外，为实现"物物相连"的需求，物联网网络层将综合使用 IPv6、3G/4G、Wi-Fi 等通信技术，实现有线与无线的结合、宽带与窄带的结合、感知网与通信网的结合。同时，网络层中的感知数据管理与处理技术是实现以数据为中心的物联网核心技术。感知数据管理与处理技术包括物联网数据的存储、查询、分析、挖掘、理解以及基于感知数据决策和行为的技术。

物联网网络层涉及的关键技术，本书第 4 章将对其作较详细讲解。

3.4 应用服务层

物联网应用层利用经过分析处理的感知数据，为用户提供丰富的特定服务。物联网的应用可分为监控型（物流监控、污染监控）、查询型（智能检索、远程抄表）、控制型（智能交通、智能家居、路灯控制）、扫描型（手机钱包、高速公路不停车收费）等。

应用层是物联网发展的目的，软件开发、智能控制技术将会为用户提供丰富多彩的物联网应用。各种行业和家庭应用的开发将会推动物联网的普及，也给整个物联网产业链带来利润。

目前已经有不少物联网范畴的应用，如通过一种感应器感应到某个物体触发信息，然后按设定通过网络完成一系列动作。当你早上拿车钥匙出门上班，在计算机旁待命的感应器检测到之后就会通过互联网络自动发起一系列事件：通过短信或者喇叭自动播报今天的天气，在计算机上显示快捷通畅的开车路径并估算路上所花时间，同时通过短信或者即时聊天工具告知你的同事你将马上到达……（Violet 公司的 Mirror 就是类似于上述应用的产品）。又如已经投入试点运营的高速公路不停车收费系统，基于 RFID 的手机钱包付费应用等。

3.4.1 应用层的功能

应用是物联网发展的驱动力和目的。应用层的主要功能是把感知和传输来的信息进行分析和处理,作出正确的控制和决策,实现智能化的管理、应用和服务。这一层解决的是信息处理和人机界面的问题。

具体地讲,应用层将网络层传输来的数据通过各类信息系统进行处理,并通过各种设备与人进行交互。这一层也可按形态直观地划分为两个子层:一个是应用程序层;另一个是终端设备层。应用程序层进行数据处理,完成跨行业、跨应用、跨系统之间的信息协同、共享、互通的功能,包括电力、医疗、银行、交通、环保、物流、工业、农业、城市管理、家居生活等,可用于政府、企业、社会组织、家庭、个人等,这正是物联网作为深度信息化网络的重要体现。而终端设备层主要是提供人机界面,物联网虽然是"物物相连的网",但最终是要以人为本的,还是需要人的操作与控制,不过这里的人机界面已远远超出现在人与计算机交互的概念,而是泛指与应用程序相连的各种设备与人的反馈。

3.4.2 应用层的关键技术

物联网应用层能够为用户提供丰富多彩的业务体验,然而,如何合理高效地处理从网络层传来的海量数据,并从中提取有效信息,是物联网应用层要解决的一个关键问题。应用层的关键技术主要有 M2M 技术、用于处理海量数据的云计算技术等,本书第 4 章将对其作较详细讲解。

案例分析

IBM 8 层的物联网参考架构

在 IBM 2010 年大中华区研发中心开放日活动中,希望对在物联网世界里会用到的一些关键技术领域进行深入的探讨和展望。IBM 大中华区首席技术官、IBM 中国研究院院长李实恭在接受 51CTO. com 记者专访时谈到,"物联网的重点在于这个'网'字,如果只有物没有网,那未来将是非常可怕的现象。IBM 在多年的研究积累和实践中提炼出了 8 层的物联网参考架构"。物联网框架模型如图 3.5 所示。

从层次的维度理解,这 8 层架构之间大部分情况下有一定的依赖关系,从域的维度理解,由于信息在它们之间有时并不需要依次进行传递和处理,因此它们也可以是网状关系,所以叫作域的概念。

应用服务层	创新应用层	分析与优化层	物联网世界中，信息来源广阔，是海量的，基于传统的商业智能和数据分析是远远不够的，因此需要更智能化的分析能力，基于数学和统计学的模型进行分析、模拟和预测
		应用层	应用层包括各种不同业务或服务所需要的应用处理系统。这些系统利用传感的信息进行处理、分析、执行不同的业务，并把处理的信息再反馈给传感器进行更新，使得整个物联网的每个环节都更加连续和智能
网络传输层	管理服务层	服务平台层	服务平台层是为了使不同的服务提供模式得以实施，同时把物联网世界中的信息处理方面的共性功能进行集中优化，使应用系统无须因为物联网的出现而作大的修改，能够更充分地利用已有业务应用系统，支持物联网的应用
		应用网关层	在传输过程中为了更好地利用网络资源以及优化信息处理过程，设置局部或者区域性的应用网关，一是信息汇总与分发；二是进行一些简单信息处理与业务应用的执行，最大限度地利用IT与通信资源，提高信息的传输和处理能力，提高可靠性和持续性
	网络构建层	广域网络层	在这一层中主要是为了将感知层的信息传递到需要信息处理或者业务应用的系统中。可以采用IPv4或者IPv6的协议
感知控制层		传感网关层	由于物联网世界里的对象是实体，因此感知到的信息量将会是巨大的，各式各样的，通过某种程度的网关将信息进行过滤、协议转换、信息压缩加密等，使得信息更优化和安全的在公共网络上传递
	感知识别层	传感网层	这是传感器之间形成的网络。这些网络有可能基于公开协议，比如IP，也有可能基于一些私有协议。其目的就是为了使传感器之间可以互联互通以及传递感应信息
		传感器/执行器层	物联网中任何一个物体都要通过感知设备获取相关信息以及传递感应到的信息给所有需要的设备或系统。传感器除了传统的传感功能外，还要具备一些基本的本地处理能力，使得所传递的信息是系统最需要的，从而使传递网络的使用更加优化

图 3.5　物联网框架模型

技能练习

搜索查看物联网体系架构的应用研究实例，并简述其主要功能和特点，如油气生产物联网体系架构和智能电网的物联网体系架构等。

本章小结

本章对物联网体系架构从感知层、网络层、应用层分别进行了介绍。通过介绍各层的关键技术和在物联网中的功能，帮助读者更好地理解和认识物联网。

在后续章节中将围绕物联网的体系结构展开介绍。

自测题

一、不定项选择题

1. 物联网体系构架分为(　　)三个层次。

A. 感知层　B. 网络层　C. 路由层　D. 物理层　E. 应用层

2. 以下属于感知层的技术有(　　)。

A. RFID　B. ZigBee　C. 蓝牙　D. 红外　E. 传感

3. 以下属于网络层的技术有(　　)。

A. IPv6　B. 3G/4G　C. Wi-Fi　D. RFID

4. 以下属于应用层的技术有(　　)。

A. M2M　B. 3G/4G　C. 云计算　D. RFID

5. 物联网技术体系主要包括(　　)。

A. 感知延伸层技术　B. 网络层技术　C. 应用层技术　D. 物理层技术

6. IBM 提出的物联网构架结构类型是(　　)。

A. 三层　B. 四层　C. 八横四纵　D. 五层

二、简答题

1. 物联网体系架构的三个层次的功能分别是什么?

2. 试以高速路道口不停车收费为例,说明物联网三个层次的工作过程。

第4章 物联网技术基础

教学目标

掌握物联网的三层结构
理解物联网感知层的关键技术
理解物联网传输层的关键技术
理解物联网应用层的关键技术

重点、难点

物联网感知层、传输层关键技术
物联网应用层的中间件、云计算关键技术

4.1 物联网感知层技术

根据第1章中关于物联网的定义，按照物联网内数据的流向及处理方式将物联网分为三个层次。物联网三层结构如图4.1所示。

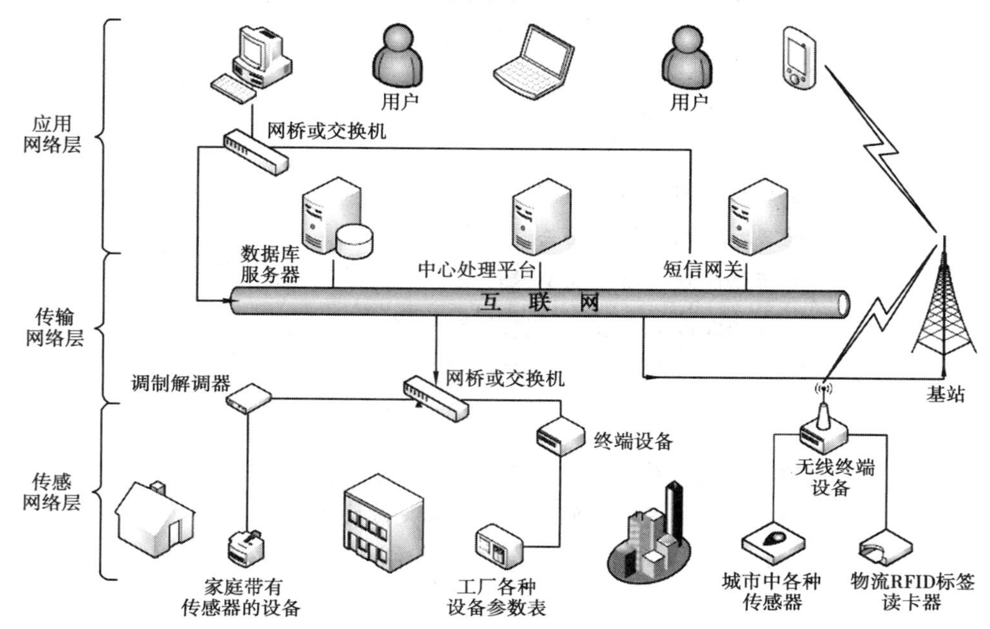

图4.1 物联网三层结构图

在本章的学习中，将按物联网的三个层次对物联网所涉及的技术作介绍。

4.1.1 自动识别技术

1. 自动识别的概念

自动识别(Automatic Identification，Auto-ID)是先将定义的识别信息编码按特定的标准代码化，并存储于相关的载体中，借助特殊的设备，实现定义编码信息的自动采集，并输入信息处理系统从而完成基于代码的识别。

自动识别技术是以计算机技术和通信技术为基础的一门综合性技术，是数据编码、数据采集、数据标识、数据管理、数据传输、数据分析的标准化手段。

2. 自动识别系统

自动识别系统是一个以信息处理为主的技术系统，它输入将被识别的信息，输出已识别的信息。

自动识别系统的输入信息分为特定格式信息和图像图形格式信息两大类。

(1)特定格式信息识别系统

特定格式信息就是采用规定的表现形式来表示规定的信息。如图4.2(a)为一维条形码,图4.2(b)为二维条形码。

条形码识别的过程是:通过条码读取设备(如条码枪)获取信息,译码识别信息,得到已识别商品的信息。

(2)图像图形格式信息识别系统

图像图形格式信息则是指二维图像与一维波形等信息,如二维图像包括的文字、地图、照片、指纹、语音等,其识别技术在目前仍然处于快速发展过程中,在通讯、安全、娱乐等领域应用广泛。如图4.3所示为一幅指纹图片。

(a)EAN-13一维条形码

(b)二维条形码

图4.2 条码形式

图4.3 指纹图片

图像图形识别流程为:通过数据采集获取被识别信息,先预处理,再进行特征提取与选择,再进行分类决策,从而识别信息。

3. 主要自动识别技术

(1)条码(Bar Code)技术

对条码最早的记载出现在1949年,而最早生产的条码是美国20世纪70年代的UPC码(通用商品条码)。EAN(European Article Number)原为欧洲编码协会,后来成为国际物品编码委员会,于2005年改名为GS1,中国于1988年成立物品编码中心,1991年加入EAN,2002年美国加入EAN。20世纪90年代出现了二维条码。

①条码的概念

条码是由一组规则排列的条、空以及对应的字符组成的标记。“条”指对光线反射率较低的部分,“空”指对光线反射率较高的部分,这些条和空组成的数据表达一定的信息,并能够用特定的设备识读,转换成与计算机兼容的二进制和十进制信息。条码分为一维码和二维码,其具体形式参考图4.2,更多形式的条码将在后续课程学习。

②条码的编码方法

条码编码方法有两种:

- 宽度调节法:组成条码的条或空只由两种宽度的单元构成,尺寸较小的单元称为窄单元,尺寸较大的单元称为宽单元,通常宽单元是窄单元的2~3倍。窄单元表示数字“0”,宽单元表示数字“1”,而不管它是条还是空,如图4.4(a)所示。采用这种方法编码的条码有 25 码、39 码、93 码、库德巴码等。

• 模块组配法：组成条码的每一个模块具有相同的宽度，而一个条或一个空是由若干个模块构成的，每一个条的模块表示一个数字“1”，每一个空的模块表示一个数字“0”，如图 4.4(b)所示。第一个条是由三个模块组成的，表示“111”；第二个空是由两个模块组成的，表示“00”；而第一个空和第二个条则只有一个模块，分别表示“0”和“1”。采用这种方法编码的条码有商品条码、CODE-128 码等。

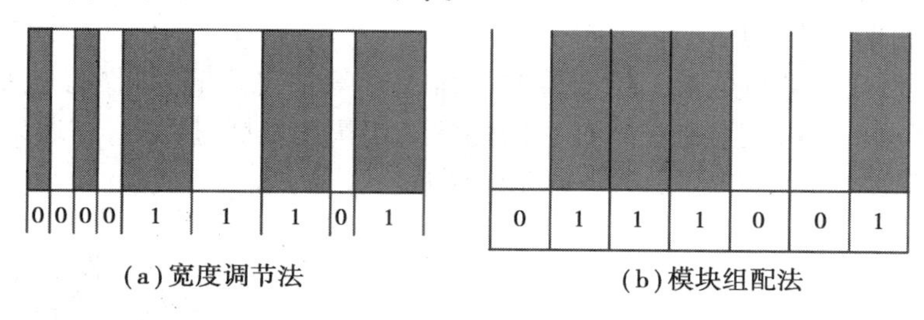

(a) 宽度调节法　　(b) 模块组配法

图 4.4　条码的编码方法

注意：判断条码码制的一个基本方法是看组成条码的条空，如果所有的条空都只有两种宽度，那无疑是采用宽度调节法的条码，如果条空只有 1 种或具有两种以上宽窄不等的宽度，那就肯定是模块组配法的条码。

③条码识别系统

条码识别系统是由光学阅读系统、放大电路、整形电路、译码电路和计算机系统等部分组成。条码识别系统如图 4.5(a)所示。通常，条码识别过程如下：

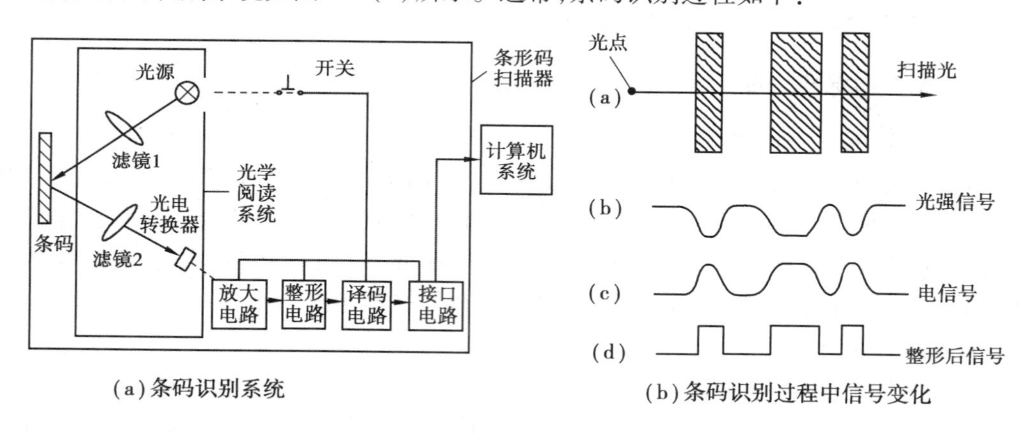

(a) 条码识别系统　　(b) 条码识别过程中信号变化

图 4.5　条码识别

当打开条码扫描器开关，条码扫描器光源发出的光照射到条码上时，反射光经凸透镜聚焦后，照射到光电转换器上。光电转换器接收到与空和条相对应的强弱不同的反射光信号，并将光信号转换成相应的电信号输出到放大电路进行放大。

放大后的电信号仍然是一个模拟信号，为了避免条码中的疵点和污点产生错误条码信息，在放大电路后加一放大整形电路，把模拟信号转换成数字信号，以便计算机系统能准确判断。

条码扫描识别的处理过程中信号的变化如图 4.5(b)所示。整形电路的脉冲数字信号经译码器译成数字、字符信息,它通过识别起始、终止字符来判断出条码符号的码制及扫描方向,通过测量脉冲数字电信号 1、0 的数目来判断条和空的数目,通过测量 1、0 信号持续的时间来判别条和空的宽度,这样便得到了被识读的条码的条和空的数目及相应的宽度和所用的码制,根据码制所对应的编码规则,便可将条形符号转换成相应的数字、字符信息。通过接口电路,将所得的数字和字符信息送入计算机系统进行数据处理与管理,完成条码识读的全过程。

④各类条码阅读设备

光笔:是最先出现的一种手持接触式条码阅读器,也是最为经济的一种条码阅读器,如图 4.6(a)所示。使用时,将光笔接触到条码表面,光笔的镜头发出光点,当这个光点从左到右划过条码时,在“空”部分光线被反射,“条”的部分光线被吸收,使光笔内部产生一个变化的电压,这个电压通过放大、整形后用于译码。

CCD 阅读器:为电子耦合器件(Charg Couple Device),比较适合近距离和接触阅读,它的价格没有激光阅读器贵,而且内部没有移动部件,如图 4.6(b)所示。

激光扫描仪:是各种扫描器中价格相对较高的,但它所能提供的各项功能指标最高。激光扫描仪分为手持与固定两种形式:手持激光扫描仪连接方便简单、使用灵活;固定式激光扫描仪适用于阅读量较大、条码较小的场合,有效解放双手工作,如图 4.6(c)所示。

固定式扫描器:又称固体式扫描仪,用在超市的收银台等,如图 4.6(d)所示。

数据采集器:是一种集掌上电脑和条形码扫描技术于一体的条形码数据采集设备,它具有体积小、质量轻、可移动使用、可编程定制业务流程等优点,如图 4.6(e)所示。

数据采集器有线阵和面阵两种:线阵图像采集器可以识读一维条码符号和堆积式的条码符号。面阵图像采集器类似“数字摄像机”拍摄静止图像,它通过激光束对识读区域进行扫描,采集照亮区域的反射信号进行识别,其可以识读二维条码,当然也可以在多个方向识读一维条码。

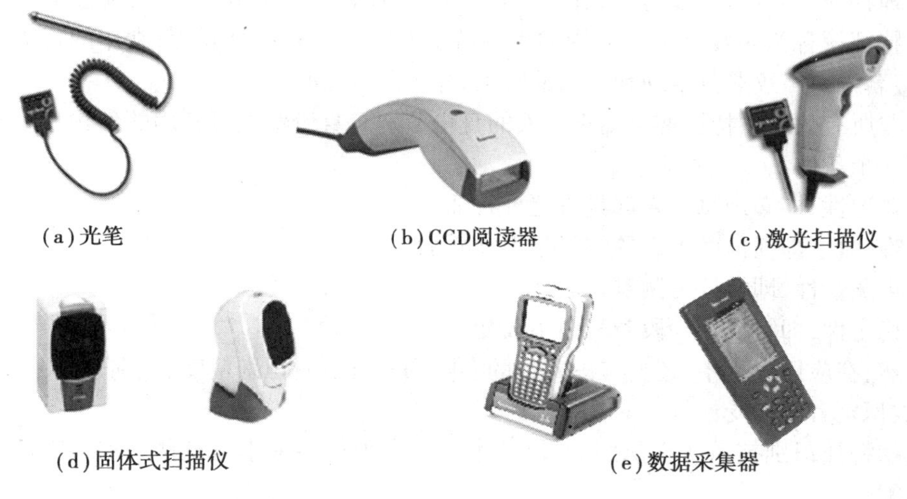

(a)光笔　(b)CCD阅读器　(c)激光扫描仪

(d)固体式扫描仪　(e)数据采集器

图 4.6　条码阅读设备

(2)射频识别技术

射频识别(Radio Frequency Identification,RFID)技术将在4.1.2小节中进行介绍。

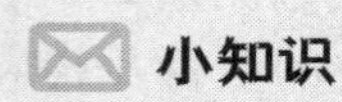

条码阅读器连接

每种阅读器阅读条码的方式虽然不同,但最终结果都是将信息转换为数字信号从而被计算机识读,这要通过阅读器自带的或阅读器和主机之间的一个单独设备中的译码软件来完成,译码器将条码进行识别并加以区分,然后上传到主计算机。将数据上传到需要与主机进行连接或接口,每一接口要有两个不同的层:一个是物理的层(硬件),另一个是逻辑的层,即指通信协议。

常用的接口方式有:键盘口、串口或者直接连接;新型的也采用USB接口。

在使用键盘接口方式时,阅读器所传出的条码符号的数据被PC或终端认为是自身的键盘所发出的数据,同时,它们的键盘也能够发挥所有功能。

在键盘接口的速度太慢,或者其他接口方式不可用时,可以采用串口连接的方式,用RS232接口进行连接。

直接连接有两种意思:一种指阅读器不需要外加译码设备直接向主机输出数据;另一种指译码后的数据不通过键盘直接连到主机。

(3)生物特征识别技术

生物特征识别技术(Biometric Identification Technology)即通过计算机与传感器等科技手段和生物统计学原理密切结合,利用人体固有的生理特性和行为特征来进行个人身份的鉴定。

生理特征与生俱来,多为先天性的;行为特征则是习惯使然,多为后天性的。将生理和行为特征统称为生物特征。常用的生理特征有脸相、指纹、虹膜等;常用的行为特征有步态、签名等。声纹兼具生理和行为的特点,介于两者之间。

并非所有的生物特征都可用于个人的身份鉴别。身份鉴别可利用的生物特征必须满足以下几个条件:

- 普遍性,即必须每个人都具备这种特征。
- 唯一性,即任何两个人的特征是不一样的。
- 可测量性,即特征可测量。
- 稳定性,即特征在一段时间内不改变。

当然,在应用过程中,还要考虑其他的实际因素,比如:识别精度、识别速度、对人体无伤害、被识别者的接受性等。

生物特征识别技术实现识别的过程:生物样本采集→采集信息预处理→特征抽取→特征匹配。

下面将介绍几种热门的生物特征识别技术:

①指纹识别技术

指纹识别技术是通过取像设备读取指纹图像,然后用计算机识别软件分析指纹的全局特征和局部特征,特征点如嵴、谷、终点、分叉点和分歧点等,从指纹中抽取特征值,可以非常可靠地确认一个人的身份。

指纹识别的优点表现在:研究历史较长,技术相对成熟;指纹图像提取设备小巧;同类产品中,指纹识别的成本较低。其缺点表现在:指纹识别是物理接触式的,具有侵犯性;指纹易磨损,手指太干或太湿都不易提取图像。如图4.7所示为各种基于指纹识别的应用。

(a)指纹手机

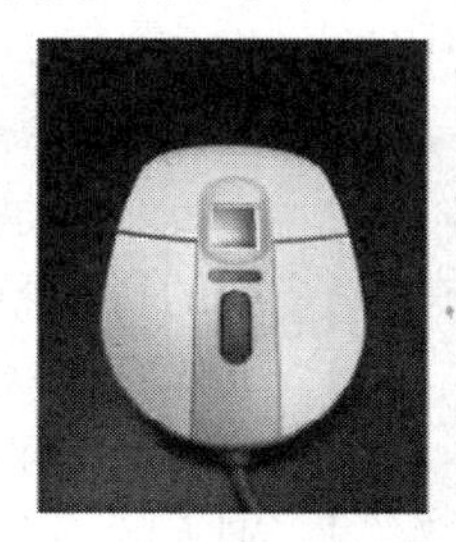

(b)指纹鼠标

(c)指纹考勤机

图4.7 指纹识别设备

②虹膜识别技术

虹膜是指眼球中瞳孔和眼白之间充满了丰富纹理信息的环形区域,每个虹膜都包含一个独一无二的基于水晶体、细丝、斑点、凹点、皱纹和条纹等特征的结构。虹膜识别技术就是利用虹膜这种终生不变性和差异性的特点来识别身份的,过程如图4.8所示。

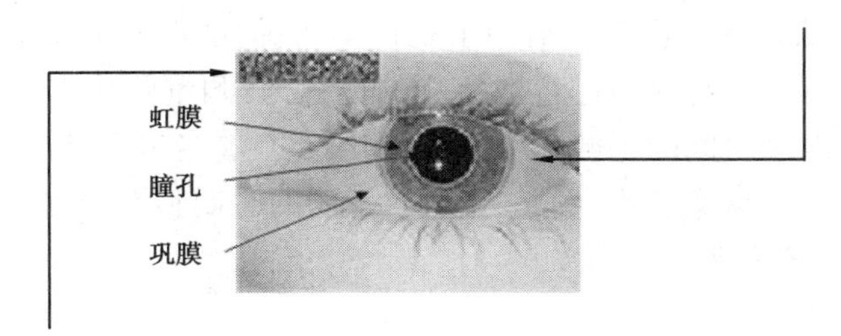

图4.8 虹膜识别技术

目前世界上还没有发现虹膜特征重复的案例,虹膜识别技术与相应的算法结合后,可以达到十分优异的准确度,即使全人类的虹膜信息都录入到一个数据库中,出现认假和拒假的可能性也相当小。和常用的指纹识别相比,虹膜识别技术操作更简便,检验的精确度也更高。现有的计算机和CCD摄像机即可满足其对硬件的需求,在可以预见的未来,安全控制、海关进出口检验、电子商务等多种领域的应用,必然会以虹膜识别技术为重点。

③基因(DNA)识别技术

DNA(脱氧核糖核酸)存在于一切有核的动(植)物中,生物的全部遗传信息都贮存在

DNA 分子里。DNA 识别技术是利用不同人体的细胞中具有不同的 DNA 分子结构。人体内的 DNA 在整个人类范围内具有唯一性和永久性。因此,除了对双胞胎个体的鉴别可能失去它应有的功能外,这种方法具有绝对的权威性和准确性。不像指纹必须从手指上提取,DNA 模式在身体的每一个细胞和组织都一样,这种方法的达准确性优于其他任何生物特征识别方法,它广泛应用于识别罪犯。其主要问题是被识者的伦理问题和实际可接受性,另外 DNA 模式识别必须在实验室中进行,不能实现实时以及抗干扰,耗时长也是一个问题。这些都限制了 DNA 识别技术的使用。另外,某些特殊疾病可能改变人体 DNA 的结构,系统无法对这类人群进行识别。

④步态识别技术

图 4.9 步态识别

步态是指人们行走时的方式,这是一种复杂的行为特征。步态识别主要提取的特征是人体每个关节的运动。尽管步态不是每个人都不相同的,但是它也提供了充足的信息来识别人的身份。步态识别的输入是一段行走的视频图像序列,因此其数据采集与脸相识别类似,具有非侵犯性和可接受性。如图 4.9 所示为步态识别图像序列。

但是,由于序列图像数据量较大,因此步态识别的计算复杂性比较高,处理起来也比较困难。尽管生物力学中对于步态进行了大量的研究工作,基于步态的身份鉴别的研究工作却是刚刚开始。

⑤签名识别技术

签名作为身份认证的手段已经沿用了几百年,我们都很熟悉在银行的格式表单中签名作为我们身份的标志。将签名进行数字化的过程为:测量图像本身以及整个签名的动作——在每个字以及字之间的不同速度、顺序和压力。签名识别易被大众接受,是一种公认的身份识别技术。但事实表明人们的签名在不同的时期和不同的精神状态下是不一样的,这降低了签名识别系统的可靠性。

⑥语音识别技术

让机器听懂人类的语音,这是人们长期以来梦寐以求的事情。伴随着计算机技术的发展,语音识别已成为信息产业领域的标志性技术,在人机交互应用中逐渐进入人们日常的生活,并迅速发展成为改变未来人类生活方式的关键技术之一。

语音识别技术以语音信号为研究对象,是语音信号处理的一个重要研究方向。其最终目标是实现人与机器进行自然语言通信。

生物特征识别技术随着计算机技术、传感器技术的发展逐步成熟,在诸多领域会被更多地采用。目前,生物特征识别技术主要应用在以下方面:

- 高端门禁:国家机关、企事业单位、科研机构、高档住宅楼、银行金库、保险柜、枪械库、档案库、核电站、机场、军事基地、保密部门、计算机房等的出入控制。
- 公安刑侦:流动人口管理、出入境管理、身份证管理、驾驶执照管理、嫌疑犯排查、抓逃、寻找失踪儿童、作为司法证据等。

- 医疗社保:献血人员身份确认、社会福利领取人员、劳保人员身份确认等。
- 网络安全:电子商务、网络访问、电脑登录等。
- 其他应用:考勤、考试人员身份确认、信息安全等。

(4)图像识别技术

图像识别技术是利用计算机对图像进行处理、分析和理解,以识别各种不同模式的目标和对象的技术。随着计算机技术与信息技术的发展,图像识别技术获得了越来越广泛的应用。如医疗诊断中各种医学图片的分析与识别、天气预报中卫星云图识别、遥感图片识别、指纹识别、脸谱识别等,图像识别技术越来越多地渗透到人们的日常生活中。

(5)光学字符识别技术

光学字符识别(Optical Character Recognition,OCR),也可简单地称为文字识别,是文字自动输入的一种方法。OCR 识别技术可分为印刷体识别技术和手写体识别技术,而后者又分为联机手写识别和脱机手写识别技术。在智能手机和计算机上手写技术都得到了广泛应用,受到用户的欢迎。印刷体识别通过扫描和摄像等光学输入方式获取纸张上的文字图像信息,利用各种模式识别算法分析文字形态特征,判断出汉字的标准编码,并按通用格式存储在文本文件中,从根本上改变了人们对计算机汉字人工编码录入的概念。使人们从繁重的键盘录入汉字的劳动中解脱出来。只要用扫描仪将整页文本图像输入到计算机,就能通过 OCR 软件自动产生汉字文本文件,速度比手工录入快几十倍。

4. 自动识别技术的发展

自动识别技术随着计算机技术、传感器技术、通信技术、物联网技术的发展日新月异,它已成为集计算机、传感器、机电、通信技术为一体的高新技术学科。自动识别技术可以帮助人们快速、准确地进行数据的自动采集和输入,解决计算机应用中的数据输入速度慢、出错率高等问题。目前在商业、工业、交通运输业、邮电通信业、物流、仓储、医疗卫生、安全检查、餐饮、旅游、票证管理以及军事装备管理等国民经济各行各业和人们的日常生活中得到广泛应用。

自动识别技术在 20 世纪 70 年代初步形成规模,在近 40 年的发展中,逐步形成了一门包括条码技术、磁卡(条)技术、智能卡技术、射频技术、光学字符识别、生物识别和系统集成在内的高技术学科。其中应用最早、发展最快的条码识别技术已得到广泛的应用。射频识别技术、生物特征识别技术的发展和应用带来了物联网技术革命。

从目前的情况来看,自动识别技术会朝着以下方向发展:

- 多种识别技术的集成化、智能化应用。
- 自动识别技术的应用领域将更加广泛和深入。
- 新的自动识别技术标准不断涌现,标准体系日趋完善。
- 自动识别技术将与数据库技术、管理技术融合,为智能管理决策提供支持。

案例分析

条码在电器生产流水线上的应用

(1)项目需求

生产过程管理是一个企业的灵魂，企业产品的好坏主要取决于生产过程的管理和控制。条码技术在生产线管理上应用广泛，优势如下：

产品的生产工艺在生产线上能即时、有效地反映出来，省却了人工跟踪的劳动；产品(订单)的生产过程能在计算机上显现出来，找到生产中的瓶颈；可以快速统计和查询生产数据，为生产调度、排单等提供依据；发现不合格产品，能查出是人为问题或是零件问题，并提供实用的分析报告。

(2)生产流水线条码系统的主要需求分析

电器生产企业在生产过程中利用条码来监控生产情况，需要完成以下功能：

①质量跟踪：能跟踪整机及主要基板(PCB 板)的型号(主板、电源或其他主要配件)、生产场地、生产日期、班组生产线、PCB 板版本号、工程变更(ECO)、批量和序号等信息。

②生产实时动态跟踪：能随时从计算机中得知实际生产的情况。

③客户跟踪：能从计算机中随时得到客户的姓名、地址和发货数量。

④报表功能：提供各类管理报表供管理层复审。

(3)解决方案

①条码应用流程

条码在生产线上的应用流程如图 4.10 所示。

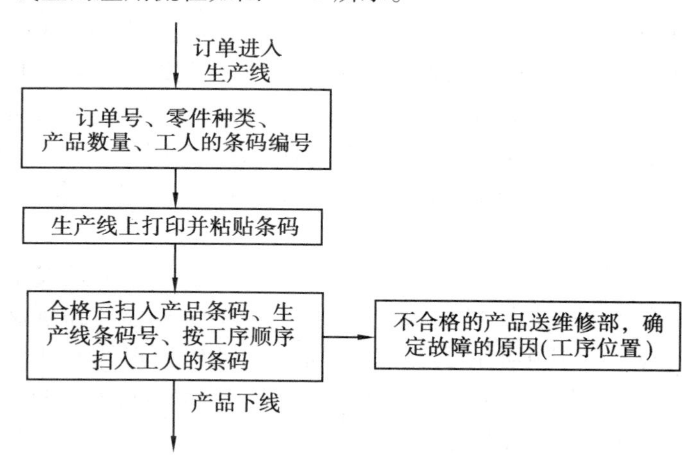

图 4.10　条码生产线应用流程图

②条码编制

该系统可包含 4 个主要的数据库：系统设计库、用户库、PCB 库和整机库。条码标签必须包含的信息：型号/标志、生产场地、生产日期、生产班组/生产线、批号和序号，并且条码跟踪系统软件能够接受不同的条码格式及尺寸的要求。条码标签分别用于 PCB 板、整

机、包装箱和保修卡上。

③生产线条码系统框图

生产线条码系统由硬件系统和软件系统组成。硬件系统是基础,软件系统完成条码信息的采集、存储和查询,从而实现基于条码的产品质量监督管理系统。系统硬件如图4.11所示,主要由数据库服务器、监控计算机、条码阅读器、条码扫描网络仪、条码打印机等组成,条码扫描仪和条码网络仪之间采用RS485/422总线进行通信,成本低、速度快。数据库服务器和监控计算机之间采用工业以太网进行通信。图4.12为软件系统框图,主要由条码数据采集、数据库和生产调度、监视、作业计划、任务管理和统计分析等模块组成。

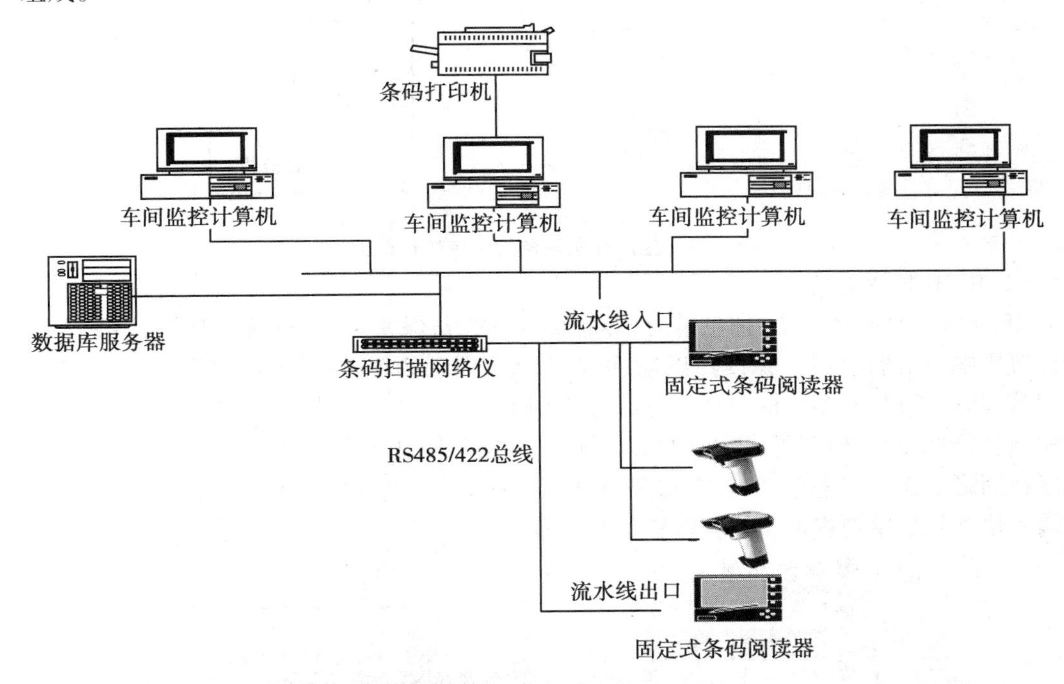

图4.11　生产线条码监控系统硬件结构图

(4)项目总结

项目综合应用条码技术、计算机技术、数据库技术和通信技术解决了生产线质量监控问题。

4.1.2　RFID(射频识别)技术

1. RFID 技术概述

(1)RFID 技术的概念

RFID 技术是一种非接触式的自动识别技术,它利用射频信号(一般指微波,即波长为

0.1～100 cm 或频率在 1～100 GHz 的电磁波）通过空间耦合实现非接触信息传递并通过所传递的信息实现识别的目的。识别过程无须人工干预，可工作于各种恶劣环境，可识别高速运动物体并可同时识别多个标签，操作快捷方便。

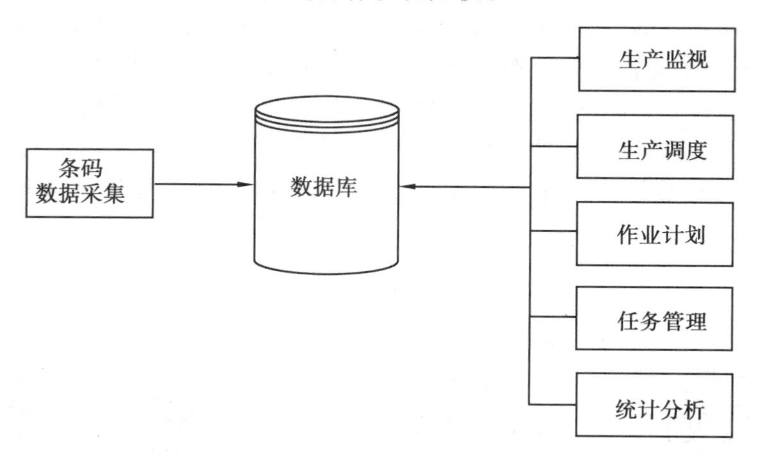

图 4.12 生产线条码监控系统软件框图

（2）RFID 技术的特点

RFID 技术具有体积小、信息量大、寿命长、可读写、保密性好、抗恶劣环境、不受方向和位置影响、识读速度快、识读距离远、可识别高速运动物体、可重复使用等特点，支持快速读写、非可视识别、多目标识别、定位及长期跟踪管理。RFID 技术与网络定位和通信技术相结合，可实现全球范围内物资的实时管理、跟踪与信息共享。如现在发快递的时候就可以在网络上输入快递单号，查看快递位置。图 4.13 为申通快递主页上的查询界面，只要输入快件号后单击查询就能获取自己的快递信息。

图 4.13 快递查询

RFID 技术是一种突破性的技术，和条码技术的区别见表 4.1。

（3）RFID 技术的应用现状

RFID 技术应用于物流、制造、消费、军事、贸易、公共信息服务等行业，可大幅提高信息获取与系统效率、降低成本，从而提高应用行业的管理能力和运作效率，降低环节成本，拓展市场覆盖和盈利水平。同时，RFID 本身也将成为一个新兴的高技术产业群，成为物联网产业的支柱性产业。RFID 应用系统正在由单一识别向多功能方向发展，国家正在推行 RFID 示范性工程，推动 RFID 实现跨地区（如农产品溯源）、跨行业（如汽车生产行业、物流、消费行业)应用。研究 RFID 技术、应用 RFID 开发项目、发展 RFID 产业,对提升国家信息化整体水平、促进物联网产业高速发展、提高人民生活质量、增强公共安全等有深远的意义。

表 4.1　条码和电子标签的区别

	信息载体	信息量	读写性	读取方式	保密性	智能化	抗干扰能力	寿命	成本	识别对象
条码	纸、塑料薄膜、金属表面	小	只读	CCD 或激光束扫描	差	无	差	短	低	仅可识别一类物体,且需要逐个识别
电子标签	EEPROM 电子存储器	大	读写	无线通信,可穿透物体读取	好	有	好	长	高	可识别多种物体,可同时识别多个

2. RFID 系统的构成及工作原理

(1)RFID 系统的定义

采用射频标签作为识别标志的应用系统称为 RFID 系统。

(2)RFID 系统的构成

基本的射频识别系统通常由射频标签、读写器和计算机通信网络三部分组成,如图 4.14 所示。

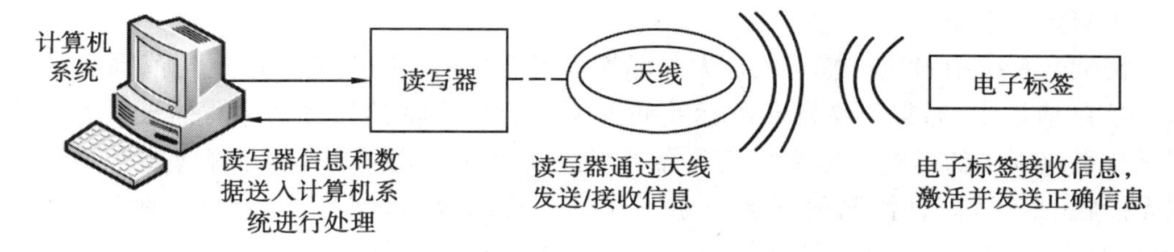

图 4.14　RFID 系统基本模型图

- 电子标签(Tag,或称射频标签、应答器):由芯片及内置天线组成。芯片内保存有一定格式的电子数据,作为待识别物品的标识性信息,是射频识别系统真正的数据载体。内置天线用于和射频天线间进行通信。
- 读写器:读取或写入电子标签信息的设备,主要任务是控制射频模块向标签发射读取信号,并接收标签的应答,对标签的对象标识信息进行解码,将对象标识信息连带标签上其他相关信息传输到主机以供处理。
- 天线:标签与阅读器之间传输数据的发射/接收装置。

(3)RFID 系统的工作原理

RFID 的工作原理是:电子标签进入天线磁场后,如果接收到阅读器发出的特殊射频信号,就能凭借感应电流所获得的能量发送出存储在芯片中的产品信息(无源标签),或者主动发送某一频率的信号(有源标签),阅读器读取信息并解码后,送至中央信息系统进行有关数据处理。发生在阅读器和电子标签之间的射频信号的耦合类型有电感耦合和电磁反向散射耦合两种,如图 4.15 所示。

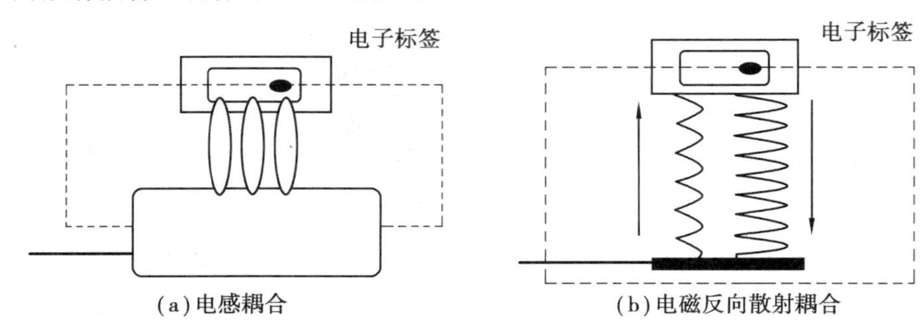

图 4.15 RFID 耦合方式

①电感耦合

变压器模型,通过空间高频交变磁场实现耦合,依据的是电磁感应定律。

②电磁反向散射耦合

雷达原理模型,发射出去的电磁波,碰到目标后反射,同时携带回目标信息,依据的是电磁波的空间传播规律。

(4)RFID 系统的分类

RFID 系统中射频标签与读写器之间的作用距离是射频识别系统中的一个重要问题。根据 RFID 系统作用距离的远近情况,RFID 系统可分为密耦合、遥耦合和远距离三类。

①密耦合系统

密耦合系统中射频标签一般是无源标签。密耦合系统的典型作用距离范围从 0 ~ 10 cm。实际应用中,通常需要将电子标签插入阅读器中或将其放置到读写器天线的表面。密耦合系统利用的是电子标签与读写器天线无功近场区之间的电感耦合(闭合磁路)构成无接触的空间信息传输射频通道来工作的。密耦合系统的工作频率一般局限在 30 MHz 以下的任意频率。由于密耦合方式的电磁泄露很小、耦合获得的能量较大,因而可适合要求安全性较高,作用距离无要求的应用系统,如电子门锁等。

②遥耦合系统

遥耦合系统的典型作用距离可以达到 1 m。遥耦合系统又可细分为近耦合系统(典型作用距离为 10 cm)与疏耦合系统(典型作用距离为 1 m)两类。遥耦合系统利用的是电子标签与读写器天线无功近场区之间的电感耦合(闭合磁路)构成无接触的空间信息传输射频通道来工作的。遥耦合系统的典型工作频率为 13.56 MHz,也有一些其他频率,如 6.75 MHz,27.125 MHz 等。遥耦合系统目前仍然是低成本 RFID 系统的主流。

③远距离系统

远距离系统的典型作用距离在 1 ~ 10 m,个别的系统具有更远的作用距离。所有的远距离系统均是利用电子标签与读写器天线辐射远场区之间的电磁耦合(电磁波发射与反射)构成无接触的空间信息传输射频通道来工作的。远距离系统的典型工作频率为:915 MHz,2.45 GHz,5.8 GHz,此外,还有一些其他频率,如 433 MHz 等。远距离系统的电子标签根据其中是否包含电池分为有无源电子标签(不含电池)和半无源电子标签(内含电池)。一般情况下,包含有电池的电子标签的作用距离较无电池的电子标签的作用距离要远一些。半无源电子标签中的电池并不是为电子标签和读写器之间的数据传输提供能量,而是只给电子标签芯片提供能量,为读写存贮数据服务。

(5)RFID 系统的能量传送

由于 RFID 卡卡内无电源,供芯片运行所需要的全部能量必须由阅读器传送。阅读器和 RFID 卡之间能量的传递基于耦合变压器原理,其工作原理如图 4.16 所示。

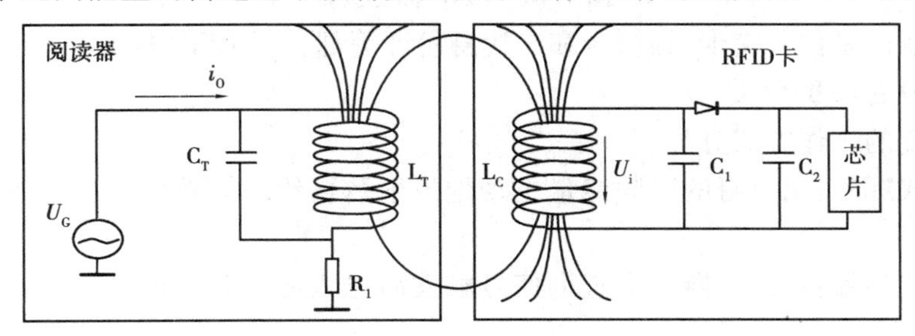

图 4.16　电感耦合方式给 RFID 卡供电原理图

阅读器终端天线产生强大的高频磁场以便传送能量,最常用的频率有 125 kHz 和 13.56 MHz。如果一个 RFID 卡被放到阅读器天线附近,阅读器天线的磁场的一部分就会穿过卡的线圈,在卡的线圈里感生电压 U_i。这个电压被整流后就用来对芯片供电。由于阅读器天线与卡片线圈的耦合非常弱,因此需要使天线线圈里的电流量增大,以便达到必要的磁场强度,这通过给线圈 L_T 并联一个电容 C_T 来实现。电容的值要经过选择,以使其和天线的并联谐振频率与所传递的信号频率相匹配。

(6)RFID 系统的数据传送

RFID 系统的数据传送如图 4.17 所示,包含编码、调制、解码等过程。其具体的内容将在后续课程中进行学习。

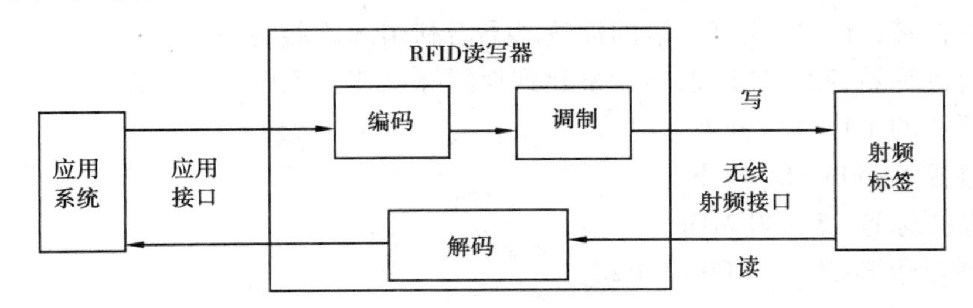

图 4.17　RFID 数据传送

3. RFID 标签

射频标签(RFID TAG)是安装在被识别对象上,存储被识别对象相关信息的电子装置,常称为电子标签,如图 4.18 所示。它是射频识别系统的数据载体,是射频识别系统的核心。

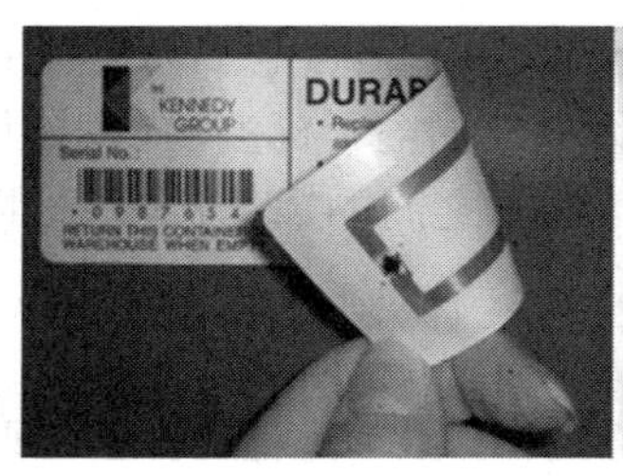
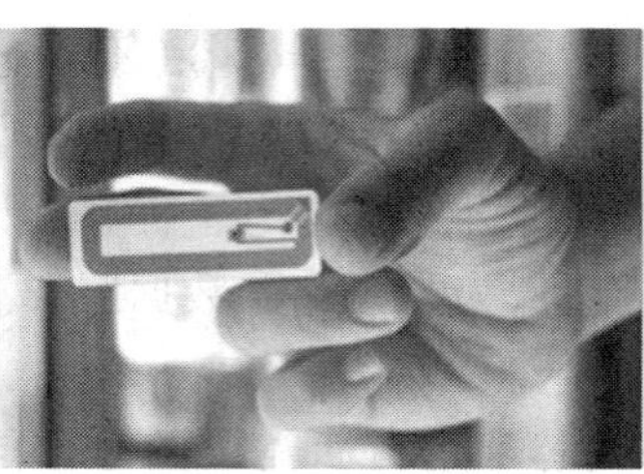
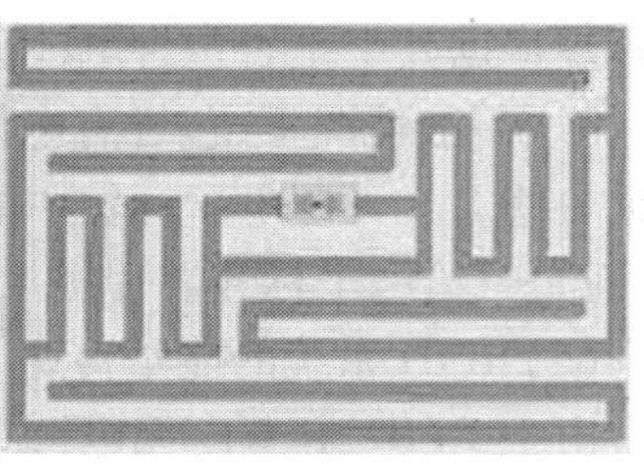

图 4.18 RFID 标签实物

值得注意的是像公交卡、银行卡和二代身份证等都属于 RFID 标签。

(1)RFID 标签的分类

①按标签的工作方式分类

- 主动式标签:用自身的射频能量主动地发射数据给读写器的标签。主动标签含有电源。
- 被动式标签:由读写器发出查询信号触发后进入通信状态的标签。被动标签可有源也可无源。

②按标签的读写方式分类

- 只读型标签:只能读出不能写入的标签。可分为以下三类:

只读标签:内容出厂时已写入,识别时只可读出,不可改写。

一次性编程只读标签:标签内容只可在应用前一次性编程写入,识别过程中内容不可改写。

可重复编程只读标签:标签内容经擦除后可重新编程写入,识别过程中内容不可改写。

- 读写型标签:标签内容既可被读写器读出,又可由读写器写入的标签。

③按标签有无能源分类

- 无源标签:标签中不含电池的标签。工作能量来自阅读器射频能量。
- 有源标签:标签中含有电池的标签。不需利用阅读器的射频能量。
- 半有源标签:阅读器的射频能量起到唤醒标签转入工作状态的作用。

④按标签的工作频率分类

- 低频标签:500 kHz 以下。
- 中高频标签: 3 ~ 30 MHz。
- 特高频标签:300 ~ 3 000 MHz。
- 超高频标签:3 GHz 以上。

⑤按标签的工作距离分类

- 远程标签:工作距离 1 m 以上。
- 近程标签:10 ~ 100 cm。
- 超近程标签:0.2 ~ 10 cm。

(2)RFID 标签的构成

射频识别标签一般由天线、调制器、编码发生器、时钟及存储器构成,如图 4.19 所示。

(3)RFID 标签的功能

●具有一定容量的存储器,用于存储被识别对象的信息。

●在一定工作环境及技术条件下标签数据能被读出或写入。

●维持对对象的识别及相关信息的完整性。

●数据信息编码后,工作时可传输给读写器。

●可编程,且一旦编程后,永久性数据不能再修改。

●具有确定的期限,使用期限内无须维修。

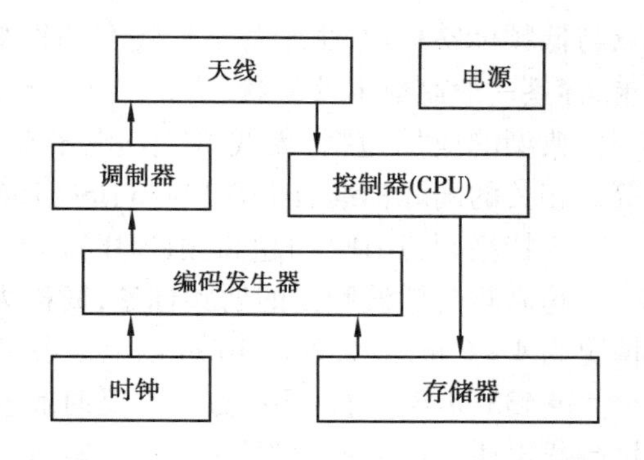

图 4.19　射频识别标签构成

(4)RFID 工作频率

RFID 工作频率见表 4.2。

表 4.2　RFID 工作频率

频段名	频　段	工作频率
低频 LF	30 ~ 300 kHz	50 ~ 190 kHz(主要是 125/134 kHz)
高频 HF	3 ~ 30 MHz	13.553 ~ 13.56 7 MHz
特高频 UHF	300 ~ 3 000 MHz (微波)	433.00 ~ 433.79 MHz 910.10 MHz/912.10 MHz/914.10 MHz 840 ~ 845 MHz,920 ~ 925 MHz 2.4 000 ~ 2.483 5 GHz
超高频 SHF	3 ~ 30 GHz (微波)	5.795 GHz/5.805 GHz 5.835 GHz/5.845 GHz

①低频(LF)标签

低频标签工作频率范围 30 ~ 300 kHz,典型的工作频率有:125 kHz,133 kHz,低频标签一般为无源标签,工作能量通过电感耦合(近场)获得,阅读距离小于 1 m。

典型应用:动物识别、容器识别、工具识别、自动化生产线、精密仪器、电子闭锁防盗等。国际标准有:ISO 11784/11785(用于动物识别)、ISO 18000-2(125 ~ 135 kHz)

低频标签的优势:具有省电、廉价的特点;工作频率不受无线电频率管制约束;可以穿透水、有机组织、木材等;非常适合近距离、低速度、数据量要求较少的识别应用。

低频标签的劣势:存储数据量少,只能适合低速、近距离的识别应用;与高频标签相比,天线匝数更多,成本更高一些。

②高频(HF)标签

高频标签工作频率范围为 3 ~ 30 MHz,典型工作频率为 13.56 MHz,中高频标签一般也采用无源设置,其工作能量和低频标签一样,也是通过电感耦合(近场)获得,其基本特点与低频标签相似,由于其工作频率的提高,可以选用较高的传输速度,天线设计相对简单,标签一般制成卡片形状。

典型的应用包括:无线 IC 卡、电子车票、电子身份证、电子闭锁防盗、自动化生产线等。相关的国际标准有 ISO 14443、ISO 15693、ISO 18000-3(13.56 MHz)等。

③特高频(UHF)与超高频(SHF)标签

超高频与微波频段的射频标签,简称为微波射频标签。阅读距离一般大于 1 m,典型情况为 4 ~6 m,最大可达 10 m 以上。各工作频率的用途及特点:

• 433 MHz 左右:耦合方式为反向散射耦合(远场),主要用于货物管理及特定场合。该频段电磁波绕射能力强,工作距离较远,但天线尺寸较大,该频段的无线电业务繁杂,容易引起干扰问题。相关的国际标准有 ISO 18000-7(433.92 MHz)

• 800 MHz/900 MHz 频段:我国于近期规划出 840 ~845 MHz 及 920 ~925 MHz 频段用于 RFID 技术,空间耦合方式为反向散射耦合,主要用于商品货物流通。该频段电磁波绕射能力强,最大工作距离可达 8 m,背景电磁噪声小,天线尺寸适中,射频标签易于实现,是全球范围内货物流通领域大规模使用 RFID 技术的最合适频段。相关的国际标准有 ISO 18000-6(860-930 MHz)

• 2.45 GHz/5.8 GHz 频段:空间偶合方式为反向散射耦合(远场),主要用途为车辆识别和货物流通。该频段电磁波为视距传播,绕射能力差,且相对来讲空间损耗大,因此工作范围小。由于频率高,相对而言制造成本大,同时该频段为 ISM 频段,电磁环境复杂,干扰问题在特定场合可能较为突出。相关的国际标准有 ISO 18000-4(2.45 GHz)、ISO 18000-5(5.8 GHz)。

4. 射频读写器

射频读写器(Reader and Writer)根据具体实现功能的特点有其他较为流行的别称:单纯读取标签信息的设备有阅读器(Reader)、读出装置(Reading Device)、扫描器(Scanner)等。单纯向标签内存写入信息的设备有编程器(Programmer)、写入器(Writer)等。综合具有读取与写入标签内存信息的设备有读写器、通信器(Communicator)等。

(1)射频读写器

射频读写器如图 4.20 所示。

(2)射频读写器的构成

读写器一般由天线、射频通信模块、控制处理模块和 I/O 接口模块组成,如图 4.21 所示。

①天线

天线是发射和接收射频载波的设备。不管何种射频读写设备均少不了天线或耦合线圈。在确定的工作频率和带宽条件下,天线发射由射频模块产生的射频载波,并接收从标签发射回来的射频载波。对 RFID 系统而言,天线是射频标签和读写器的空间接口。

②射频通信模块

射频通信模块是射频读写设备的前端,也是影响系统价格的关键,主要由射频振荡

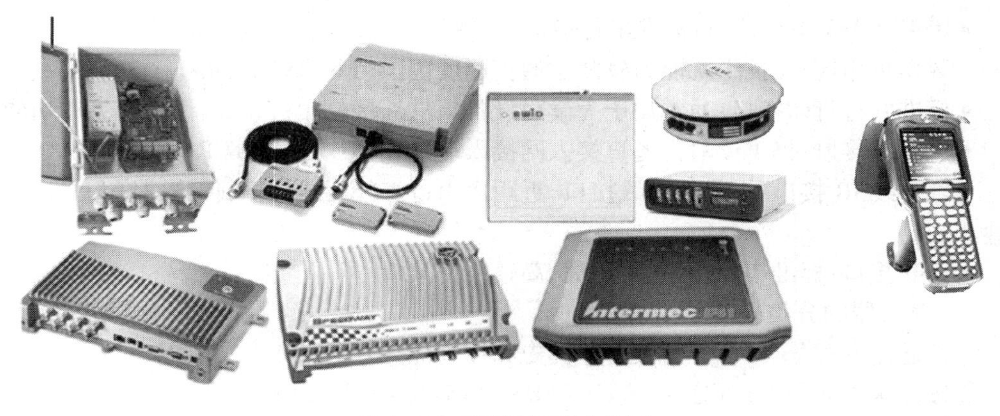

图 4.20　射频读写器实物图

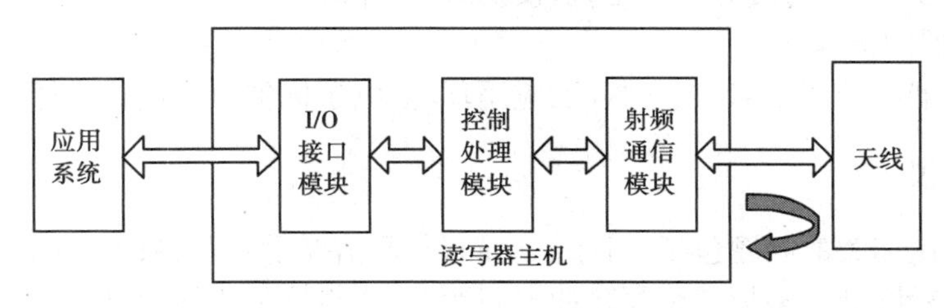

图 4.21　RFID 读写器构成

器、射频处理器、射频接收器及前置放大器组成。射频通信模块可分为发射通道和接收通道两部分，分别用于发射和接收射频载波。射频通信模块通常完成控制处理模块传送来的发送控制命令，其主要功能有两项，一是将读写器预发往射频标签的命令调制（装载）到射频信号上，经发射天线发送出去；二是对射频标签返回到读写器的回波信号的解调处理，并将处理后的回波基带信号送控制处理模块。

③控制处理模块

控制处理模块是射频读写设备的智能单元。其主要功能包括实现发送到射频标签命令的编码，回波信号的解码；差错控制，读写命令流程策略控制；发送命令缓存，接收数据缓存；与后端应用程序之间的接口协议实现，I/O 控制等。其主要部件包括：CPU 或 MPU（单片机）：智能处理单元，内装嵌入程序；CPU 或 MPU 外围接口电路：为 CPU 或 MPU 提供必要的存储区、中断控制器、I/O 信号与 I/O 接口控制信号等；信号加工、缓存等处理电路：对发送命令、接收回波信号进行编码、解码、缓冲存储等；时钟电路、看门狗电路；为 CPU 或 MPU 提供工作时钟以及系统自恢复功能；其他控制与接口电路：根据系统的功能，实现相应的控制与接口预处理。

④I/O 接口模块

I/O 接口模块用于实现读写设备与外部传感器、控制器以及应用系统主机之间的输入与输出通信。常用的 I/O 接口类别有：

• RS232 串行接口：计算机流行的标准串行通信接口，可实现双向数据传输。优点是标准接口、通用、流行；缺点是传输速度与传输距离受限。

- RS422/485 串行接口:标准串行接口,支持远距离通信,标准传输距离 1200 m。采用差分数据传输模式,抗干扰能力较强。通信速度范围与 RS232 相同。
- 标准并行打印接口:通常用于为读写设备提供外接打印机,输出读写信息的功能。
- 以太网接口:提供读写设备直接入网接入端口,一般均支持 TCP/IP 协议。
- 红外线 IR 接口:提供红外线接口,近距离串行红外无线传输,传输速度与标准串口高速相当。
- USB 接口:标准串行接口,短距离、高速传输接口。

(3)读写器的分类

①按通信方式分类,可分为读写器优先和标签优先两类。

②按传送方向分类,可分为全双工(FDX)和半双工(HDX)两类。

③按应用模式分类,可分为固定式、便携式、一体式和模块式。

(4)读写器的选择

根据读写器的功能多寡、频率频段、应用环境、电子标签协议进行选择。

5. 通信协议

与通信协议相关的问题包括:时序系统问题、通信握手问题、数据帧问题、数据编码问题、数据的完整性问题、多标签读写防冲突问题、干扰与抗干扰问题、识读率与误码率的问题、数据的加密与安全性问题、读写器与应用系统之间的接口问题等。相关的内容将在后续课程中继续学习。

案例分析

RFID 技术的应用

(1)在交通信息化方面

在智能交通领域的主要应用有电子不停车收费系统、铁路车号车次识别系统、智能停车场管理系统、公交"一卡通"乘车系统、地铁/轻轨收费系统。如图 4.22 为智能车库,由 RFID、车辆检测器、摄像机、控制计算机软硬件系统组成。

(2)在工业自动化方面

在工业生产中用于产品质量追踪系统、设备状态监控系统。如图 4.23 为汽车发动机质量追踪系统工作原理示意图。生产线上安装 RFID 阅读器,发动机托盘上安装 RFID 卡,发动机上线即写入汽车发动机条码信息,每个岗位可根据读取的条码信息将对应的加工数据通过以太网传输到服务器,从而实现对汽车发动机生产过程的质量监控。

(3)在物资与供应链管理方面

在该行业用于航空、邮政包裹的识别、集装箱自动识别系统、智能托盘系统、仓储管理。如图 4.24 所示,在包裹上贴 RFID 标签,通过手持式的阅读器读取,即可在计算机上取得标签信息,再通过计算机网络查询资料中心数据库取得包裹的所有信息,从而实现对包裹的跟踪、管理。

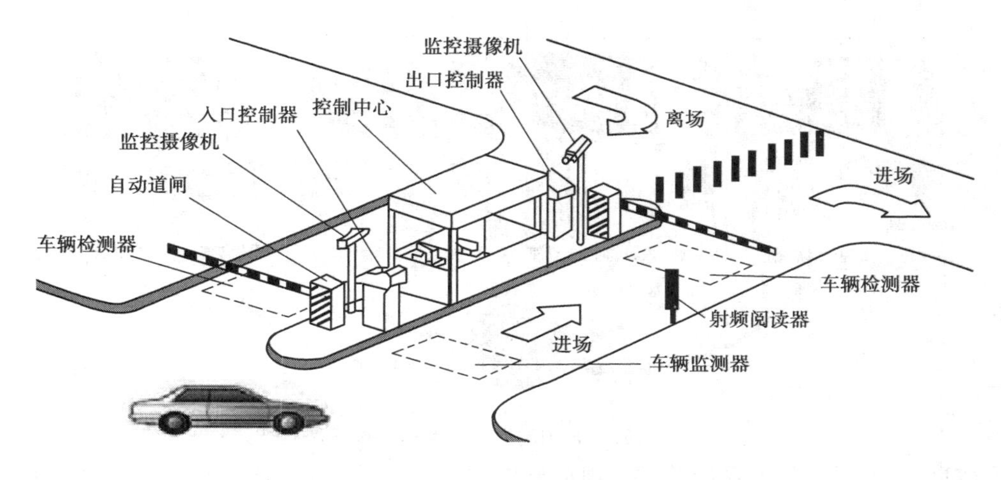

图 4.22　RFID 智能车库

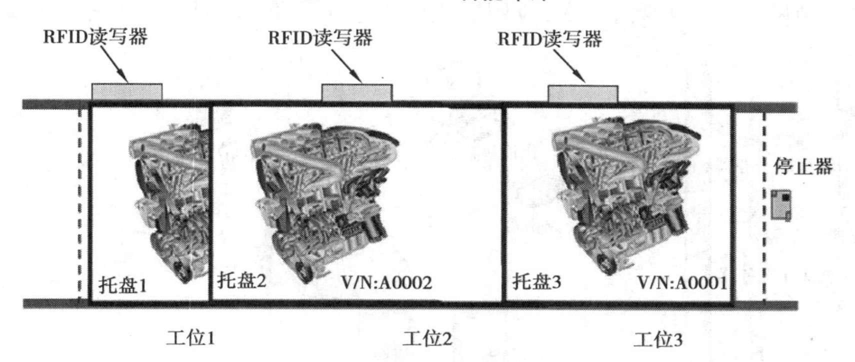

图 4.23　RFID 汽车发动机质量追踪系统

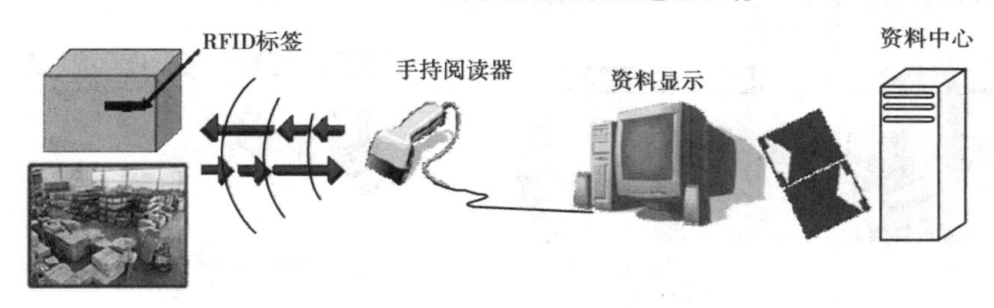

图 4.24　RFID 邮政包裹的识别

(4)在食品、药品安全及追溯方面

猪肉质量追踪系统如图 4.25 所示，在养殖场将每头猪戴上电子耳环，记载其相关信息，并将相关信息采集到计算机上，在屠宰场轨道挂钩上安装电子标签，记录屠宰信息，在分割加工场安装分割标签记录相关信息，所有的信息在分销零售计算机上均可查询。系统主要采用 RFID 技术、计算机网络技术、数据库技术以及相关的信息查询管理系统。

(5)在门票管理方面

用于风景区门票管理系统；大型会展中心门票管理系统。如图 4.26 所示为某风景区的门票管理服务系统，系统的组成主要由售票系统(门口售票、网络售票、自动售票、订

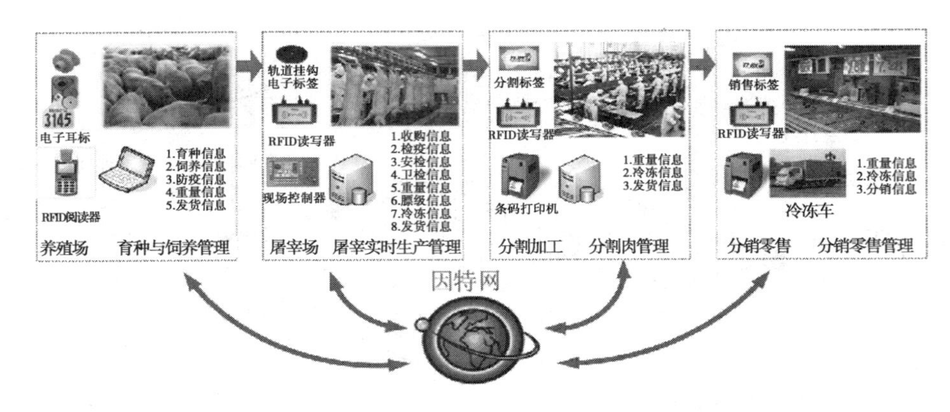

图 4.25 RFID 猪肉质量追踪系统

票)、信息查询系统、检票系统等部分组成。感知层主要应用 RFID 技术实现检票功能;传输层采用局域网、因特网通信技术;应用层主要为基于数据库、网络技术开发的管理系统。

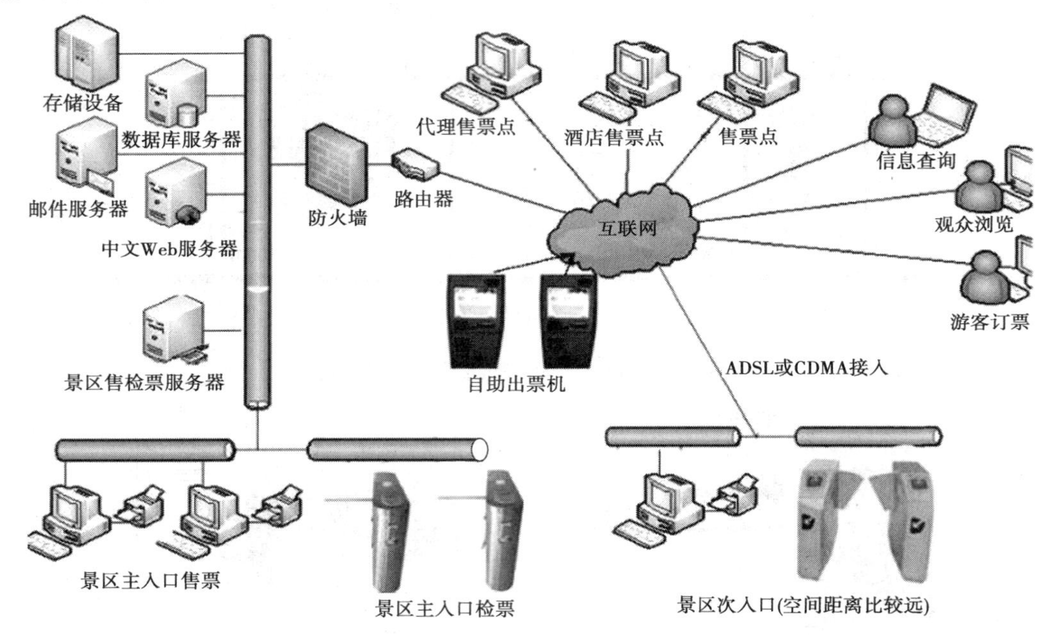

图 4.26 RFID 风景区门票管理系统

(6)在图书资料管理方面

如图 4.27 所示,图书馆采用了无线感应门、RFID 书签、计算机软硬件技术等物联网技术,实现了自动借还书以及图书的盘点、寻找、顺架等管理。

(7)在门禁、考勤管理方面

如图 4.28 所示,门禁系统采用 RFID、计算机软硬件技术、数据库技术等物联网技术,实现了门禁管理。

(8)在动物以及人员的追踪管理方面

如图 4.29 所示,新生儿管理系统采用 RFID 技术、传感器技术、计算机网络技术、计算

机软硬件技术、数据库技术等物联网技术,实现了新生儿管理。

图 4.27　RFID 在图书馆中应用

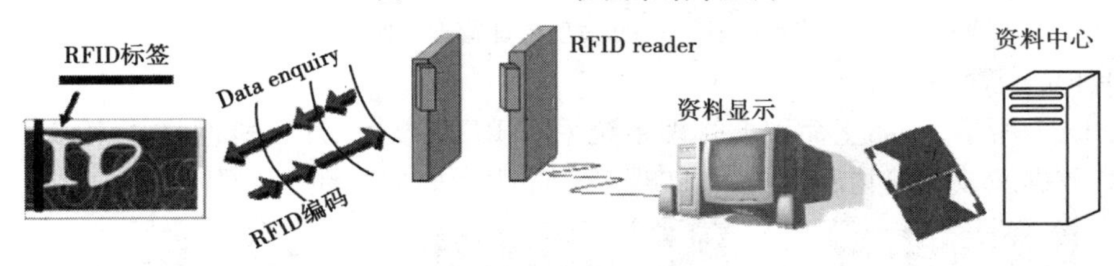

图 4.28　RFID 在门禁系统中应用

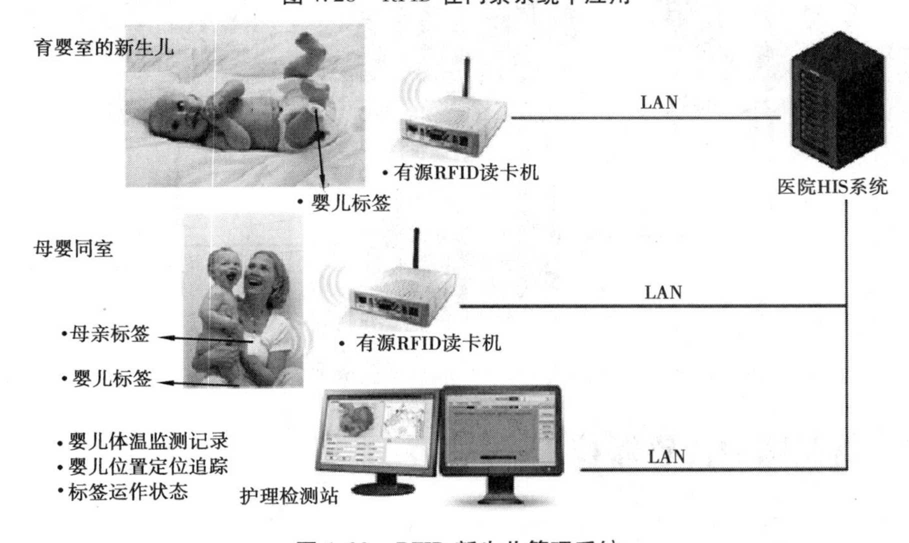

图 4.29　RFID 新生儿管理系统

(9)在票证、卡管理方面

如图 4.30 所示,重要票证管理系统采用 RFID 技术、计算机网络技术、计算机软硬件技术、数据库技术等物联网技术，实现了重要票证（订单、发票等）管理。

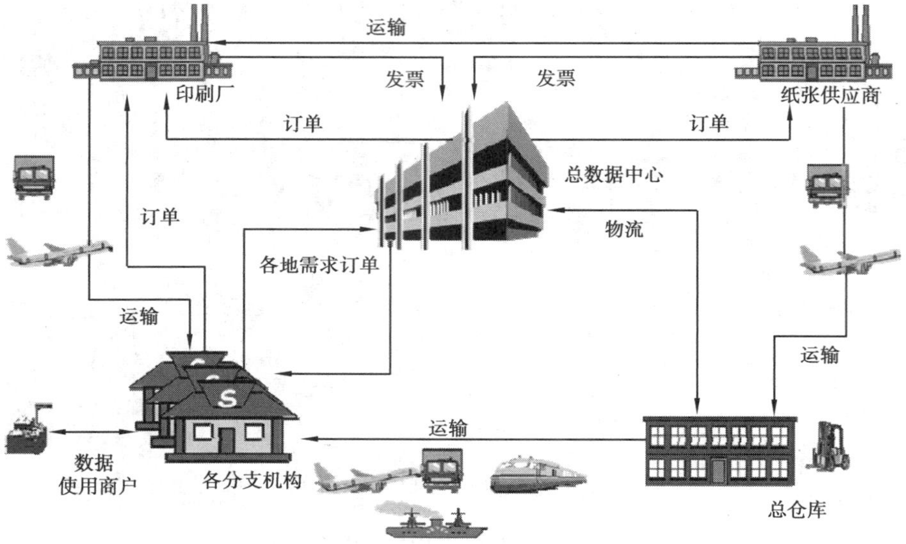

图 4.30 RFID 重要票证管理系统

（10）在资产管理方面

如图 4.31 所示，产品生命周期管理系统采用 RFID 技术、计算机网络技术、计算机软硬件技术、数据库技术等物联网技术，实现了产品生命周期管理。

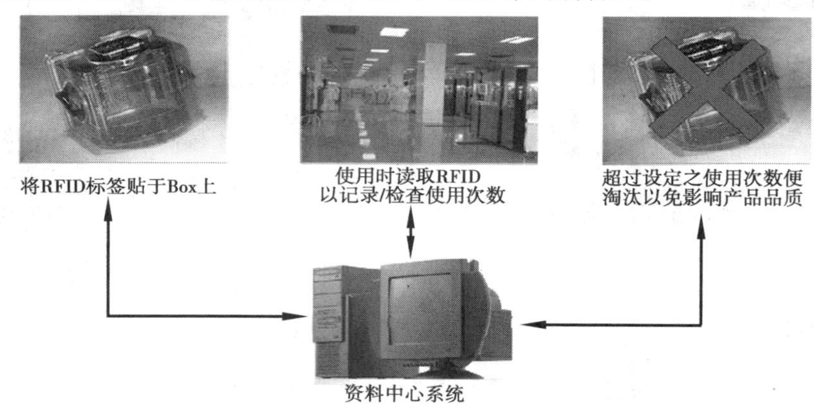

图 4.31 RFID 产品生命周期管理

4.1.3 物联网的传感器技术

1. 传感器技术

（1）传感器的概念

传感器是一种能把特定的被测信号，按一定规律转换成某种可用信号输出的器件或装置，以满足信息的传输、处理、记录、显示和控制等要求。所谓的“可用信号”是指便于处理、传输的信号，一般为电信号，如电压、电流、电阻、电容、频率等。

由于电子技术、微电子技术、电子计算机技术的迅速发展，使电学量具有了易于处理、便于测量等特点，因此传感器一般由敏感元件、转换元件和变换电路三部分组成，有时还加上辅助电源和显示、记录装置，其典型组成如图4.32所示。

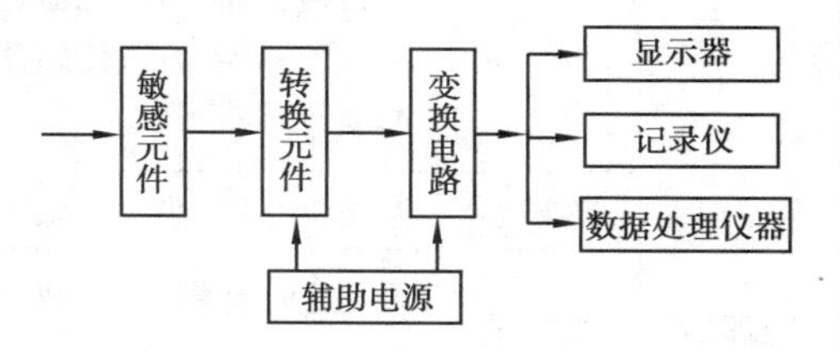

图4.32　传感器组成

敏感元件（Sensitive Element）是直接感受被测量，并输出与被测量成确定关系的某一物理量的元件。

转换元件（Transduction Element）是传感器的核心元件，它以敏感元件的输出为输入，把感知的非电量转换为电信号输出。转换元件本身可作为一个独立的传感器使用。这样的传感器一般称为元件传感器。转换元件也可不直接感受被测量，而是感受与被测量成确定关系的其他非电量，再把这一“其他非电量”转换为电量。这时转换元件本身不作为一个独立的传感器使用，而作为传感器的一个转换环节。而在传感器中，尚需要一个非电量（同类或不同类）之间的转化环节。这一转换环节，需要由另外一些部件（敏感元件等）来完成，这样的传感器通常称为结构式传感器。传感器中的转换元件决定了传感器的工作原理，也决定了测试系统的中间变换环节。敏感元件等环节则大大扩展了转换元件的应用范围。在大多数测试系统中，应用的都是结构式传感器。

变换电路（Transduction Circuit）将上述电路参数接入转换电路，便可转换成电量输出。实际上，有些传感器很简单，仅由一个敏感元件（兼作转换元件）组成，它感受被测量时直接输出电量，如热电偶。有些传感器由敏感元件和转换元件组成，没有转换电路。有些传感器，转换元件不止一个，要经过若干次转换，较为复杂，大多数是开环系统，也有些是带反馈的闭环系统。

传感器技术是物联网的基础技术之一，处于物联网构架的感知层，主要包括传感器的研究、开发、生产以及应用等方面。

（2）传感器的作用和性能参数

传感器处于研究对象与检测系统的接口位置，是感知、获取与检测信息的窗口，它提供物联网系统赖以进行决策和处理所必需的原始数据。

传感器的优劣，一般通过若干性能指标来表示。除了在一般检测系统中所用的特征参数如灵敏度、线性度、分辨率、准确度、频率特性等特性外，还常用阀值、漂移、过载能力、稳定性、可靠性以及与环境相关的参数、使用条件等来表示。

（3）传感器的分类

传感器种类繁多，往往同一种被测量可以用不同类型的传感器来测量，而同一原理的传感器又可测量多种物理量，因此传感器有许多种分类方法。常用的分类方法有：

①按被测量分类

具体分类如表4.3所示。

表 4.3 传感器按被测量分类

物理量	力学量	压力传感器、力传感器、力矩传感器、速度传感器、加速度传感器、流量传感器、位移传感器、位置传感器、尺度传感器、密度传感器、黏度传感器、硬度传感器、浊度传感器
	热学量	温度传感器、热流传感器、热导率传感器
	光学量	可见光传感器、红外光传感器、紫外光传感器、照度传感器、色度传感器、图像传感器、亮度传感器
	磁学量	磁场强度传感器、磁通传感器
	电学量	电流传感器、电压传感器、电场强度传感器
	声学量	声压传感器、噪声传感器、超声波传感器、声表面波传感器
	射线	X 射线传感器、β 射线传感器、γ 射线传感器、辐射剂量传感器
化学量	离子传感器、气体传感器、湿度传感器	
生理量	生物量	体压传感器、脉搏传感器、心音传感器、体温传感器、血流传感器、呼吸传感器、血容量传感器、体电图传感器
	生化量	酶式传感器、免疫血型传感器、微生物型传感器、血气和血液电解质传感器

②按测量原理分类

按传感器的工作原理可分为电阻式、电感式、电容式、压电式、光电式、磁电式、光纤、激光、超声波等传感器。现有传感器的测量原理都是基于物理、化学和生物等各种效应和定律，这种分类方法便于从原理上认识输入与输出之间的变换关系，有利于专业人员从原理、设计及应用上作归纳性的分析与研究。

③其他分类方法

按信号变换特征分类、按能量关系分类、按工作原理分类等方法，在此不再介绍。

(4)传感器的应用

随着计算机、生产自动化、现代通信、军事、交通、化学、环保、能源、海洋开发、遥感、宇航等科学技术的发展，对传感器的需求量与日俱增，其应用已渗入到国民经济的各个部门以及人们的日常生活之中。可以说，从太空到海洋，从各种复杂的工程系统到人们日常生活的衣食住行，都离不开各种各样的传感器，传感技术对国民经济的发展起着巨大的作用。

①在工业检测和自动控制系统中的应用

在石油、化工、电力、钢铁、机械等加工工业中，传感器在各自的工作岗位上担负着相当于人体感觉器官的作用，它们每时每刻按需完成对各种信息的检测，再把大量测得的信息通过自动控制、计算机处理等进行反馈，用以进行生产过程、质量、工艺管理与安全方面的控制。

②在汽车上的应用

传感器在汽车上的应用已不只局限于对行驶速度、行驶距离、发动机旋转速度以及燃料剩余量等有关参数的测量。由于汽车交通事故的不断增多和汽车对环境的危害，传感器在一些新的设施，如汽车安全气囊系统、防盗装置、防滑控制系统、防抱死装置、电子变速控制装置、排气循环装置、电子燃料喷射装置及汽车“黑匣子”等都得到了实际应用。可以预测，随着汽车电子技术和汽车安全技术的发展，传感器在汽车领域的应用将会更为广泛。

③在家用电器中的应用

传感器已在现代家用电器中得到普遍应用，如在电子炉灶、自动电饭锅、吸尘器、空调器、电子热水器、电风扇、游戏机、洗衣机、电冰箱、电视机等方面都得到了广泛应用。

④传感器在机器人上的应用

在机器人开发过程中，如何让机器人“看”“听”，甚至具有一定的分析能力，都离不开各种传感器。

⑤在医疗及人体医学上的应用

医用传感器可以对人体的表面和内部温度、血压及腔内压力、血液及呼吸流量、脉波及心音、心脑电波等的测量起到作用。

⑥在环境保护上的应用

大气污染、水质污浊及噪声已严重地破坏了地球的生态平衡和人类赖以生存的环境，这一现状已引起了世界各国的重视。为保护环境，利用传感器制成的各种环境监测仪器正在发挥着积极的作用。

⑦在航空及航天上的应用

为了解飞机或火箭的飞行轨迹，并把它们控制在预定的轨道上，需要使用传感器测量速度、加速度和飞行距离。要了解飞行器飞行的方向，就必须掌握它的飞行姿态，飞行姿态可以使用红外水平线传感器陀螺仪、阳光传感器、星光传感器及地磁传感器等进行测量。

(5)传感器技术的发展

①采用高新技术设计开发新型传感器

- 微电子机械系统(Micro Electro Mechanical Systems, MEMS)技术、纳米技术将高速发展，成为新一代微传感器、微系统的核心技术，是21世纪传感器技术领域中带有革命性变化的高新技术。
- 发现与利用新效应，比如物理现象、化学反应和生物效应，发展新一代传感器。
- 微电子、光电子、生物化学、信息处理等各种学科各种新技术的互相渗透和综合利用，可望研制出一批先进传感器。
- 空间技术、海洋开发、环境保护以及地震预测等都要求检测技术满足观测研究宏观世界的要求。细胞生物学、遗传工程、光合作用、医学及微加工技术等又希望检测技术跟上研究微观世界的步伐。它们对传感器的研究开发提出许多新的要求，其中重要的一点就是扩展检测范围，不断突破检测参数的极限。

②传感器的微型化与微功耗

各种控制仪器设备的功能越来越多,要求各个部件体积越小越好,因而传感器本身体积也是越小越好。微传感器的特征之一就是体积小,其敏感元件的尺寸一般为微米级,是由微机械加工技术制作而成,包括光刻、腐蚀、淀积、键合和封装等工艺。利用各向异性腐蚀、牺牲层技术和 LIGA 工艺,可以制造出层与层之间有很大差别的三维微结构。这些微结构与特殊用途的薄膜和高性能的集成电路相结合,已成功地用于制造各种微传感器乃至多功能的敏感元件阵列(如光电探测器等),实现了诸如压力、力、加速度、角速率、应力、应变、温度、流量、成像、磁场、温度、pH 值、气体成分、离子和分子浓度以及生物等的传感器。目前形成产品的主要是微型压力传感器和微型加速度传感器等,它们的体积只有传统传感器的几十乃至几百分之一,质量从千克级下降到几十克级乃至几克级。

③传感器的集成化与多功能化

传感器的集成化一般包含两方面含义。其一是将传感器与其后级的放大电路、运算电路、温度补偿电路等制成一个组件,实现一体化。与一般传感器相比,它具有体积小、反应快、抗干扰、稳定性好等优点。其二是将同一类传感器集成于同一芯片上构成二维阵列式传感器,或称面型固态图像传感器,可用于测量物体的表面状况。传感器的多功能化是与“集成化”相对应的一个概念,是指传感器能感知与转换两种以上的不同物理量。例如,使用特殊的陶瓷把温度和湿度敏感元件集成在一起制成温、湿度传感器;将检测几种不同气体的敏感元件用厚膜制造工艺制作在同一基片上,制成检测氧、氨、乙醇、乙烯 4 种气体的多功能传感器;在同一硅片上安置应变计和温度敏感元件,制成同时测量压力和温度的多功能传感器,该传感器还可以实现温度补偿。

④传感器的智能化

智能传感器技术是测量技术、半导体技术、计算技术、信息处理技术、微电子学和材料科学互相结合的综合密集型技术。智能传感器与一般传感器相比具有自补偿能力、自校准功能、自诊断功能、数值处理功能、双向通信功能、信息存储记忆和数字量输出功能。随着科学技术的发展,智能传感器的功能将逐步增强,它利用人工神经网、人工智能和信息处理技术(如传感器信息融合技术、模糊理论等)使传感器具有更高级的智能,具有分析、判断、自适应、自学习的功能,可以完成图像识别、特征检测、多维检测等复杂任务。它可充分利用计算机的计算和存储能力,对传感器的数据进行处理,并对内部行为进行调节,使采集的数据最佳。智能化传感器的研究与开发,美国处于领先地位。美国宇航局在开发宇宙飞船时称这种传感器为灵巧传感器(Smart Sensor),在宇宙飞船上这种传感器是非常重要的。

⑤传感器的数字化

随着现代化的发展,传感器的功能已突破传统的功能,其输出不再是单一的模拟信号,而是经过微电脑处理好的数字信号,有的甚至带有控制功能,这就是所说的数字传感器。

数字传感器的特点:

- 数字传感器将模拟信号转换成数字信号输出,提高了传感器输出信号抗干扰能力,特别适用于电磁干扰强、信号距离远的工作现场；

- 软件对传感器线性修正及性能补偿，减少系统误差；
- 一致性与互换性好。

图 4.33 为数字化传感器的结构框图。模拟传感器产生的信号经过放大、转换、线性化及量纲处理后变成纯粹的数字信号，该数字信号可根据要求以各种标准的接口形式（如232、422、485、USB 等）与中央处理机相连，可以线性无漂移地再现模拟信号，按照给定程序去控制某个对象（如电动机等）。

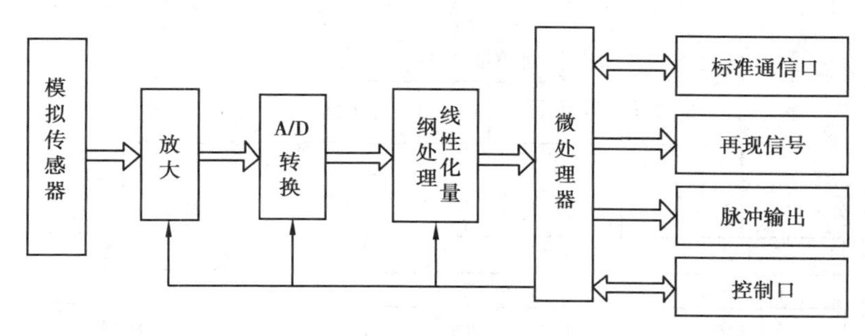

图 4.33　数字化传感器的结构框图

⑥传感器的网络化

传感器网络化是传感器领域发展的一项新兴技术。传感器网络化是利用 TCP/IP 协议，使现场测控数据就近接入网络，并与网络上有通信能力的节点直接进行通信，实现数据的实时发布和共享。由于传感器的自动化、智能化水平的提高，多台传感器联网已推广应用，虚拟仪器、三维多媒体等新技术开始实用化，因此，通过 Internet，传感器与用户之间可异地交换信息和浏览，厂商能直接与异地用户交流，能及时完成如传感器故障诊断、软件升级等工作，传感器操作过程更加简化，功能更换和扩展更加方便。传感器网络化的目标是采用标准的网络协议，同时采用模块化结构将传感器和网络技术有机地结合起来。

网络化传感器的基本结构如图 4.34 所示。敏感元件输出的模拟信号经 A/D 转换及数据处理后，由网络处理装置根据程序的设定和网络协议（TCP/IP）将其封装成数据帧，并加以目的地址，通过网络接口传输到网络上。反过来，网络处理器又能接收网络上其他节点传给自己的数据和命令，实现对本节点的操作，这样传感器就成为测控网中的一个独

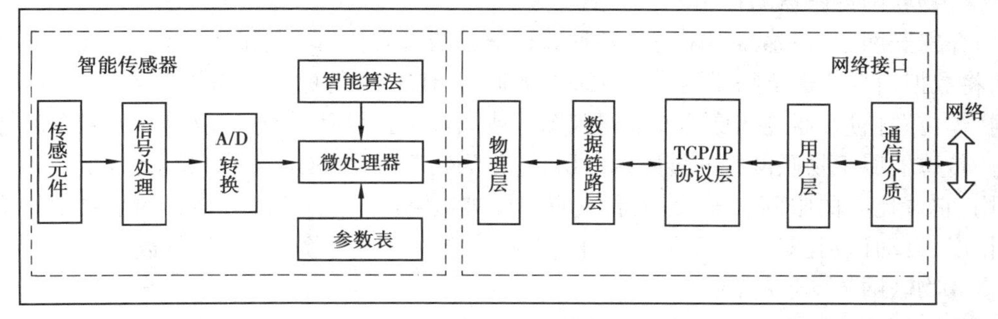

图 4.34　网络化传感器的基本结构

立节点，可以更加方便地在物联网中使用。

图 4.35 为智能水表系统，每个水表均安装流量传感器，通过单片机处理后采用无线方式传送到主机，主机根据采集的用水量完成收费后遥控水表开关。系统实施后 20 人可以管理 50 万户水表，极大提高了管理效率，取得了良好的经济效益。此系统中的智能水表就是传感器智能化和网络化的典型案例。

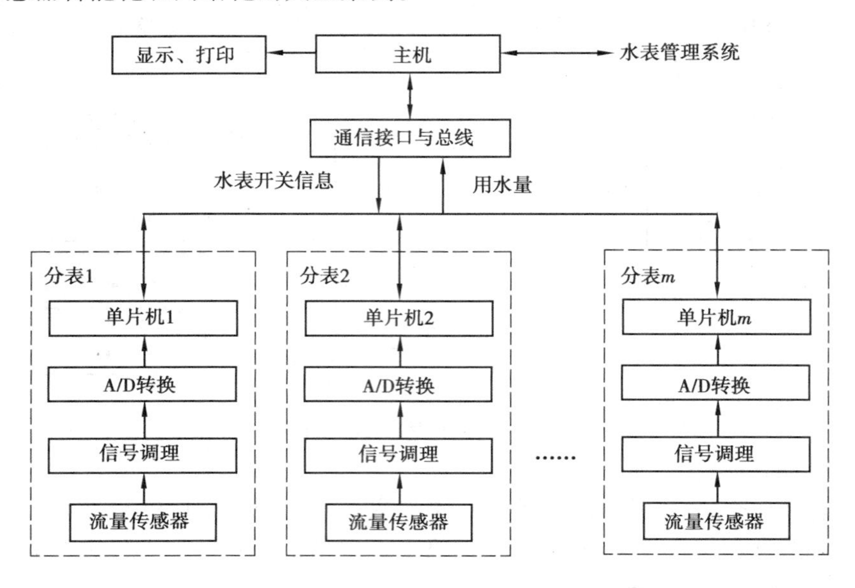

图 4.35 智能水表系统

2. 物联网传感器技术

(1) 物联网传感器

①物联网传感器的概念

在物联网系统中，对各种参量进行信息采集和简单加工处理的设备，被称为物联网传感器。传感器可以独立存在，也可以与其他设备以一体方式呈现，但无论哪种方式，它都是物联网中的感知和输入部分。

②物联网传感器的作用

在物联网中，传感器用来进行各种数据信息的采集和简单的加工处理，并通过固有协议，将数据信息传送给物联网终端处理。如通过 RFID 进行标签号码的读取，通过 GPS 得到物体位置信息，通过图像感知器得到图片或图像，通过环境传感器取得环境温湿度等参数。传感器属于物联网中的传感网络层，它作为物联网最基本的感知层，具有十分重要的作用，它好比人的眼睛和耳朵，去看去听需要被监测的信息。因此，传感网络层中传感器的精度、自动识别、安全可靠及可以动态跟踪是应用中重点考虑的实际参数。

③物联网传感器的特点

物联网传感器和通用的传感器应用相比，主要有两个特点：一是智能化；二是网络化。关于传感器智能化和网络化在上一小节已经有所介绍，在此不再重复。而通用的传感器

技术将在后续课程专门学习。

(2)无线传感器网络(Wireless Sensor Network,WSN)

Internet 改变了人与人的交互方式,传感器网络将改变未来人与自然的交互方式。传感器网络分为有线传感器网络和无线传感器网络两种。

①无线传感器网络的概念

无线传感器网络是在一定范围内大量部署的微型传感器节点,由这些节点通过无线通信方式形成一个多跳的自组织网络系统,实时采集、相互联系处理、传递信息,并将结果发送给观察者。

无线传感器网络技术是传感器技术、嵌入式系统、无线通信技术、信息分布处理技术的综合。无线传感器网络将逻辑上的信息世界和客观上的物理世界融合起来,成为当今活跃的研究领域和应用领域。

②无线传感器网络的体系结构

无线传感器网络体系结构如图 4.36 所示,由传感器节点构成传感器区域,再和汇聚节点通信,汇聚节点通过因特网及卫星通信网和用户之间通信,从而完成人和物之间信息的传递。

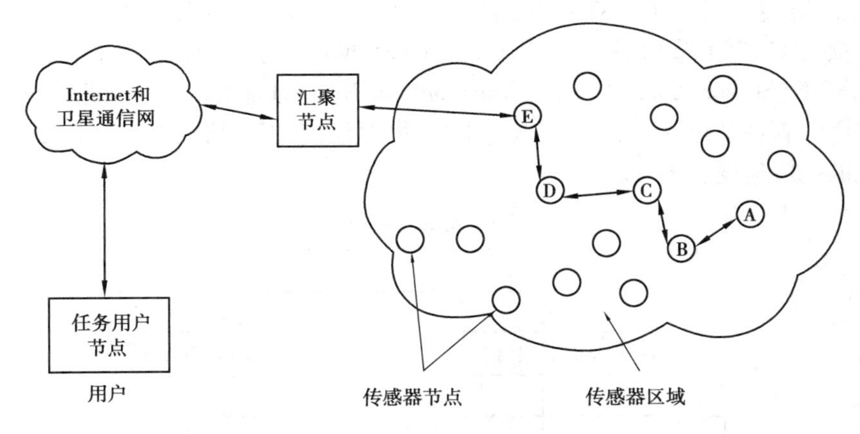

图 4.36　无线传感器网络体系结构

无线传感器节点由传感器模块、处理器模块、无线通信模块和能量供应模块 4 部分组成,典型的节点结构如图 4.37 所示。

- 传感器模块负责监测区域内信息的采集和数据转换(传感器、A/D 转换器)。
- 处理器模块(处理器、存储器)负责整个传感器节点的操作、存储和处理本身采集的数据以及其他节点发来的数据,微处理器负责协调节点各部分的工作,通常选用嵌入式。
- 无线通信模块(无线收发器)负责与其他传感器节点进行无线通信、交换控制消息和收发采集数据。

能量供应模块为传感器节点提供运行所需的能量,通常采用微型电池。

③无线传感器网络的特点

硬件资源、电源容量有限,多跳路由,大规模、自组织、动态拓扑、可靠、以数据为中心、与应用相关的网络。

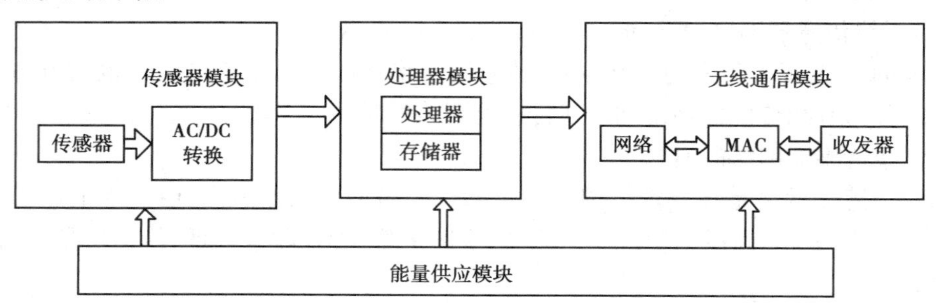

图 4.37 无线传感器节点

④无线传感器网络的关键技术

• 无线传感网路由协议(见图 4.38)。在平面路由协议中,所有网络节点的地位是平等的,不存在等级和层次差异。它们通过相互之间的局部操作和信息反馈来生成路由。在这类协议中,目的节点(sink)向监测区域的节点(source)发出查询命令,监测区域内的节点收到查询命令后,向目的节点发送监测数据。平面路由的优点是简单、易扩展,无须进行任何结构维护工作,所有网络节点的地位平等,不易产生瓶颈效应,因此具有较好的健壮性。典型的平面路由算法有 DD(Directed Diffusion)、SAR (Sequential Assignment Routing)、SPIN(Sensor Protocols for Information Via Negotiation)等。平面路由的最大缺点在于网络中无管理节点,缺乏对通信资源的优化管理,自组织协同工作算法复杂,对网络动态变化的反应速度较慢等。

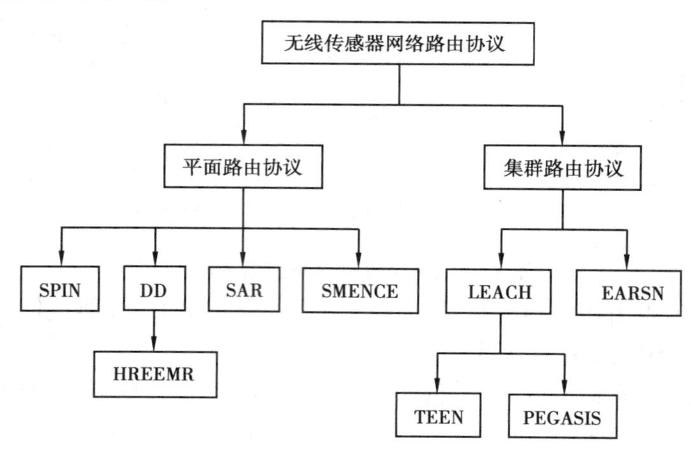

图 4.38 无线传感器网络路由协议

在无线传感器网络体系结构中,网络层的路由技术至关重要。集群(分簇)路由具有拓扑管理方便、能量利用高效、数据融合简单等优点,成为当前重点研究的路由技术。层次路由协议的基本思想是选取一些节点负责某个区域的路由,相对于其他节点具有更大的责任,而节点之间不是完全平等的关系。簇类协议具有良好的节能效果和可扩展性。具有代表性的、成熟的路由协议主要有:LEACH(Low-Energy Adaptive Clustering Hierarchy)、TEEN(Threshold sensitive Energy Efficient sensor Network protocol)、PE-GASIS(Power-Efficient Gathering in Sensor Information Systems),以及在此基础上改进的协议。

- 网络拓扑控制。目前,拓扑控制方面的主要研究问题是在满足网络覆盖度和连通度的前提下,一般以延长网络的生命期为主要目标,兼顾通信干扰、网络延迟、负载均衡、简单性、可靠性、可扩展性等其他性能,通过功率控制和骨干网节点选择,剔除节点之间不必要的无线通信链路,生成一个高效的、数据转发的、优化的网络拓扑结构。

除了传统的功率控制和层次型拓扑结构,启发式的节点唤醒和休眠机制也开始引起人们的关注。

这种机制重点在于解决节点在休眠状态和活动状态之间的转换问题,不能独立作为一种拓扑结构控制机制,需要与其 web 拓扑控制算法结合使用。

- 节点定位。节点定位是指确定传感器节点的相对位置或绝对位置。根据定位过程中是否实际测量节点间的距离或角度。节点定位可分为基于距离的定位和与距离无关的定位。为了克服基于距离定位机制存在的问题,近年来相关学者提出了距离无关定位机制,该技术比较适合于传感器网络。常见的距离无关定位算法有:质心算法、DV Hop 算法、Amorphous 算法和 APIT 算法。这 4 种算法是完全分布式的,仅需要相对少量的通信和简单的计算,具有良好的扩展性。

- 数据融合。以数据为中心和面向特定应用的特点,要求无线传感网络能够脱离传统网络的寻址过程,快速有效地组织起各个节点的信息,并融合提取出有用信息直接传送给用户。由于网络存在能量约束,减少数据传输量可以有效节省能量,故可以在传感节点收集数据的过程中,利用节点的计算和存储能力处理数据的冗余信息,以达到节省能量及提高信息准确度的目的。目前用于数据融合的方法很多,常用的有贝叶斯方法、神经网络法和 D-S 证据理论等。数据融合技术可以结合网络中多个协议层次进行,只有面向应用需求设计针对性强的数据融合方法,才能最大限度地获益。

- 无线通信技术。无线传感网络是以无线的方式进行通信的,需要低功耗、短距离的无线通信技术来实现。由于 IEEE 802.15.4 标准的网络特征与无线传感网络存在很多相似之处,目前很多机构将 IEEE 802.15.4 作为无线传感网络的无线通信平台。

超宽带技术(UWB)是一种极具潜力的无线通信技术。超宽带技术具有对信道衰落不敏感、发射信号功率谱密度低、低截获能力、系统复杂度低以及能提供数厘米的定位精度等优点,非常适合应用在无线传感器网络中。迄今为止,关于 UWB 有两种技术方案,一种是以 Freescale 公司为代表的 DS-CDMA 单频带方式;另一种是由英特尔、德州仪器等公司共同提出的多频带 OFDM 方案。

针对无线传感器网络的技术特点,由 IEEE 802.15.4 和 ZigBee 联盟共同制定完成的 ZigBee 技术,拥有一套非常完整的协议层次结构(在 4.2 节中有较详细的描述),具有低功耗、低成本、延时短、网络容量大和安全可靠等特点,目前已经成为一个研发的重点。

- 网络安全。为了保证任务的机密布置和任务执行结果的安全传递和融合,无线传感器网络需要实现一些最基本的安全机制:机密性、点到点的消息认证、完整性鉴别、新鲜性、认证广播以及安全管理。除此之外,为了确保数据融合后数据源信息的保留,水印技术也成为无线传感器网络安全的研究内容。

⑤无线传感器网络的应用

由于无线传感器网络可以在任何时间、任何地点和任何环境条件下获取大量翔实可靠的信息，因此，无线传感器网络作为一种新型的信息获取系统，可被广泛应用于国防军事、环境监测、设施农业、医疗卫生、智能家居、交通管理、制造业、反恐抗灾等领域。

案例分析

智能楼宇中的传感器——LoCal

美国每年的用电报告显示至少有30%的电量是浪费的。这些电能浪费在何处？其中哪些是可以节省的？

图4.39 楼宇中的传感器

由美国加州大学伯克利分校大学发起的LoCal项目试图通过在智能楼宇中部署无线传感器网络来解决这些问题，传感器如图4.39所示。

应用特点：

- 传感器能实现空间和时间上的细粒度感知，可实时跟踪到单个电器。
- 传感器能实现"多功能"的感知，能推测用户的行为。
- 传感器能够互联互通，通过大量连续的数据有助于分析得出更多有用的信息。

医疗监控中的传感器——Mercury

传感器的另一个重要应用是医疗监控，哈佛大学研究组改进了传统传感器，使得其外形更小，适合穿戴在身上，如图4.40所示。

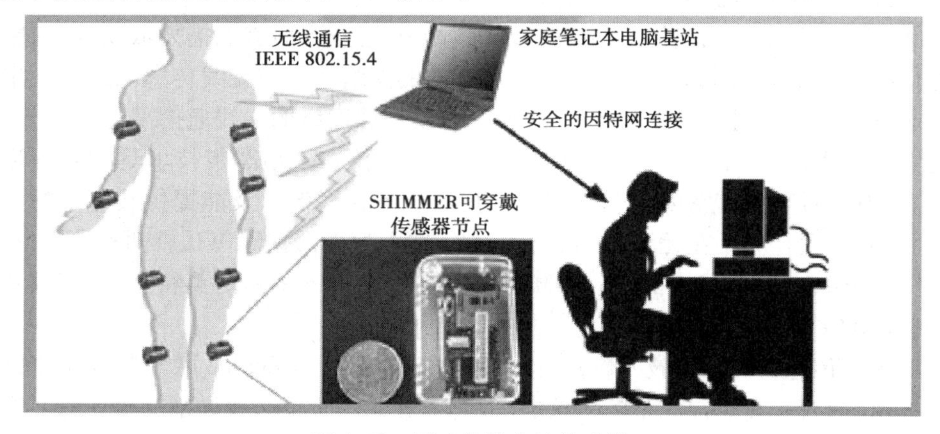

图4.40 医疗监控中的传感器

应用特点：

- 传感器的设计十分人性化。
- 传感器具有高精度的感知能力，医用的数据需要较高的采样精度供医生分析诊断。

- 传感器能连续长期地采集数据。
- 传感器使用无线通信方式,其数据传输是机会性的。

需要说明的是,无线传感器网络技术需要在后续的课程中继续学习。

4.1.4　物联网的定位技术

随着物联网时代的到来,越来越多的应用都需要自动定位服务。下面介绍几种常见的定位方式,如GPS定位、蜂窝基站定位、无线室内环境定位以及新兴的定位方式。

1. GPS定位

(1)卫星定位系统介绍

GPS是目前世界上最常用的卫星导航系统。GPS计划开始于1973年,由美国国防部领导下的卫星导航定位联合技术局(JPO)主导进行研究。1989年正式开始发射GPS工作卫星,1994年GPS卫星星座组网完成,GPS投入使用,并逐步对民用工业开放。

目前全世界有4套卫星导航系统:中国北斗、美国GPS、俄罗斯"格洛纳斯"、欧洲"伽利略"。卫星导航系统是重要的空间基础设施,为人类带来了巨大的社会经济效益。中国正在建设的北斗卫星导航系统空间段由5颗静止轨道卫星和30颗非静止轨道卫星组成,提供两种服务方式,即开放服务和授权服务(属于第二代系统)。开放服务是在服务区免费提供定位、测速和授时服务,定位精度为10 m,授时精度为50 ns,测速精度0.2 m/s。授权服务是向授权用户提供更安全的定位、测速、授时和通信服务以及系统完好性信息。截至2012年,"北斗"系统已有在轨卫星12颗,已覆盖亚太地区,初步具备区域导航、定位和授时能力,定位精度优于20 m,授时精度优于100 ns,计划在2020年左右覆盖全球。北斗卫星导航系统如图4.41所示。

(2)GPS定位系统的组成

①宇宙空间部分:GPS系统的宇宙空间部分由24颗工作卫星组成,最初设计将24颗卫星均匀分布到3个轨道平面上,每个平面8颗卫星,后改为采用6轨道平面,每平面4颗星的设计。这保证了任何时刻都有至少6颗卫星在视线之内,可以进行定位。

②地面监测部分:GPS系统的地面监控部分包括1个位于美国科罗拉多州Schriever空军基地的主控中心,4个专用的地面天线和6个专用的监视站。此外还有一个紧急状况下备用的主控中心,位于马里兰州盖茨堡。

③用户设备部分:要使用GPS系统,用户必须具备一个GPS专用接收机。接收机通常包括一个同卫星通信的专用天线、用于位置计算的处理器,以及一个高精度的时钟。

(3)GPS定位方法

目前,卫星导航系统定位都是采用的三球交汇定位原理,其原理如图4.42所示,具体流程如下:

①用户测量出自身到3颗卫星的距离。

②卫星的位置精确已知,通过电文播发给用户。

③以卫星为球心，距离为半径画球面。

④ 3 个球面相交得 2 个点，根据地理常识排除一个不合理点即得用户位置。

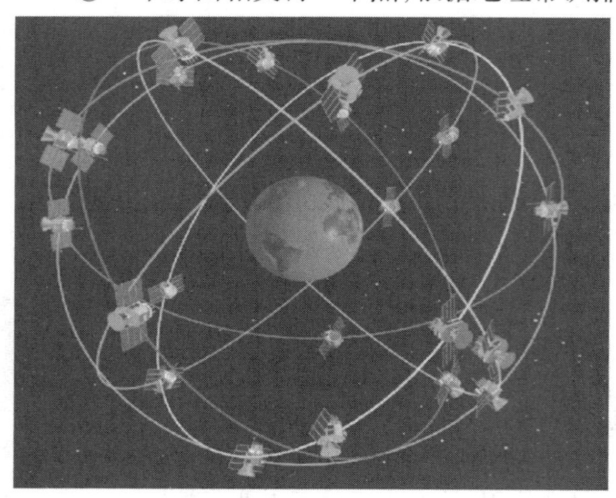

图 4.41 北斗卫星导航系统

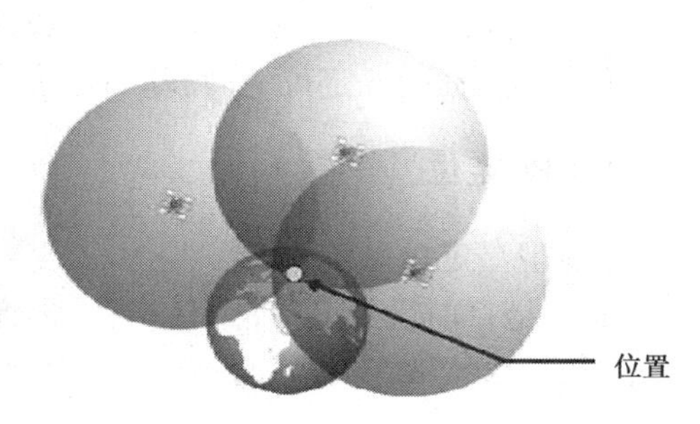

图 4.42 三球交汇定位技术示意图

(4)接收机与 GPS 卫星间距离测定

每颗卫星都在不断地向外发送信息，每条信息中都包含信息发出的时刻，以及卫星在该时刻的坐标。接收机会接收到这些信息，同时根据自己的时钟记录下接收到信息的时刻。用接收到信息的时刻减去信息发出的时刻，得到信息在空间中传播的时间。用这个时间乘上信息传播的速度，就得到了接收机到信息发出时的卫星坐标之间的距离。

(5)GPS 定位缺点

①对时钟的精确度要求极高，造成成本过高，受限于成本，接收机上的时钟精确度低于卫星时钟，影响了定位精度。

②理论上 3 颗卫星就可以定位，但在实际中用 GPS 定位至少要 4 颗卫星，这极大地制约了 GPS 的使用范围；当处室内时，由于电磁屏蔽效应，往往难以接收到 GPS 信号，因此 GPS 这种定位方式主要在室外运用。

③GPS 接收机启动较慢，往往需要 3 ~ 5 分钟，因此定位速度也较慢。

④由于信号要经过大气层传播，容易受天气状况影响，定位不稳定。

2. 蜂窝基站定位

蜂窝基站定位主要应用于移动通信中广泛采用的蜂窝网络，目前大部分的 GSM、CDMA、3G 等通信网络均采用蜂窝网络架构。在通信网络中，通信区域被划分为一个个蜂窝小区，通常每个小区有一个对应的基站。以 GSM 网络为例，当移动设备要进行通信时，先连接在蜂窝小区的基站，然后通过该基站接 GSM 网络进行通信。也就是说，在进行移动通信时，移动设备始终是和一个蜂窝基站联系起来，蜂窝基站定位就是利用这些基站来定位移动设备。

(1)CoO 定位

CoO 定位(Cell of Origin)是最简单的一种定位方法,它是一种单基站定位。这种方法非常原始,就是将移动设备所属基站的坐标视为移动设备的坐标。这种定位方法的精度极低,其精度直接取决于基站覆盖的范围。如果基站覆盖范围半径为 50 m,其误差就是 50 m。

(2)ToA/TDoA 定位

要想得到更精确的定位,就必须使用多个基站同时测得的数据。多基站定位方法中,最常用的就是 ToA/TDoA 定位。

ToA(Time of Arrival)基站定位与 GPS 定位方法相似,不同之处是把卫星换成了基站。这种方法对时钟同步精度要求很高,而基站时钟精度远比不上 GPS 卫星的水平,此外,多径效应也会对测量结果产生误差。

基于以上原因,人们在实际中用得更多的是 TDoA(Time Difference of Arrival)定位方法,不是直接用信号的发送和到达时间来确定位置,而是用信号到达不同基站的时间差来建立方程组求解位置,通过时间差抵消掉了大部分因时钟不同步带来的误差。

(3)AoA 定位

ToA 和 TDoA 测量法都至少需要 3 个基站才能进行定位,如果人们所在区域基站分布较稀疏,周围收到的基站信号只有 2 个,就无法定位。这种情况下,可以使用 AoA(Angle of Arrival)定位法。只要用天线阵列测得定位目标和两个基站间连线的方位,就可以利用两条射线的焦点确定出目标的位置,如图 4.43 所示。

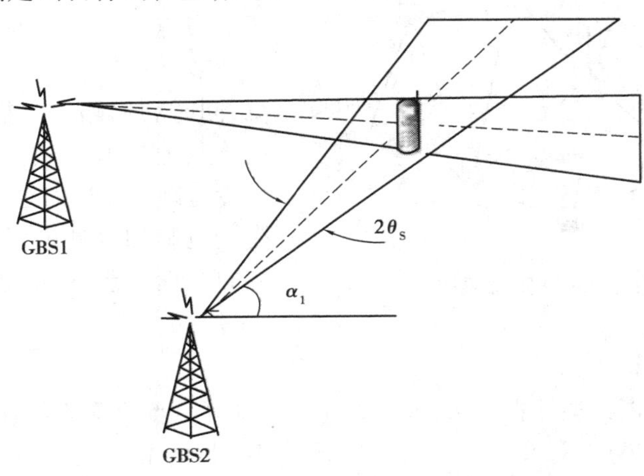

图 4.43　AoA 定位示意图

(4)蜂窝基站定位的应用

蜂窝基站定位的优势在于定位速度快,在数秒之内便可以完成定位。其典型应用就是紧急电话定位,在刑事案件中发挥了巨大作用。北美地区的 E-911 系统(Enhanced 911)是目前比较成熟的紧急电话定位系统(911 是北美地区的紧急电话号码,相当于我国的 110)。

3. 无线室内环境定位

在无线通信领域，室内和室外的环境可以说是天壤之别。定位也一样，在室外露天环境，只需要用 GPS 就可以得到很高的定位精度，基站定位的精度也不错。但是在室内环境中，GPS 由于受到屏蔽，很难运用，而基站定位的信号受到多径效应（波的反射和叠加原理）的影响，定位效果也会大打折扣。

现在大多数室内定位系统都是基于信号强度（Radio Signal Strength ，RSS），其优点在于不需要专门的定位设备，可以就地取材，利用已有的铺设好的网络如蓝牙网络、WiFi 网络、ZigBee 传感网络等来进行定位，非常经济实惠。目前室内环境进行短波定位的方法主要有红外线定位、超声波定位、蓝牙定位、射频识别定位（RFID）、超宽带定位（UWB）、ZigBee 定位等。下面仅就 ZigBee 定位作详细叙述。

ZigBee 是 IEEE 802.15.4 协议的代名词。根据这个协议规定的技术是一种短距离、低功耗的无线通信技术。ZigBee 在中国被译为“紫蜂”，它与蓝牙相类似，是一种新兴的短距离无线通信技术。

①ZigBee 定位原理

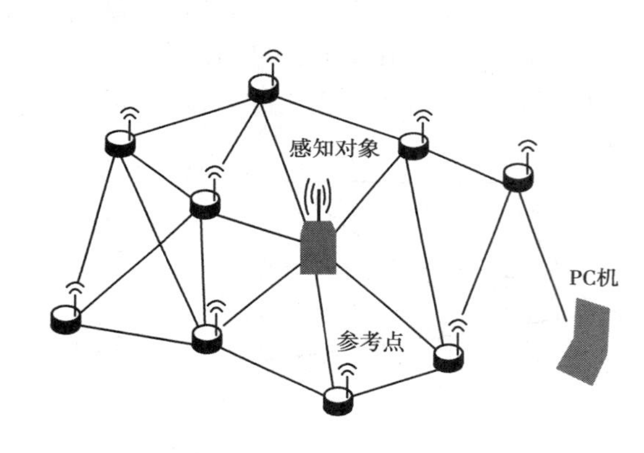

图 4.44 ZigBee 定位原理

ZigBee 定位就是通过在待定位区域布设大量的廉价参考节点，这些参考节点间通过无线通信的方式形成了一个大型的自组织网络系统，当需要对待定位区的节点进行定位时，在通信距离内的参考节点能快速地采集到这些节点信息，同时利用路由广播的方式把信息传递给其他参考节点，最终形成了一个信息传递链并经过信息的多级跳跃回传给终端电脑加以处理，从而实现对一定区域的长时间监控和定位。其原理如图 4.44所示。

②ZigBee 定位算法

• 典型的数据密集型计算方法：节点首先读取计算节点位置的参数，然后将相关信息传送到中央数据采集点，对节点位置进行计算，最后，再将节点位置的相关参数传回至该节点。这种计算节点位置的方法只适用于小型的网络和有限的节点数量，因为进行相关计算所需的流量将随着节点数量的增加而呈指数级速度增加。因此，高流量负载加上带宽的不足限制了这种方法在电池供电网络中的应用。

• 分布式定位计算方法：根据从距离最近的参考节点（其位置是已知的）接收到的信息，对节点进行本地计算，确定相关节点的位置。因此，网络流量的多少将由待测节点范围中节点的数量决定。另外，由于网络流量会随着待测节点数量的增加而成比例递增，因此，分布式定位计算方法还允许同一网络中存在大量的待测节点。

4. 新型定位技术

除了上面几种定位系统外，近来随着技术的发展，又诞生了很多新的定位系统。这里介绍其中具有代表性的两个系统：A-GPS 定位和无线 AP 定位。

(1) A-GPS 定位

A-GPS(Assisted Global Positioning System)网络辅助 GPS 定位，这种定位方法可以看作是 GPS 定位和蜂窝基站定位的结合体。GPS 定位较慢，初次定位还要花几分钟来搜索当前可用的卫星信号。而基站定位虽然速度快，但其精确度不如 GPS 高。A-GPS 取长补短，利用基站定位法，快速搜索当前所处的大致位置，然后通过基站连入网络，通过网络服务器查询到当前上方可见的卫星，极大地缩短了搜索卫星的速度。知道哪几颗卫星可用之后，只需用这几颗卫星定位，就可以得到非常精确的结果。使用 A-GPS 定位，全过程只需要数十秒，还可以享受 GPS 的定位精度，可以说是两全其美。

(2) 无线 AP 定位

无线 AP(Access Point，接入点)定位是一种 WiFi 定位技术，它与蜂窝基站的 COO 定位技术相似，通过 WiFi 接入点来确定目标的位置。

每个 AP 都在不断向外广播信息，以便各种 WiFi 设备寻找接入点，信息中包含有自己在全球唯一的 MAC 地址。如果用一个数据库记录下全世界所有无线 AP 的 MAC 地址，以及该 AP 所在的位置，就可以通过查询数据库来得到附近 AP 的位置，再通过信号强度来估算出比较精确的位置。

该技术和 GPS 合用，就是前面提到的 A-GPS 的一种，iPhone 就是采用了这种技术。

5. 物联网的定位技术

值得注意的是，要对物联网中的一个物体做出准确定位，关键有两点：其一就是要知道一个或多个已知坐标的参考点，其二是必须要得到待定位物体与已知参考点的空间关系。除了距离这一空间关系，角度、区域也可以作为定位的参考，在网络中，节点之间的跳数也可以作为参考。

案例分析

校车 GPS 监控系统

当前，校车安全隐患比较突出，交通事故时有发生，给社会、家庭造成恶劣影响。为了家长安心，学校放心，共建和谐社会，有必要实施校车 GPS 监控系统来监督校车作业。校车 GPS 监控系统框图如图 4.45 所示，系统由卫星、GPS 接收器、摄像头、控制中心和监控中心等部分组成。该系统具有以下功能：

①对校车实时监控。

②规划行驶线路，车辆超车，规定线路报警。

③车辆的轨迹查询回放。

④车辆点火地点时间、熄火地点时间记录、存储、历史查询。

⑤车速限制，超速即报警设置电子栅栏，同时具有报警按钮，在紧急情况可按报警按钮，系统将立刻发送 SOS 信息到中心号码，为学生的安全保驾护航。

⑥可供多用户同时登录查看车辆，家长与老师都可以随时查看车辆情况。

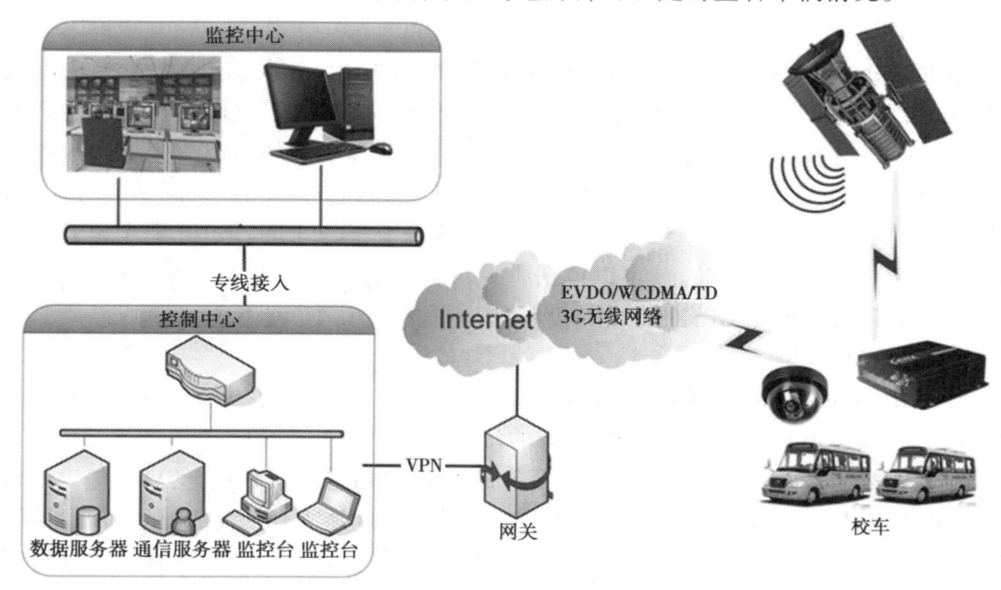

图 4.45 校车 GPS 监控系统

➲ 技能练习

1. 使用条码枪扫描 3 种不同商品的条码，填写以下表格。

条码枪型号	条码枪识别出的条码	说明该条码的含义

2. 下载一个二维码识别软件“快拍二维码”，并在手机上安装试用，该软件可以把你的手机变成一台专业的多功能条码扫描仪，可方便快捷地识别商品条形码和二维码（QR code），购物时对准商品条码，商品相关信息即刻显示在手机屏幕上，同时还可以查看该商品在当当、一号店、京东商城、淘宝上的价格。

3. 调查食堂饭卡系统或者小区门禁系统，画出其系统框图。

4. 使用智能手机或者汽车导航仪的 GPS 定位功能。

5. 查找资料，分析自己手机上使用了哪些传感器，有何用途。

4.2　物联网网络层技术

物联网网络层泛指将终端数据上传到服务平台并能通过服务平台获取数据的传输通道。它通过有线、无线的数据链路,将传感器和终端检测到的数据上传到管理平台,接收管理平台的数据并传送到各个扩展功能节点。按照通信方式,主要有两类:无线通信和有线通信。两种通信方式对物联网产业来说同等重要,有互相补充的作用。例如,工业化和信息化"两化融合"业务中大部分是有线通信,智能楼宇等领域也是以有线通信为主。有线通信将来会成为物联网产业发展的主要支撑,但无线通信技术也是不可或缺的。

4.2.1　宽带网络技术

宽带网络技术即计算机网络技术,包括局域网技术、广域网技术和无线宽带网络技术。

计算机网络是指将地理位置不同的具有独立功能的多台计算机及其外部设备,通过通信线路连接起来,在网络操作系统,网络管理软件及网络通信协议的管理和协调下,实现资源共享和信息传递的计算机系统。计算机网络分为局域网、城域网和广域网,因特网属于全球最大的计算机网络。

计算机网络系统由硬件系统和软件系统组成,硬件系统常由服务器、计算机、路由器、交换机、网卡、网线(双绞线、光纤)、网线接头(RJ45 水晶头、光纤模块)等组成,如图 4.46 所示。软件系统包含网络操作系统、浏览器、网络通信协议及应用软件等。

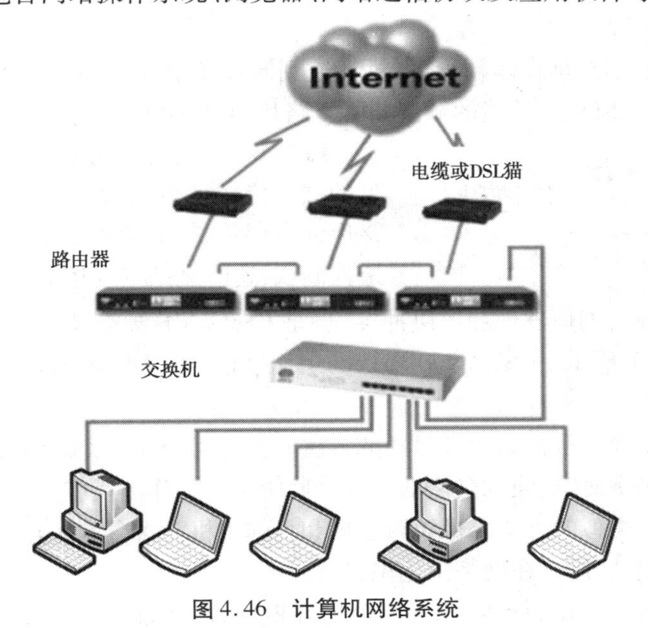

图 4.46　计算机网络系统

1. 本地有线局域网

无论是人类还是计算机进行的通信，都要遵守预先确定的规则或协议。这些协议由源主机、通道和目的主机的特性决定。协议根据来源、通道和目的，对信息格式、信息大小、时序、封装、编码和标准信息模式等问题作出详细规定。

(1)协议的重要性

计算机像人一样，也要按照规则或协议进行通信。协议在本地网络上尤其重要。在有线环境中，本地网络定义为所有主机必须“讲同一种语言”(用计算机术语表示就是“共享一个公共协议”)的区域。

(2)协议的标准化

在网络的最初阶段，每个厂家都有自己的网络设备和网络协议，包括 IBM、NCR、DEC、Xerox 和 HP 等厂商使用的协议，不同厂家的设备之间无法通信。

随着网络的不断普及，要求不同厂商设备之间的连接更加方便，即标准化。

有几种标准得到发展，包括以太网、ARCnet 和令牌环。实际上不存在官方的本地网络标准协议，但随着时间的发展，以太网逐渐成为最受人们推崇的一种技术，并已成为实施标准。

以太网自从 1973 年创立以来，其标准经历了多次发展，用于规范更快、更灵活的技术。以太网这种不断改进的能力正是它如此受欢迎的主要原因之一。每个以太网版本都有相关的标准。例如，802.3 100BASE-T 代表使用双绞线电缆标准的 100 兆以太网。此标准的具体解释为：100 是以兆位每秒（Mbit/s）为单位的速度；BASE 代表基带传输；T 代表电缆类型，这里是指双绞线。

早期以太网的速度非常慢，只有 10 Mbit/s。而最新的以太网运行速度已经超过 10 Gbit/s，比最初提高了 1 000 倍。

早期以太网使用共享媒体，所有主机都连到同一条电缆或同一个集线器上。采用的协议是具有冲突检测(CD)功能的载波监听多路访问(CSMA)的访问控制方法。

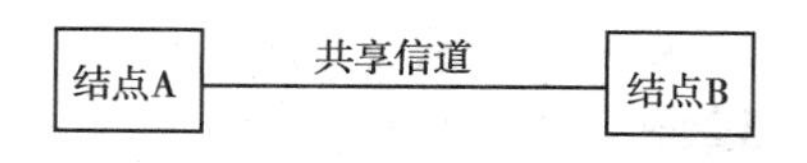

图 4.47　CSMA/CD 协议的工作原理

CSMA/CD 主要是为解决如何争用一个广播型的共享传输信道而设计的，首先它能够决定应该由谁占用信道，其次如果多个站点同时获得信道控制权，这时多站点发送的数据将会产生冲突，造成数据传输失败。如何发现和解决冲突，也是 CSMA/CD 要解决的问题。CSMA/CD 的工作原理如图 4.47 所示。CSMA/CD 协议的工作过程，如图 4.48 所示。

(3)物理寻址

所有通信都需要一种标识源和目的的方法。在人际交流中，源和目的用名字来表示。当有人呼唤一个名字时，被唤到名字的人就会聆听信息并作出反应。

以太网络也用类似的方法来标识源主机和目的主机。每台连接到以太网络的主机都会获得一个物理地址，用于在网络中标识自己。

每个以太网络接口在制造时都有一个物理地址，此地址称为介质访问控制（MAC）

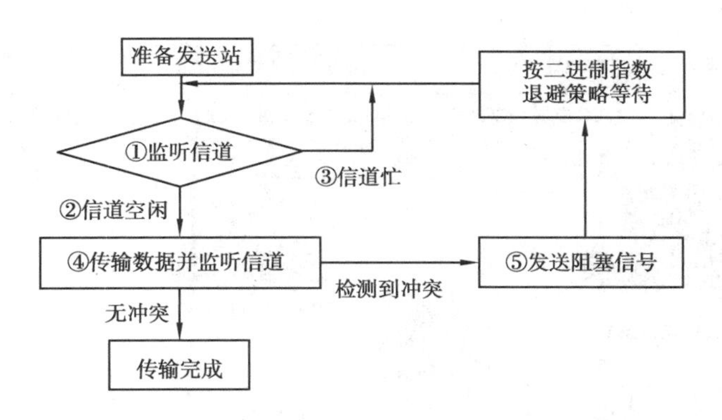

图4.48　CSMA/CD协议的工作过程

地址。MAC地址用于标识网络中的每台源主机和目的主机。MAC地址长48位，通常用12位十六进制数表示，如图4.49所示，在命令提示符下用ipconfig/all查看NIC(网络接口卡)的MAC地址为00-40-46-51-B6-46，前6个十六进制数字(24位)为厂商标识，后6个十六进制数字(24位)为网卡的标识，以确保MAC地址不会相同。

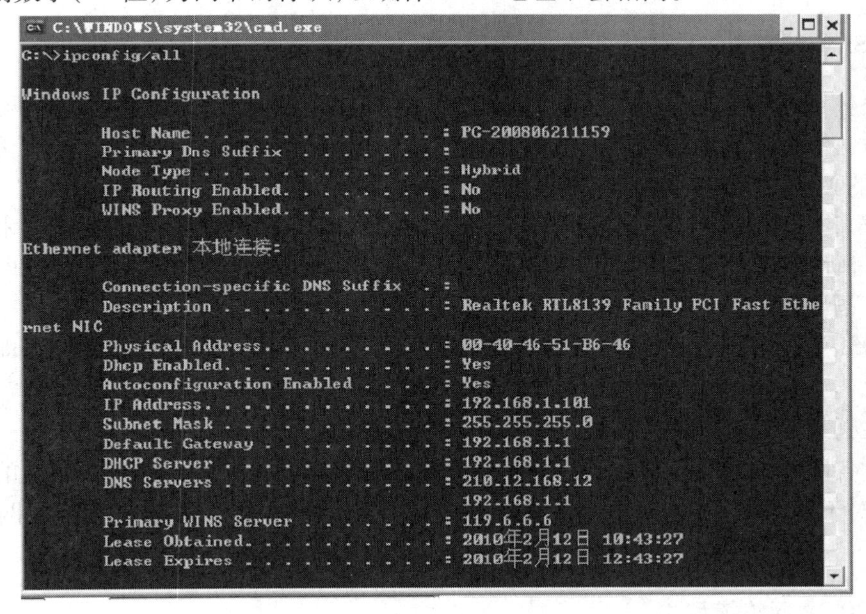

图4.49　物理地址

以太网是基于电缆的，亦即主机和网络设备使用铜缆或光缆连接。这是主机之间通信时使用的通道。

如图4.50所示，当以太网上的一个主机需要通信时，它会发送包含自己MAC地址(作为源地址)和接收方MAC地址的帧；收到帧的主机将对帧进行解码，并读取目的MAC地址。如果目的MAC地址与网卡上配置的地址匹配(H3)，它就会处理收到的信息，并将其存储起来供主机应用程序使用；如果目的MAC地址与主机MAC地址不匹配(H2、H4)，网卡就会忽略该信息。

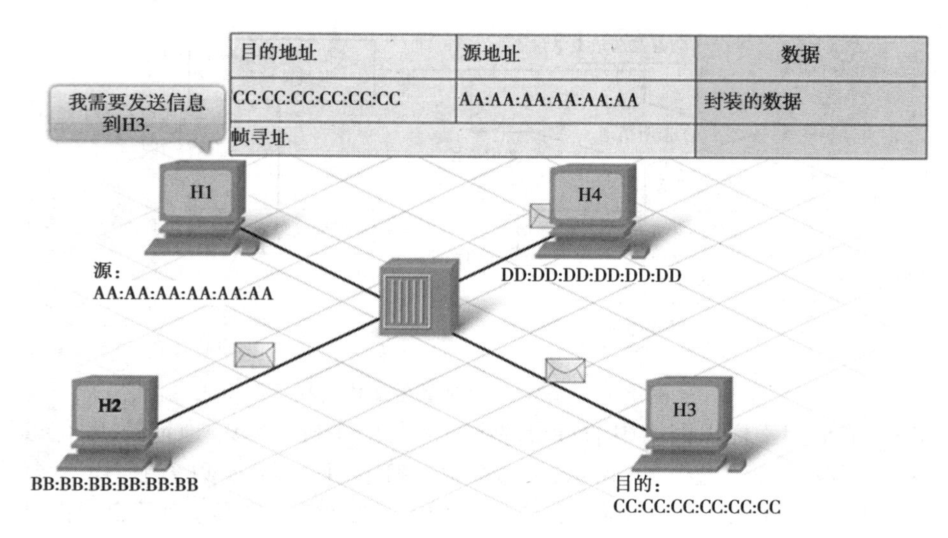

图 4.50 MAC 地址通信

2. OSI 参考模型

网络体系结构提出的背景——计算机网络的复杂性、异质性。对于复杂的网络系统,用什么方法能合理地组织网络的结构,以达到结构清晰、简化设计与实现、便于更新与维护、较强的独立性和适应性。解决的方法:分而治之!

1977 年 3 月,国际标准化组织 ISO 的技术委员会 TC97 成立了一个新的技术分委会 SC16 专门研究"开放系统互连",并于 1983 年提出了开放系统互连参考模型,即著名的 ISO 7498 国际标准,记为 OSI/RM。

在 OSI 中采用了三级抽象:参考模型(即体系结构)、服务定义和协议规范(即协议规格说明),自上而下逐步求精。OSI/RM 并不是一般的工业标准,而是一个为制定标准用的概念性框架。而实际的工业标准是 TCP/IP 网络模型,下一部分将详细讨论。

经过各国专家的反复研究,在 OSI/RM 中,采用了如表 4.4 所示的 7 个层次的体系结构,表中对于各层主要功能进行了简略描述,更准确详细的概念请参考有关网络基础教程。

3. TCP/IP 网络模型

(1)TCP/IP 协议

TCP/IP(Transmission Control Protocol/Internet Protocol)是传输控制协议/网际协议(又称 Internet 协议)的缩写,它实际上是一个很大的协议包(簇),其中包括网络接口层、网际层、传输层和应用层中的很多协议,TCP 和 IP 协议只是其中两个核心协议。

TCP/IP 是 Internet 上采用的协议,目前已形成了一个完整的网络协议体系,并且得到了广泛的应用和支持。

表 4.4 OSI/RM 七层协议模型

层 号	名 称	主要功能简介
7	应用层	作为与用户应用进程的接口，负责用户信息的语义表示，并在两个通信者之间进行语义匹配，它不仅要提供应用进程所需要的信息交换和远地操作，而且还要作为互相作用的应用进程的用户代理来完成一些为进行语义上有意义的信息交换所必需的功能
6	表示层	对源端点内部的数据结构进行编码，形成适合于传输的比特流，到了目的站再进行解码，转换成用户所要求的格式并保持数据的意义不变，主要用于数据格式转换
5	会话层	提供一个面向用户的连接服务，它给合作的会话用户之间的对话和活动提供组织和同步所必需的手段，以便对数据的传送提供控制和管理，主要用于会话的管理和数据传输的同步
4	传输层	从端到端经网络透明地传送报文，完成端到端通信链路的建立、维护和管理
3	网络层	分组传送、路由选择和流量控制，主要用于实现端到端通信系统中中间节点的路由选择
2	数据链路层	通过一些数据链路层协议和链路控制规程，在不太可靠的物理链路上实现可靠的数据传输
1	物理层	实现相邻计算机节点之间比特数据流的透明传送，尽可能屏蔽掉具体传输介质和物理设备的差异

TCP/IP 的基本作用是：如图 4.51 所示，要在网络上传输数据信息时，首先要把数据拆成一些小的数据单元（不超过 64 kB），然后加上“包头”做成数据报（段），才交给 IP 层在网络上陆续地发送和传输。采用这种传输数据方式的计算机网络就称为“分组交换”或“包交换”网络。其次，在通过电信网络进行长距离传输时，为了保证数据传输质量，还要转换数据的格式即拆包或重新打包。最后，到了接收数据的一方，必须使用相同的协议，逐层拆开原来的数据包，恢复成原来的数据，并加以校验，若发现有错，就要求重发。

①TCP 协议

计算机网络中非常重要的一层就是传输层，它可以向源主机和目的主机提供端到端的可靠通信。TCP 协议是一个面向连接的端到端的全双工通信协议，通信双方需要建立由软件实现的虚连接，它提供了数据分组在传输过程中可靠的并且无差错的通信服务。

TCP 协议规定首先要在通信的双方建立一种“连接”，也叫作实现双方的“握手”。建立“连接”的具体方式是呼叫的一方要找到对方，并由对方给出明确的响应，目的是需要确定双方的存在，并确定双方处于正常的工作状态，在整个传递多个数据报的过程中，发送的每一个数据报都需要接受方给以明确的确认信息，然后才能发送下一个数据报。如果在预定的时间内收不到确认信息的话，发送方会重发信息。正常情况下，数据传送结束后，发送方要发送“结束”信息，“握手”才断开。

这里还要解释一下，“在通信双方建立连接”这句话的含义不是让双方去独占线路，

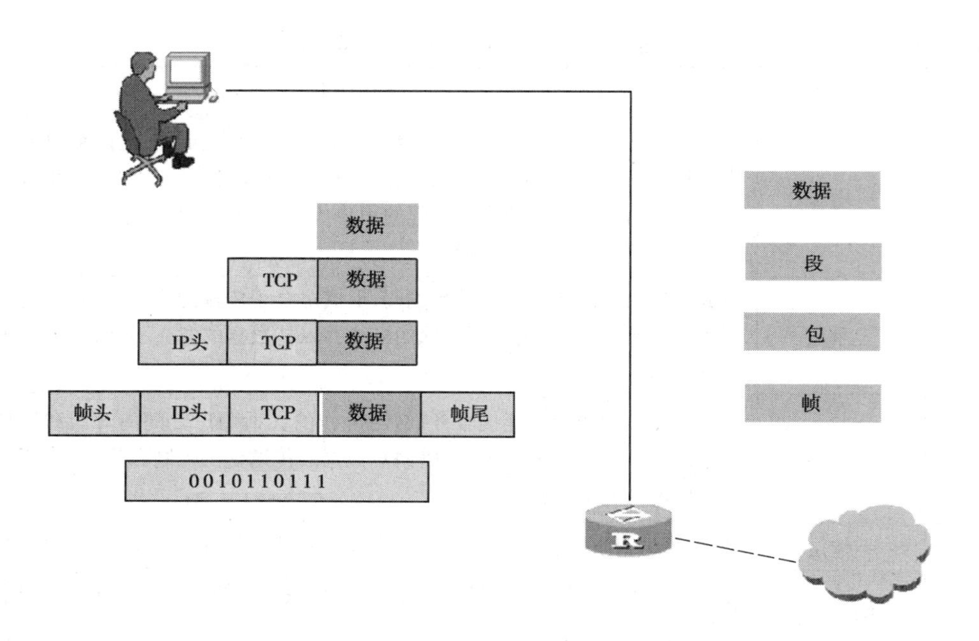

图 4.51 TCP/IP 数据封装

或者说不是在双方之间搭建一条专线。真正双方独占线路，那是打电话的做法，所以说计算机网络中，通信双方建立的连接实际上是一种“虚拟”的连接，是由计算机系统中相应软件程序实现的连接。

在计算机网络中，通常把连接在网络上的一台计算机叫作一台“主机”。传输层只能存在于端系统（主机）之中，所以又称为“端到端”层或“主机到主机”层。或者说，只有在作为“源主机”和“目的主机”的计算机上才有传输层，才有传输层的相应程序，才执行传输层的操作。

“全双工”通信指通信的双方主机之间，即可以同时发送信息，又可以接收信息。

TCP 协议还有一个作用就是保证数据传输的“可靠性”。TCP 协议实际上是通过一种称为“进程通信”的方式，在通信的两端（双方）传递信息，以保证发出的数据报不仅都能到达目的地，而且是按照它们发出时的顺序到达的。如果数据报的顺序乱了，它要负责进行“重新排列”；如果传输过程中，某个数据丢失了或出现了错误，TCP 协议就会通知发送端重发该数据报。

②IP 协议

IP 协议称为 Internet 协议或网际协议，工作在 TCP 协议的下一层（网络层），是 TCP/IP 的心脏，也是网络层中最主要的协议，它利用一个共同遵守的通信协议，使 Internet 成为一个允许连接不同类型的计算机和不同操作系统的网络。而通信协议规定了通信双方在通信中所应共同遵守的约定，即两台计算机交换信息所使用的共同语言。同时，计算机的通信协议精确地定义了计算机在彼此通信过程的所有细节。例如，每台计算机发送信息的格式和含义在什么情况下应发送规定的特殊信息，以及接收方的计算机应作出哪些应答等。

IP 协议提供了能适应各种各样网络硬件的灵活性,对底层网络硬件几乎没有任何要求。任何一个网络都可以使用 IP 协议加入 Internet,在 Internet 任何一台计算机,只要运行 IP 协议软件,就可以进行交流和通信。

IP 协议根据其版本分为 IPv4 和 IPv6。本章主要介绍 32 位的 IPv4,至于 128 位的 IPv6 将在有关课程中介绍。

(2)TCP/IP 体系结构

①协议体系

TCP/IP 协议在物理网基础上分为 4 个层次,它与 ISO/OSI 模型的对应关系及各层协议组成如图 4.52 所示。

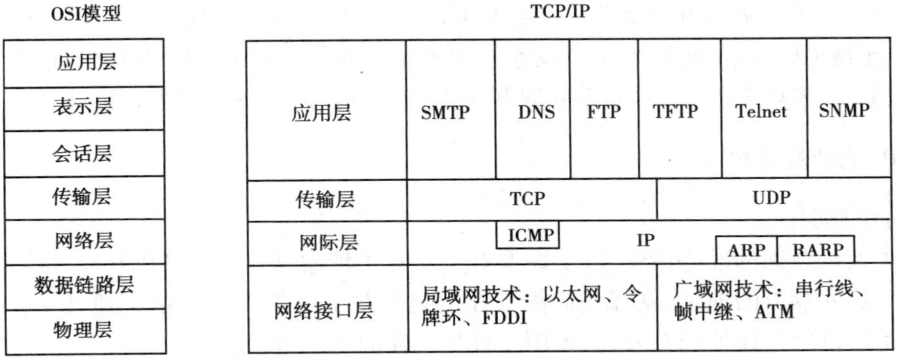

OSI模型
应用层
表示层
会话层
传输层
网络层
数据链路层
物理层

TCP/IP						
应用层	SMTP	DNS	FTP	TFTP	Telnet	SNMP
传输层	TCP			UDP		
网际层	ICMP	IP		ARP	RARP	
网络接口层	局域网技术:以太网、令牌环、FDDI			广域网技术:串行线、帧中继、ATM		

图 4.52 TCP/IP 和 OSI 模型的对应关系及各层协议组成

②TCP/IP 各层主要功能

网络接口层:定义与物理网络的接口规范,负责接收 IP 数据报,传递给物理网络。

网际层:主要功能是实现两个不同 IP 地址的计算机(在 Internet 上都称为主机)的通信,这两个主机可能位于同一网络或互联的两个不同网络中。具体工作包括形成 IP 数据报和寻址。如果目的主机不是本网的,就要经路由器予以转发直到目的主机。网际层主要包括 4 个协议:网际协议(IP)、网际控制报文协议(ICMP)、地址解析协议(ARP)、逆向地址解析协议(RARP)。

传输层:提供应用程序间(即端到端)的通信。包括传输控制协议(TCP)和用户数据报协议(UDP)。

应用层:支持应用服务,向用户提供了一组常用的应用协议,包括远程登录(Telnet)、文件传送协议(FTP)、平常文件传送协议(TFTP)、简单邮件传输协议(SMTP)、域名系统(DNS)、简单网管协议(SNMP)等。

③传输层和网际层的其他协议

- 用户数据报协议(UDP)

我们已经知道,TCP 提供可靠的端到端通信连接,用于一次传输大批数据的情形(如文件传输、远程登录等),并适用于要求得到响应的应用服务。而 UDP 提供了无连接通信,且不对传送数据报进行可靠保证,适合于一次传输少量数据(如数据库查询)的场合,其可靠性由其上层应用程序提供。

• 网际控制报文协议(ICMP)

作为 IP 协议的一部分,它能使网际上的主机通过相互发送报文来完成数据流量控制、差错控制和状态测试等功能。

• 地址解析协议(ARP)和逆向地址解析协议(RARP)

IP 地址实际上是在网际范围内标识主机的一种地址,传输报文时还必须知道目的主机在物理网络中的物理地址(MAC 地址),ARP 协议的功能是实现 IP 地址到 MAC 地址的动态转换,RARP 协议可以实现 MAC 地址到 IP 地址的转换。

初学者要知道:与 Internet 完全连接必须安装 TCP/IP 协议,安装 Windows 操作系统时可自动安装 TCP/IP 协议,且每个节点至少需要一个"IP 地址"、一个"子网掩码"、一个"默认网关"和一个"DNS 服务器 IP 地址"。可以在"Internet 协议(TCP/IP)属性"对话框中手动配置 IP 地址、子网掩码、默认网关和 DNS 服务器 IP 地址。如果本网络内有 DHCP(动态主机配置协议)服务器,客户端也可设成自动获取 IP 地址和自动获取 DNS 服务器地址。

4. IP 地址基础知识

(1) IP 地址

为了实现数据的准确传输,除了需要有一套对于传输过程的控制机制以外,还需要在数据包中加入双方的地址,就像我们需要在信封上写上收信人和发信人地址一样。现在的问题是进行数据通信的双方,应该用一种什么样的地址来表示呢?

虽然每块网卡都有一个不同的"MAC"地址,但是"MAC"(Media Access Control)地址只能用在"数据链路层"上通信时使用的数据帧中,而网络层中使用的 IP 地址和链路层中的 MAC 地址要由 ARP 或 RARP 进行转换。MAC 地址是一个用 12 位的 16 进制数表示的地址,用户很难直接使用它。我们需要另一种"地址",这个"地址"既要能简单准确地标明对方的位置,又要能够方便地找到对方,这就是设计 IP 协议的初衷。

IP 地址最初被设计成一种由数字组成的 4 层结构,就好像我们想要找到一个人的时候,需要有这个人的住址(某省、某市、某区、某街的多少号)一样。在 Internet 中,有很多网络连接在一起以后形成了很大的网络,每个网络下面还有很多较小的网络,计算机是组成网络的基本元素。所以,IP 地址就是用 4 层数字作为代码,说明是在哪个网络中的哪台计算机。显然,这种定义 IP 地址的方法十分有效,取得了很大的成功。

①IP 地址的定义及表示

IP 协议为 Internet 上的每一个节点(主机)定义了一个唯一的统一规定格式的地址,简称 IP 地址。每个主机的 IP 地址由 32 位(4 个字节)组成,通常采用"点分十进制表示方法"表示,每个字节为一部分,中间用点号分隔开来。

例如,32 位的二进制地址为:11001010011011000010010100101001。

显然这个地址也难记忆,所以分成四段,每段 8 位,变成了下面的形式:

11001010 01101100 00100101 00101001

转换成十进制,并用点连起来,就构成了通常人们所使用的 IP 地址:202.108.37.41。

提醒:每一段的 8 位二进制数,最小是 00000000,换成十进制是 0,最大是 11111111,

换算成十进制是255,也就是说,这四段数字,换算成十进制,每段都在0～255之间变化。

②IP地址的分类

每一个IP地址又可分为网络号和主机号两部分,网络号(Network ID)表示网络规模的大小,用于区分不同的网络,主机号(Host ID)表示网络中主机的地址编号,用于区分同一网络中的不同主机。按照网络规模的大小,IP地址可以分为A,B,C,D,E五类,其中常用的是A,B,C三类地址,D类为组播地址,E类为扩展备用地址。其格式如图4.53所示。

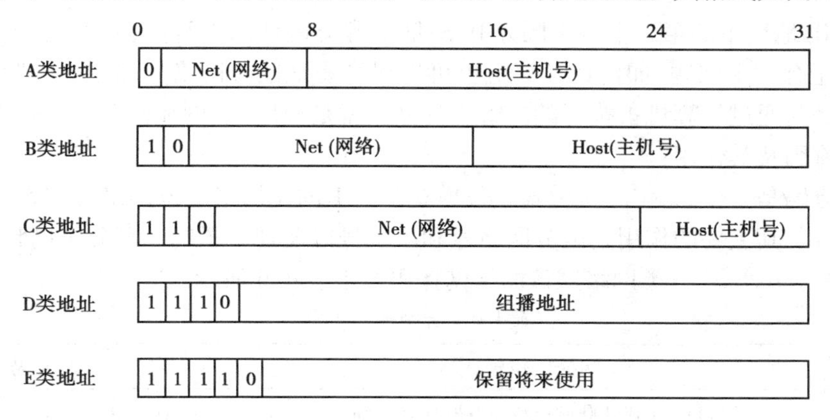

图4.53　IP地址格式

A,B,C三类IP地址的有效范围和保留的IP地址如表4.5所示。

表4.5　IP地址分类范围

类别	网络号	主机号	备　注
A	1～126	0～255、0～255、1～254	适用于大型网络,10这个网络号留作局域网使用
B	128～191、0～255	0～255、1～254	适用于中型网络,172.16.0.0～172.31.0.0这16个网号留作局域网使用
C	192～223、0～255、0～255	1～254	适用于小型网络,192.168.0.0～192.168.254.0这254个网号留作局域网使用

③IP地址中的几种特殊地址

✧网络地址:主机地址全为0,用于区分不同的网络。

✧广播地址:主机地址全为1,用于向本网络上的所有主机发送报文。有时不知道本网的网络号,TCP/IP协议规定32位全为1的IP地址用于本网广播。

✧“0”地址:TCP/IP协议规定,32位全为0的地址被解释成本网络。若有一主机想在本网内通信,但又不知道本网的网络号,就可以用“0”地址。

✧回送地址:127.＊.＊.＊,用于网络软件测试和本机进程间的通信。如果安装了TCP/IP协议,而未设置IP地址,可用127.0.0.0进行测试。

✧组播地址：指定一个逻辑组，参与该组的机器可能遍布整个 Internet 网，主要应用于电视会议等。

④IP 地址的获取方法

IP 地址由国际组织按级别统一分配，机构用户在申请入网时可以获取相应的 IP 地址。

(2)子网掩码

仅用 IP 地址中的第一个数来区分 IP 地址是哪类地址，对于普通人来说，也是较困难的，而且，还有一个问题，如何让计算机也可以很容易地区分网络号和主机号呢？这个工作最终还是要通过计算机去执行的。解决的办法就是使用"子网掩码"(Subnet Mask)。

子网掩码及其作用：

子网掩码是一个 32 位的位模式。位模式中为 1 的位用来定位网络号，为 0 的位用来定位主机号。其主要的作用是区分网络号和主机号以及划分子网。划分子网将在网络课程详细介绍。A，B，C 三类网络默认的子网掩码如下表 4.6 所示。

表 4.6　子网掩码类别

类　别	子网掩码位模式	子网掩码
A	11111111 00000000 00000000 00000000	255.0.0.0
B	11111111 11111111 00000000 00000000	255.255.0.0
C	11111111 11111111 11111111 00000000	255.255.255.0

子网掩码区分 IP 地址中的网络号和主机号的方法：

①将 IP 地址与子网掩码逻辑与运算，结果即为网络号；

②将子网掩码取反与 IP 地址逻辑与运算，结果即为主机号。

例如已知一主机的 IP 地址为 192.9.200.13，子网掩码为 255.255.255.0。求该主机 IP 地址的网络号和主机号。

先将 IP 地址和子网掩码化为二进制数：

192.9.200.13 → 11000000 00001001 11001000 00001101

255.255.255.0 → 11111111 11111111 11111111 00000000

按上述①的方法进行逻辑与(AND)运算为：11000000 00001001 11001000 00000000

即得网络号为 192.9.200.0。

按上述②的方法，子网掩码取反为：00000000 00000000 00000000 11111111

再与 IP 地址进行逻辑与运算为：00000000 00000000 00000000 00001101

即得主机号为：0.0.0.13。

5. 接入 Internet 的方法

下面介绍几种接入 Internet 的常用技术。

(1)通过 ADSL 接入 Internet

ADSL(Asymmetrical Digital Subscriber Line)中文名称为非对称数字用户线路,它是xDSL(HDSL、SDSL、VDSL、ADSL 和 RADSL)家族中的一员,是目前应用最广泛的一种宽带接入技术。它利用现有的双绞电话铜线提供独享"非对称速率"的下行速率(从端局到用户)和上行速率(从用户到端局)的通信宽带。ADSL 上行速率达到 640 kbit/s ~ 1 Mbit/s,下行速率达到 6 ~ 8 Mbit/s,有效传输距离为 3 ~ 5 km,从而克服了传统用户在"最后 1 公里"的瓶颈问题,实现真正意义上的高速接入。

①ADSL 的工作原理

传统的电话系统使用的是铜线的低频部分(4 kHz 以下频段)。而 ADSL 采用 DMT(离散多音频)技术,将原先电话线路 0 Hz ~ 1.1 MHz 频段划分成 256 个频宽为 4.3 kHz 的子频带。其中,4 kHz 以下频段仍用于传送 PSTN(传统电话业务),20 ~ 138 kHz 的频段用来传送上行信号,138 kHz ~ 1.1 MHz 的频段用来传送下行信号。

ADSL2 +(G.992.5)标准在 ADSL2(G.992.3)的基础上进行扩展,将工作频段频谱范围从 1.1 MHz 扩展至 2.2 MHz,相应地,最大子载波数目也由 256 增加至 512 个,使用的频谱作了扩展,传输性能比 ADSL1/2 有明显提高(下行最大传输速率可达 25 Mbit/s)。

下面以用户接收信号时的情况为例,介绍 ADSL 的工作过程(用户发送信号时工作过程与之相反),如图 4.54 所示。

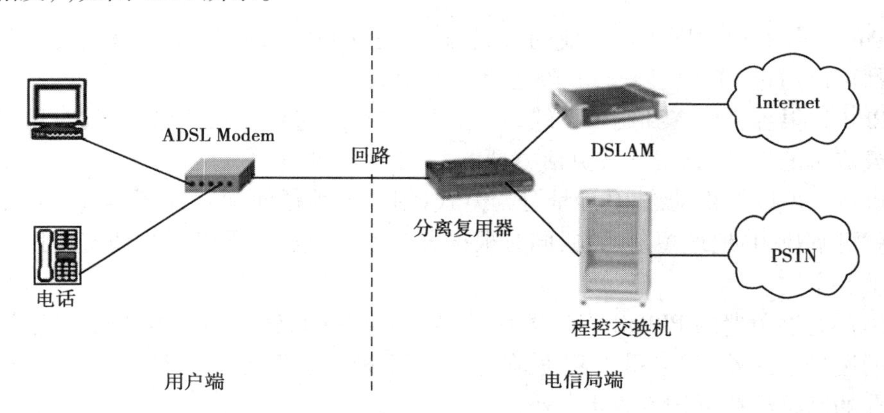

图 4.54 ADSL 系统构成详图

首先,Internet 发送端用户的网络主机数据经光纤传输到电信局。

其次,在电信局 DSLAM 访问多路复用器,调制并编码用户数据,然后整合来自普通电话线路的语音信号。

之后,被整合后的语音和数据信号经普通电话线传输到 Internet 接收网络用户端。

最后,由该用户端的 ADSL Modern 分离出数字信号和语音信号,然后数字信号通过解调和解码后传送到用户的计算机中,而语音信号则传送到电话机上,两者互不干扰。

②ADSL 的优缺点

ADSL 的优点:

- 充分利用现有的电话线,保护了现有的投资。
- 传输速率高。其下行速率为 2 ~ 25 Mbit/s,上行速率为 640 kbit/s ~ 1 Mbit/s,可以

满足绝大多数用户的带宽需求。

• 技术成熟,标准化程度高,ADSL 安装、连接简单。

• 采用了频分多路复用技术。ADSL 数据信号和电话音频信号以频分复用原理调制于各自频段,互不干扰。

• 由于每根线路由每个 ADSL 用户独有,因而带宽也由每个 ADSL 用户独占,不同 ADSL 用户之间不会发生带宽的共享,可获得更佳的通信效果。

ADSL 的缺点:

• 传输距离较近。目前 ADSL 的传输距离还比较短,通常要求在 5 km 以内,也就是说用户端到电信公司的 ADSL 局端距离在 5 km 以内。

• 传输速度不够快。前面提到的 ADSL 的上行和下行速率都是理论值,实际上要受到许多因素的制约,远不如这个值。仅仅适用于家庭用户和中小型商业用户。

③ADSL 通信协议

PPPoE 协议,PPPoE(PPP over Ethernet)是在以太网上建立 PPP 连接,由于以太网技术十分成熟且使用广泛,而 PPP 协议在传统的拨号上网应用中显示出良好的可扩展性和优质的管理控制机制,二者结合而成的 PPPoE 协议得到了宽带接入运营商的认可并广为采用。

PPPoE 不仅有以太网快速简便的特点,同时还有 PPP 的强大功能,任何能被 PPP 封装的协议都可以通过 PPPoE 传输,此外还有如下特点:

• PPPoE 很容易检查到用户下线,可通过一个 PPP 会话的建立和释放对用户进行基于时长或流量的统计,计费方式灵活方便。

• PPPoE 可以提供动态 IP 地址分配方式,用户无须任何配置,网管维护简单,无须添加设备就可解决 IP 地址短缺问题,同时根据分配的 IP 地址,可以很好地定位用户在本网内的活动。

• 用户通过免费的 PPPoE 客户端软件(如 EnterNet),输入用户名和密码就可以上网,跟传统的拨号上网差不多,最大程度地延续了用户的习惯,从运营商的角度来看,PPPoE 对其现存的网络结构进行变更也很小。

④ADSL 接入类型

• 单用户 ADSL Modem 直接连接。

• 多用户 ADSL Modem 连接。小型网络用户 ADSL 路由器直接连接几台计算机;较多用户 ADSL 路由器连接交换机。

ADSL 技术的主要特点是充分利用了现有的电话网络,只需要在线路两端加装 ADSL 设备,即可为用户提供高速接入 Internet 服务。

(2)通过宽带 Cable 接入 Internet

为了解决终端用户通过普通电话线入网速率较低的问题,人们一方面通过 xDSL 技术提高电话线路的传输速率,另一方面尝试利用目前覆盖范围广、最具潜力、有很高带宽的有线电视(CATV)网络。有线电视网络拥有庞大的用户群,同时它可以提供极快的接入速度和相对低的接入费用。目前在全球已形成 ADSL 和 Cable Modem 两大主流家庭宽带接入技术。

①HFC 简介

光纤同轴电缆混合网(Hybrid Fiber Coaxial,HFC),是以现有的 CATV 网络为基础,采用光纤接到服务区,而在进入用户的“最后 1 公里”采用同轴电缆的新型有线电视网,HFC 的高带宽为数据提供了传输空间。还有一种更为实用的方式,光纤接到楼宇单元的光纤 ADSL Modem,再经光纤 Modem 接到各户。HFC 逻辑连接图如图 4.55 所示。

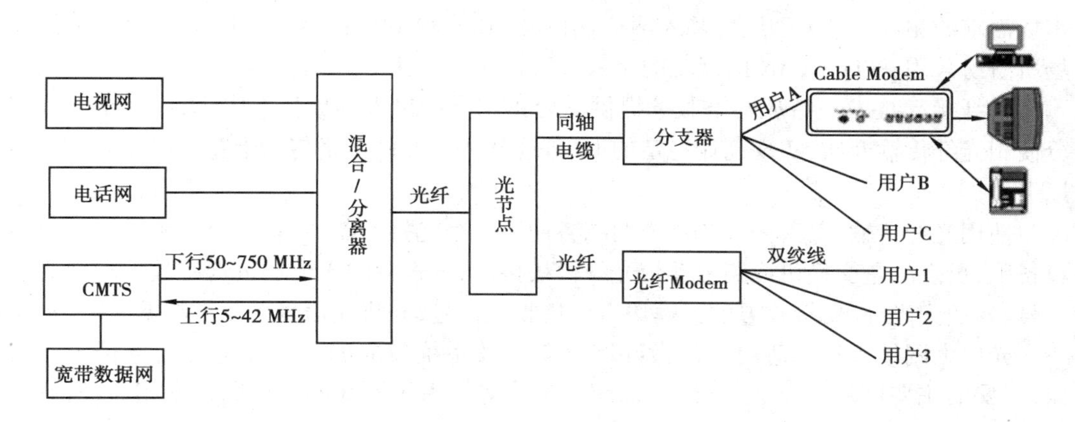

图 4.55　HFC 逻辑连接图

在 HFC 网络中,前端设备通过路由器与数据网相连,并通过局用数据端机与公用电话网(PSTN)相连。有线电视台的电视信号、公用电话网的话音信号和数据网的数据信号送入合路器形成混合信号后,通过光缆线路送至各个小区节点,再经过同轴分配网络送至用户本地综合服务单元,或经光纤 ADSL Modem 接到各户。

②Cable Modem 的种类

- 从传输方式的角度,可分为双向对称式传输和非对称式传输。对称式传输速率为 2 ~4 Mbit/s、最高能达到 10 Mbit/s。非对称式传输下行速率为 36 Mbit/s,上行速率为 500 kbit/s ~10 Mbit/s。
- 从接口角度分,可分为外置式、内置式、通用串行总线 USB 式和交互式机顶盒。

③HFC 接入的主要特点

- Cable Modem 是通过有线电视网来接入互联网的宽带接入设备,需要有线电视电缆。
- Cable Modem 是集 Modem、调谐器、加/解密设备、桥接器、网络接口卡、虚拟专网代理和以太网交换机的功能于一身的专用设备。
- 始终在线连接,用户不用拨号,打开电脑即可与互联网连接。
- Cable Modem 的传输距离可达 100 km 以上。Cable Modem 的连接速度高。
- Cable Modem 采用总线型的网络结构,是一种带宽共享方式上网,具有一定的广播风暴风险。
- 服务内容丰富,不仅可以连接互联网,而且可以直接连接到有线电视网上的丰富内容,如在线电影、在线游戏、视频点播等。

通过 Cable Modem 上网，网络连接稳定，速率较快，与电话拨号占用电话线路、常掉线、速率慢等相比具有明显的优势。

(3)通过光纤接入 Internet

用 xDSL 和 Cable Modem 虽然在一定程度上拓宽了接入带宽，但是它们都先天不足，有很大的局限性。

真正解决宽带接入的是 FTTx(光纤到小区、到楼、到家等)，随着城域网的快速发展和市场需求的驱动，FTTx 已成为接入网市场的热点，企事业单位、住宅社区、网吧等单位和场所纷纷采用 FTTx + LAN 的互联网接入方式。

光纤接入技术是指从网络服务提供商处租用光纤接入到单位的内部，中间全部或部分使用光纤传输介质，实现高速稳定的 Internet 接入。光纤网络传输带宽一般在50 Mbit/s 以上。

使用光纤传输信息，一般在传送两端各使用一个光接收器，安装在交换机或者路由器设备上，更多的是交换机或路由器带光纤模块接口，发送方的光模块负责将数据转换为光信号，发送到光纤上，接收方的光模块负责接收光信号，并将光信号还原为数据。

光以太网接入技术适用于已做好综合布线及系统集成的小区住宅与商务楼宇等对象，需要的主要网络设备包括交换机、超五类线等。由于原来的局域网技术相通，所有光纤以太网接入方式不需要重布线。

光纤以太网接入的特点：

- 可靠性好、安全性高、扩展性强。
- 网络结构简单，可以和现有网络无缝连接。
- 采用波分复用技术，具备高接入带宽(1 ~ 10 Gbit/s)。
- 接入距离长、维护管理方便等。

(4)通过代理服务器接入 Internet

家庭网络、办公网络等，绝大多数都要联上互联网。由于上网费用、通信线路资源有限、IPv4 网络地址资源有限、网络安全等原因，同一局域网中的用户一般都要共享同一账号、同一线路、同一 IP 地址等接入互联网。

共享上网的方式很多，主要分为代理服务器和路由器接入互联网两种。

代理服务器(Proxy Server)是建立在 TCP/IP 协议应用层上的一种服务软件。把局域网内的所有需要访问网络的需求，统一提交给局域网出口的代理服务器，由代理服务器与 Internet 上的 ISP 设备联系，然后将信息传递给提出需求的设备。

①代理服务器的主要功能

- 共享上网：代理服务器是局域网与外部网络连接的出口，起到网关的作用。
- 作为防火墙：代理服务器可以保护局域网的安全，起到了防火墙的作用。
- 提高访问速度：代理服务器将远程服务器提供的数据保存在自己的缓存中，可供多个用户共享，可以节约带宽、提高访问速度。

②代理服务器工作过程

使用代理服务器浏览 WWW 网络信息，IE 浏览不是直接到 Web 服务器去取回网页，

而是向代理服务器发出请求，由代理服务器取回 IE 浏览器所需要的信息，再反馈给申请信息的计算机。

由于代理服务器是介于计算机和网络服务器之间的一台中间设备，需要满足局域网内部所有计算机访问 Internet 服务的请求，因此大部分代理服务器都是一台高性能的计算机，具有高速运转的 CPU（甚至是双 CPU 或四 CPU）；具有高速缓冲存储器（Cache），Cache 容量也较大，存放最近从 Internet 上取回的信息，不重新从网络服务器上取数据，而直接将 Cache 上的数据传送给用户的浏览器，这样就能显著提高浏览速度和效率，如图 4.56 所示。

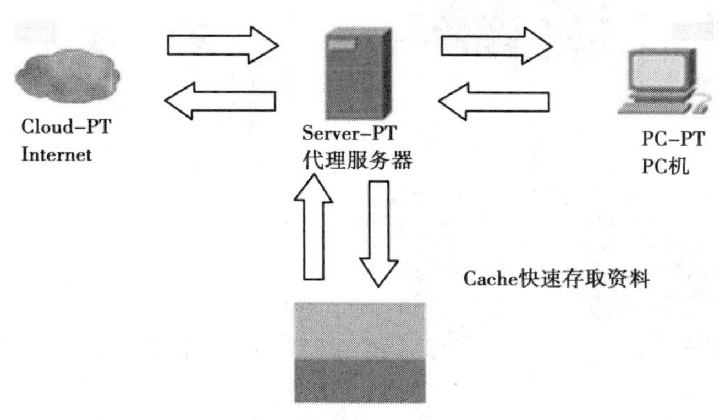

图 4.56　代理服务器（添加了 Cache）工作过程

③代理服务器软件种类

第 1 种代理服务器软件是操作系统自带的。Windows 操作系统自带有 Internet 连接共享（ICS，Internet Connection Sharing）软件。

第 2 种是第 3 方代理服务器软件。第 3 方代理服务器软件又分为两类，一种是通常意义上的代理服务器软件，如 Wingate、Winproxy 等。另一种是网关代理软件，该方式在代理服务器上设置一个软网关，利用软网关来完成上网数据的转换和中继的任务，而客户机通过这个网关上网，如 Sygate、WinRoute 等。

案例分析

小型家庭网络接入 Internet

张先生家里添置了三台计算机（两台台式机和一台笔记本电脑）和一台打印机，要将三台计算机互连，组成简单的对等网络环境，可以共享打印机、刻录机以及程序文件等，三台还可以同时上 Internet。张先生家有电话线。

（1）张先生家连网的主要应用需求

①证券交易、财经资讯、网上购物等。

②张先生是高职学院的老师，要进行多媒体课件制作、课表查询、录入成绩、网上辅导答疑、技术咨询、技术合作、学术交流等。

③图书查询、检索、在线阅读等。

④家庭办公和娱乐。

(2)方案设计与实施

①采用快速以太网100BASE-T,并以星型结构连网,如图4.57所示的逻辑拓扑图,一个ADSL Modem(电信部门提供),一端接电话线一端接无线宽带路由器;无线宽带路由器有有线和无线两种连接,一台PC用有线连接,另两台用无线连接,打印机连接在PC2上,可实现共享。

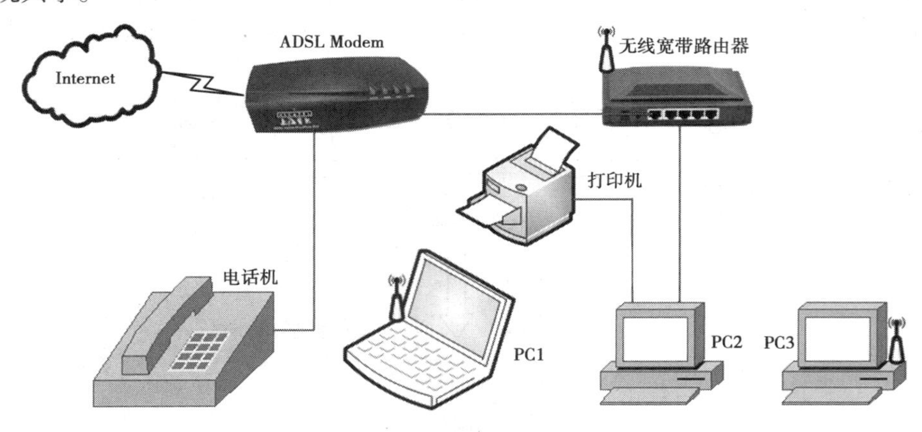

图4.57 逻辑拓扑图

②要安装ADSL,需要到当地网络运营商(即用户电话运营商)申请ADSL业务。ADSL目前提供两种接入方式:专线方式与虚拟拨号方式,可选择2,4,8,16,25 Mbit/s等不同的接入速率,速率根据用户的通信数据量来确定。专线方式即用户24小时在线,网络运营商为用户提供静态IP地址,可将用户局域网接入,主要面对中小型公司用户和网吧用户,价格较贵。虚拟拨号方式主要面对上网时间短、数据量不大的用户,如个人用户及小型公司等,但与传统拨号不同,这里的"虚拟拨号"是指根据用户名与口令认证,接入相应的网络,并没有真正的拨电话号码,费用也与电话服务无关,这种方式价格较便宜。

③无线宽带路由器是一种硬件和软件充分结合的共享上网方式,该类设备通常除具有共享上网的功能外,还具有Hub的功能。它们通过内置的硬件芯片来完成互联网和局域网之间数据包的交换管理,实质也就是在芯片中固化了共享上网软件,当然,功能强大的大型路由器不在此列。由于是硬件工作,不依赖于操作系统,因此该种方式的稳定性较好,但是可更新性比软件稍差,并且需要另外购买共享上网路由器。

通常"硬件共享上网"也有两种方式:一种是通过ADSL调制解调器的路由功能共享上网;另一种是通过SOHO宽带路由器共享上网,本例属于后者。

④IP地址的获取:宽带路由器固化了DHCP软件,可以给主机自动分配IP地址,一般IP地址为192.168.1.0/24这个私有网段。宽带路由器与外网连接的IP地址的设置请读者参见宽带路由器的说明书,是不难完成的,只是外网连接的IP地址等由网络服务提供商提供。

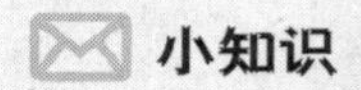

小知识

ADSL 网速计算

运营商产品介绍里提及的宽带网速，指的是用户端 Modem 至电信宽带接入设备(DSLAM)之间的物理接口速率。计算机中存取数据的单位是“字节”，即 byte(大写 B)，而数据通信是以“字位”作为单位，即 bit，两者之间的关系是 1B = 8 bit。电信业务中提到的网速为 1 M、2 M 等是以数据通信的字位作为单位计算的。所以计算机软件显示的下载速度为 200 kB/s 时，1 实际线路连接速率不小于1.6 Mbit，网速参考公式：带宽 × 1 000 ÷ 8，单位：kB/s ，例如：1 Mbit/s = 125 kB/s，2 Mbit/s = 250 kB/s，3 Mbit/s = 375 kB/s，4 Mbit/s = 500 kB/s，以此类推。

互联网的网络带宽是动态变化的，它的实时带宽主要取决于：运营商骨干出口带宽；运营商提供给客户的接入带宽；客户所访问的内容提供商的带宽；线路和设备衰耗；同时在线的人数；用户自建局域网等多个要素。

6. 无线宽带网络技术

除了有线网络之外，还有各种不需要线缆即可在主机之间传输信息的技术，即无线技术。

(1)无线宽带网络概述

无线技术使用电磁波在设备之间传送信息。电磁波是通过空间传送无线电信号的一种介质。

传统宽带网络定义：带宽超过 1.54 Mbit/s(T1 网络带宽)的网络可称为宽带网络。

根据采用不同技术和协议的无线连接的传输范围，可以将无线网络分为 4 类(见图 4.58)，即：

- UWB：超宽带无线个域网
- Wi-Fi：无线局域网
- WiMAX：无线城域网
- 3 G 或 4 G：无线广域网

与传统的有线网络相比，无线技术具有诸多优点。其主要优点之一就是能够随时随地进行连接。广泛分布在公共场合当中的无线接入点(称为热点)，使人们能够轻松连接到 Internet，下载信息和收发电子邮件与文件。

无线技术的安装非常简单经济，而且家庭和企业无线设备的价格也在不断下降。随着设备价格的下降，其数据速率和功能却在提高，并能支持更快、更可靠的无线连接。

由于不受电缆连接的限制，网络可以利用无线技术轻易地扩展。新用户和来访者可以快速而轻松地加入网络。

无线技术非常灵活，有很多优点，但也有一定的局限性(干扰)和风险(安全)。

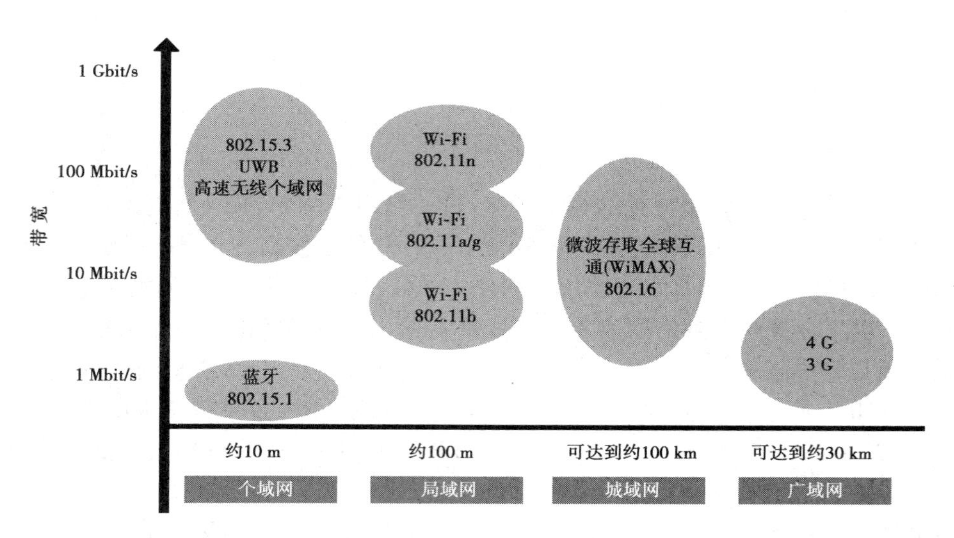

图 4.58 无线网络分类

(2) Wi-Fi:无线局域网

①无线局域网标准

为确保无线设备之间能互相通信,已经产生了许多标准。这些标准规定了使用的 RF 频谱、数据速率、信息传输方式等。负责创建无线技术标准的主要组织是 IEEE。IEEE 802.11 标准用于管理 WLAN 环境。目前可用的附录有 802.11a、802.11b、802.11g 和 802.11n。这些技术统称为无线保真(Wireless Fidelity,Wi-Fi)。表 4.7 简要地比较了当前的 WLAN 标准及其使用的技术。

表 4.7 WLAN 标准及其技术特征

标 准	特 征
802.11a	使用 5 GHz RF 频谱 最大数据速率为 54 Mbit/s 与 2.4 GHz 频谱(即 802.11b/g/n 设备)不兼容 范围大约是 802.11 b/g 的 33% 与其他技术相比,实施此技术非常昂贵 802.11a 标准的设备越来越少
802.11b	首次采用 2.4 GHz 的技术 最大数据速率为 11 Mbit/s 范围大约是室内 46 m/室外 96 m
802.11g	2.4 GHz 技术 最大数据速率为 54 Mbit/s 范围与 802.11b 相同 与 802.11b 向下兼容
802.11n	2009 年 9 月 11 日正式批准的最新标准 2.4 GHz 技术(草案标准规定了对 5 GHz 的支持) 扩大范围和数据吞吐量 与现有的 802.11g 和 802.11b 设备向下兼容

②无线网络硬件设备

采用某种标准后,WLAN 中的所有组件都必须遵循该标准或与该标准兼容。需要考虑的组件主要包括无线客户端、接入点、无线网桥和天线,如图 4.59 所示。

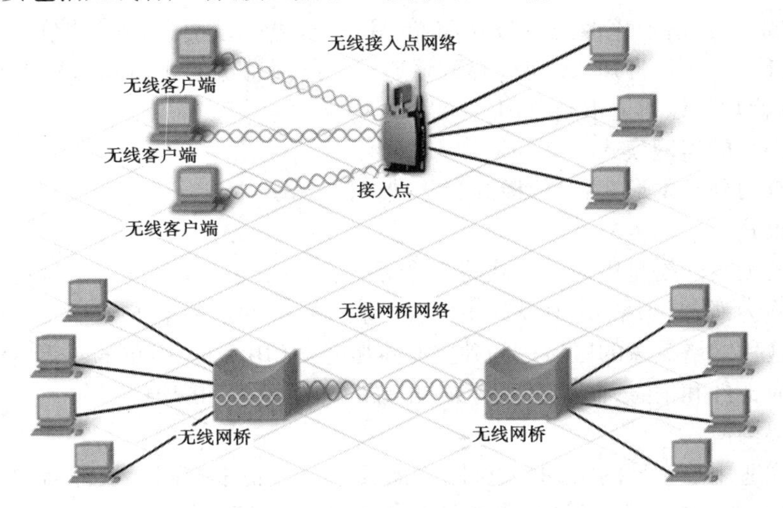

图 4.59　无线网络组件

无线客户端也被称为 STA。STA 是无线网络中任何可编址的主机,如笔记本电脑或 PDA。和以太网一样,无线网卡也使用 MAC 地址来标识终端设备。客户端软件运行在 STA 中,让 STA 能够连接到无线网络。无线 STA 可以是固定的,也可以是移动的。

接入点(AP)是将无线网络和有线 LAN 相连的设备。大多数家庭和小型企业环境都使用多功能设备,设备包含 AP、交换机和路由器等的功能,通常被称为无线路由器。这种设备充当传统的网桥,将帧在无线网络使用的 802.11 格式和以太网使用的 802.3 格式之间转换。AP 还跟踪所有关联的无线客户端,并负责传输前往或来自无线客户端的帧。

无线网桥用于提供远距离的点到点或点到多点连接,它们很少用于连接 STA,而使用无线技术将两个有线 LAN 网段连接起来。使用无须许可的 RF 频率时,桥接技术可连接相隔 40 km 甚至更远的网络。

天线用于 AP、STA 和无线网桥中,根据发射信号的方式可将天线分为定向和全向天线。定向天线将信号强度集中到一个方向发射,可实现远距离传输,如常用于实现点到点桥接,即将两个相隔遥远的场点连接起来。而全向天线则朝所有方向均匀发射信号,如 AP 通常使用全向天线,以便在较大的区域内提供连接性。

③无线局域网介质访问控制规范

在 WLAN 中,由于没有清晰的边界定义,因而无法检测到传输过程中是否发生冲突。因此,必须在无线网络中使用可避免发生冲突的访问方法。

无线技术使用的访问方法称为“载波侦听多路访问/冲突避免”(Carrier Sense Multiple Access with Collision Avoidance,CSMA/CA)。CSMA/CA 可以预约供特定通信使用的通道。在预约之后,其他设备就无法使用该通道传输,从而避免冲突。

这种预约过程是如何运作的呢?如果一台设备需要使用 BSS 中的特定通信通道,就必须向 AP 申请权限,这称为“请求发送”(Request to Send,RTS)。如果通道可用,AP 将使用“允许发送”(Clear to Send,CTS)报文响应该设备,表示设备可以使用该通道传输。CTS 将广播到 BSS 中的所有设备,所有设备就会知道该通道正在使用中。

通信完成之后,请求该通道的设备将给 AP 发送另一条消息,称为“确认”(Acknowledgement,ACK)。ACK 告知 AP 可以释放该通道。此消息也会广播到 WLAN 中的所有设备,所有设备就知道该通道重新可用。

④无线网络的组网模式

WLAN 有两种基本形式:对等模式和基础架构模式。

- 对等模式

最简单的无线网络是以对等方式将多个无线客户端连接在一起。以这种方式组建的无线网络被称为对等网络,其中没有 AP。对等网络中的所有客户端都是平等的,如图 4.60所示。这种网络覆盖的区域称为独立基本服务集(IBSS)。简单的对等网络可用于在设备之间交换文件和信息,而免除了购买和配置 AP 的成本和麻烦。

- 基础架构模式

对等模式适用于小型网络,但大型网络需要一台设备来控制无线蜂窝中的通信。如果存在 AP,AP 将承担角色,负责控制可通信的用户及通信时间。当 AP 负责控制蜂窝内的通信时,被称为基础架构模式,它是家庭和企业环境中最常用的无线通信模式,如图 4.61所示。在这种 WLAN 中,STA 之间不能直接通信。要进行通信,每台设备都必须获得 AP 的许可。AP 控制所有通信,确保所有 STA 都能平等地访问媒体。单个 AP 覆盖的区域称为基本服务集(BSS)或蜂窝。

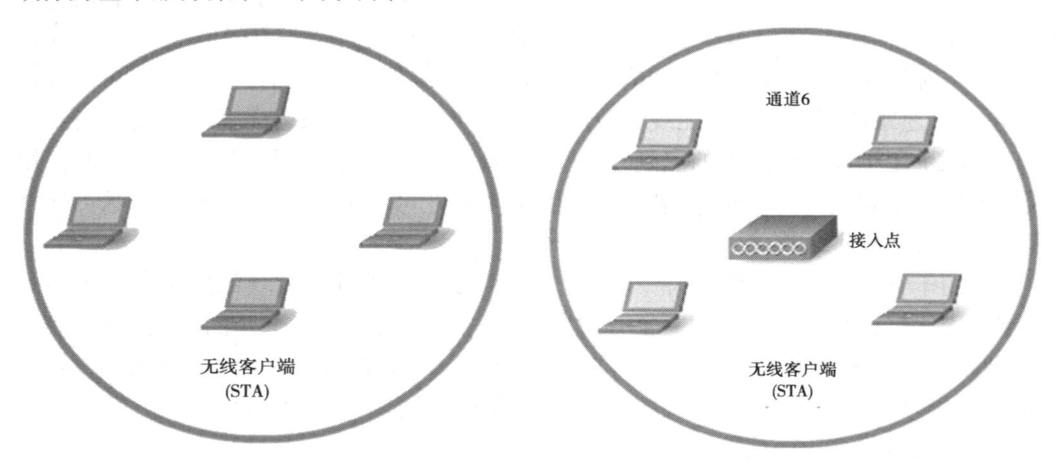

图 4.60 独立基本服务集　　图 4.61 基本服务集

BSS 是最小的 WLAN 组成部分。由于单个 AP 覆盖的区域有限,经常将多个 BSS 连接起来构成一个扩展服务集(ESS)。ESS 由多个通过分布系统连接在一起的 BSS 组成。ESS 使用多个 AP,其中每个 AP 都位于一个独立的 BSS 中,如图 4.62 所示。虽然包含独立的 BSS,但整个 ESS 使用的服务集标识符(SSID)相同。

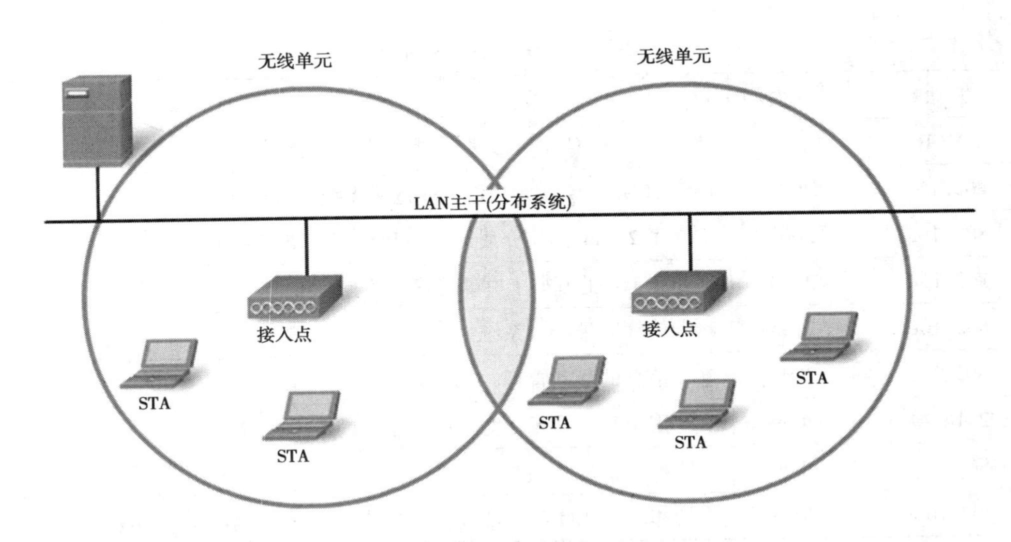

图 4.62 扩展服务集

⑤服务区域认证 ID(SSID)

服务集标识符(SSID)用于标识无线设备所属的 WLAN 以及能与其相互通信的设备。无论是哪种类型的 WLAN,同一个 WLAN 中的所有设备必须使用相同的 SSID 配置才能进行通信。

在构建无线网络时,需要将无线组件连接到适当的 WLAN,这可以通过使用 SSID 来选择适当的 WLAN。

SSID 是一个区分大小写的字母数字字符串,最多可以包含 32 个字符。它包含在所有帧的报头中,并通过 WLAN 传输。

(3) WiMAX:无线城域网

①WiMAX 概述

WiMAX(Worldwide Interoperability for Microwave Access)旨在为广阔区域内的无线网络用户提供高速无线数据传输业务,视线覆盖范围可达 112.6 km,非视线覆盖范围可达 40 km,带宽 70 Mbit/s,WiMAX 技术的带宽足以取代传统的 T1 型和 xDSL 型有线连接为企业或家庭提供互联网接入业务,可取代部分互联网有线骨干网络提供更人性化、多样化的服务。与之对应的是一系列 IEEE 802.16 协议。

802.16 协议的发展及对比如表 4.8 所示。

②WiMAX 架构

架构与 802.11 基站模式类似。

基站以点对多点连接为用户提供服务,这段被称为“最后 1 公里”。

基站之间或与上层网络以点对点连接(光纤、电缆、微波)相连,称为“回程”,如图 4.63所示。

③频段

- 10 ~ 66 GHz(适合视线传输,作为回程连接载波)。
- 2 ~ 11 GHz(适合非视线传输,用于“最后 1 公里”传输)。

表 4.8 802.16 协议对比

协 议	公布时间	描 述
802.16	2011	使用 10～63 GHz 频段进行视线无线宽带传输
802.16c	2002	使用 10～63 GHz 频段进行非视线无线宽带传输
802.16a	2003	定义了 2～11 GHz 介质访问层和物理层使用标准
802.16d	2003	在 802.16a 的基础上并兼容多个不同标准
802.16e	2005	移动无线宽带接入系统
802.11i	2007	基于信息的移动管理
802.16-2009	2009	支持固定和移动无线宽带接入系统的空中接口
802.16j	2009	多跳接力架构
802.16m	2009	支持移动 100 Mbit/s 带宽，固定 1 Gbit/s 带宽的高级空中接口

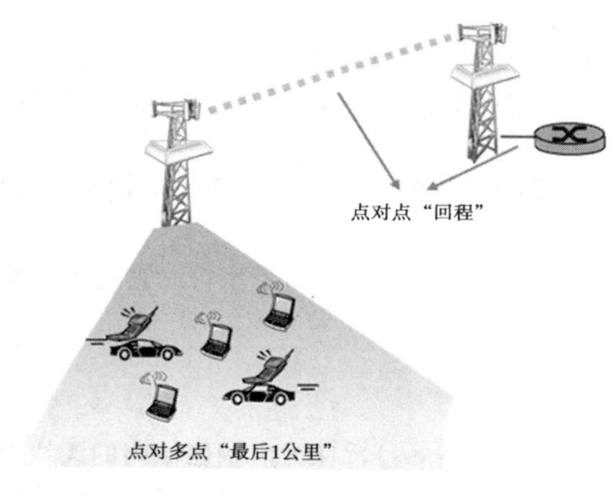

图 4.63 WiMAX 架构

④WiMAX 介质访问控制协议

WiMAX 介质访问控制包含了全双工信道传输、点到多点传输的可扩展性以及对 QoS 的支持等特征。

• 全双工信道利用 WiMAX 的宽频特性提供更高效的宽带服务。

• 可扩展性指单个 WiMAX 基站可为多个用户同时提供服务。

• QoS 是针对不同用户的不同需求提供更优质的数据流服务。

无线宽带技术可为家庭、校园/企业、城市甚至全球范围内的用户提供泛在的互联互通。物联网所需的更广泛地互联互通势必缺少不了无线宽带的支持。

7. 中国的"三网融合"

三网融合是指电信网、计算机网和有线电视网三大网络通过技术改造，能够提供包括语音、数据、图像等综合多媒体的通信业务。三网融合是一种广义的、社会化的说法，在现阶段它并不意味着电信网、计算机网和有线电视网三大网络的物理合一，而主要是指高层业务应用的融合。其表现为技术上趋向一致，网络层上可以实现互联互通，形成无缝覆盖，业务层上互相渗透和交叉，应用层上趋向使用统一的 IP 协议，在经营上互相竞争、互相合作，朝着向人类提供多样化、多媒体化、个性化服务的同一目标逐渐交汇在一起，行业管制和政策方面也逐渐趋向统一。

关于计算机网络的更多知识，会在后续课程中继续学习。主要涉及局域网技术、因特网技术、接入因特网、使用 WWW、电子邮件、FTP 以及资源共享、网络安全、网站建立等知识。

4.2.2　短距离无线通信技术

短距离无线通信采用的主要协议有蓝牙(802.15.1 协议)、紫蜂 ZigBee(802.15.4 协议)、红外及近距离无线通信 NFC 等。

1. 蓝牙技术

(1)蓝牙技术的起源

1998 年 5 月,爱立信、诺基亚、东芝、IBM 和英特尔公司五家著名厂商,在联合开展短程无线通信技术的标准化活动时提出了蓝牙技术,其宗旨是提供一种短距离、低成本的无线传输应用技术。蓝牙的名字来源于 10 世纪丹麦国王 Harold Bluetooth(因为他十分喜欢吃蓝梅,所以牙齿每天都带着蓝色),他将当时的瑞典、芬兰与丹麦统一起来。用他的名字来命名这种新的技术标准,含有将四分五裂的局面统一起来的意思。

(2)蓝牙技术的特点

- 一种支持设备短距离通信(一般 10 m 内)的无线通信技术。
- 采用分散式网络结构,支持点对点及点对多点通信。
- 工作在全球通用的 2.4 GHz ISM(即工业、科学、医学)频段。
- 通信速率为 1 Mbit/s。
- 采用时分双工传输方案实现全双工传输。
- 采用 802.15.1 协议。

(3)蓝牙技术应用

利用蓝牙技术能在包括移动电话、PDA、无线耳机、笔记本电脑、相关外设等众多设备之间进行无线信息交换。利用"蓝牙"技术,能够有效地简化移动通信终端设备之间的通信,也能够成功地简化设备与因特网 Internet 之间的通信,从而使数据传输变得更加迅速高效,为无线通信拓宽道路。

(4)蓝牙匹配规则

两个蓝牙设备在进行通讯前,必须将其匹配在一起,以保证其中一个设备发出的数据信息只会被经过允许的另一个设备所接受。蓝牙技术将设备分为两种:主设备和从设备。

①蓝牙主设备

主设备一般具有输入端。在进行蓝牙匹配操作时,用户通过输入端输入随机的匹配密码来将两个设备匹配。蓝牙手机、安装有蓝牙模块的 PC 等都是主设备。例如,蓝牙手机和蓝牙 PC 进行匹配时,用户可在蓝牙手机上任意输入一组数字,然后在蓝牙 PC 上输入相同的一组数字,以此来完成这两个设备之间的匹配。

②蓝牙从设备

从设备一般不具备输入端。因此在从设备出厂时,在其蓝牙芯片中,固化有一个 4 位或 6 位数字的匹配密码。蓝牙耳机、UD 数码笔等都是从设备。例如,蓝牙 PC 与 UD 数码笔匹配时,用户将 UD 笔上的蓝牙匹配密码正确地输入到蓝牙 PC 上,完成 UD 笔与蓝牙 PC 之间的匹配。

主设备与主设备之间、主设备与从设备之间,是可以互相匹配在一起的,而从设备与从设备是无法匹配的。例如,蓝牙 PC 与蓝牙手机可以匹配在一起;蓝牙 PC 也可以与 UD 笔匹配在一起;而 UD 笔与 UD 笔之间是不能匹配的。

一个主设备,可匹配一个或多个其他设备。例如,一部蓝牙手机,一般只能匹配 7 个蓝牙设备;而一台蓝牙 PC,可匹配十多个或数十个蓝牙设备。在同一时间,蓝牙设备之间仅支持点对点通讯。

2. 紫蜂 ZigBee 技术

(1)ZigBee 技术来源

ZigBee 这个名字来源于蜂群的通信方式,蜜蜂之间通过跳 ZigBee 形状的舞蹈来交互消息,以便共享食物源的方向、位置和距离等信息。借此意义将 ZigBee 作为新一代无线通讯技术的名称。

ZigBee 联盟成立于 2002 年 8 月,由英国 Invensys 公司、日本三菱电气公司、美国摩托罗拉公司以及荷兰飞利浦半导体公司组成,如今已经吸引了上百家芯片公司、无线设备公司和开发商的加入。联盟是一个高速成长的非盈利业界组织。联盟制定了基于 IEEE802.15.4,具有高可靠、高性价比、低功耗的网络应用规格。

(2)802.15.4/ZigBee 协议的结构

802.15.4/ZigBee 是无线传感网领域最为著名的无线通信协议,协议的结构如图 4.64 所示。ZigBee 主要定义了网络层、传输层以及之上的应用层的规范;802.15.4 主要定义

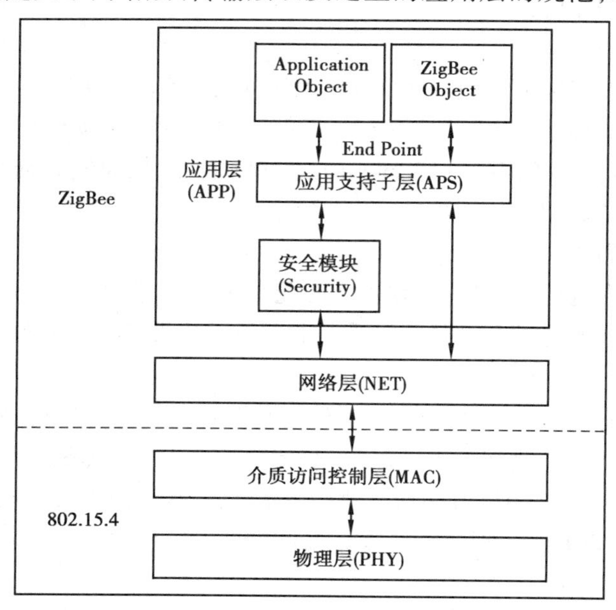

图 4.64 802.15.4/ZigBee 协议的结构

了短距离通信的物理层以及链路层的规范。

(3)ZigBee 技术的特点

ZigBee 技术是一种近距离、低复杂度、低功耗、低速率、低成本的双向无线通讯技术。主要用于距离短、功耗低且传输速率不高的各种电子设备之间进行数据传输以及典型的周期性数据、间歇性数据和低反应时间数据的传输。其具有以下技术特点:

- 紫蜂是一种无线连接,可工作在 2.4 GHz(全球流行)、868 MHz(欧洲流行)和 915 MHz(美国流行)3 个频段上,分别具有最高 250 kbit/s,20 kbit/s 和 40 kbit/s 的传输速率。
- 紫蜂是一种高可靠的无线数传网络,类似于 CDMA 和 GSM 网络。ZigBee 数传模块类似于移动网络基站。
- 通讯距离从标准的 75 m 到几百米、几千米,并且支持无限扩展。
- ZigBee 是一个由可多到 65 000 个无线数传模块组成的无线网络平台,在整个网络范围内,每一个网络模块之间可以相互通信,每个网络节点间的距离可以从标准的 75m 无限扩展。
- 与移动通信的 CDMA 网或 GSM 网不同的是,紫蜂网络主要是为工业现场自动化控制数据传输而建立,因而,它必须具有简单、使用方便、工作可靠、价格低的特点。
- 移动通信网主要是为语音通信而建立,每个基站价值一般都在百万元人民币以上,而每个紫蜂网络"基站"却不到 1 000 元人民币。

(4)ZigBee 的应用

①工业控制

工业控制现场存在布线困难,为了解决这一问题,无线通信技术被应用到工业生产现场,如图 4.65 为石油工业中 ZigBee 的应用,通过 ZigBee 网络将生产信息传送到因特网,监控中心就能获取计量站、管道、油井的相关信息。

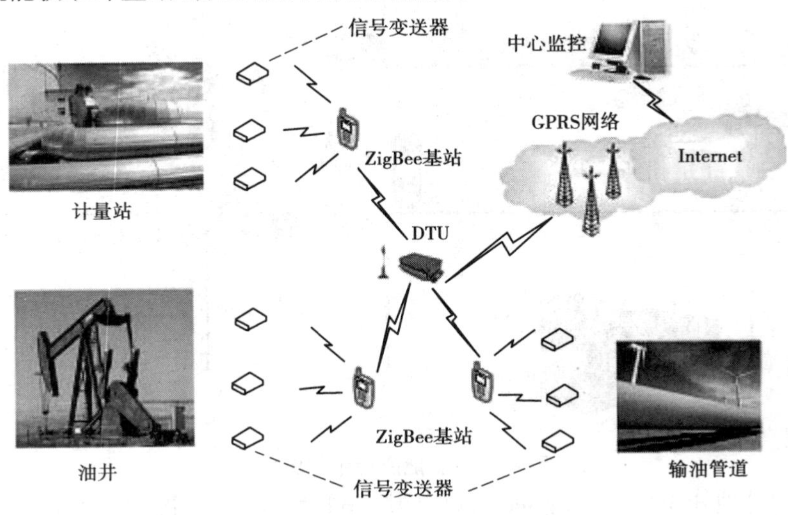

图 4.65 石油工业中的应用

②智能农业

在农业领域,由于应用传感器的范围较广,各种环境监测传感器如果以有线方式进行连接的话,连线复杂,更改困难,为了实现温室加热的智能控制,如图 4.66 所示,采用 ZigBee 网络获取传感器信息,控制自动加热和自动灌溉系统,满足农作物生长的需要。

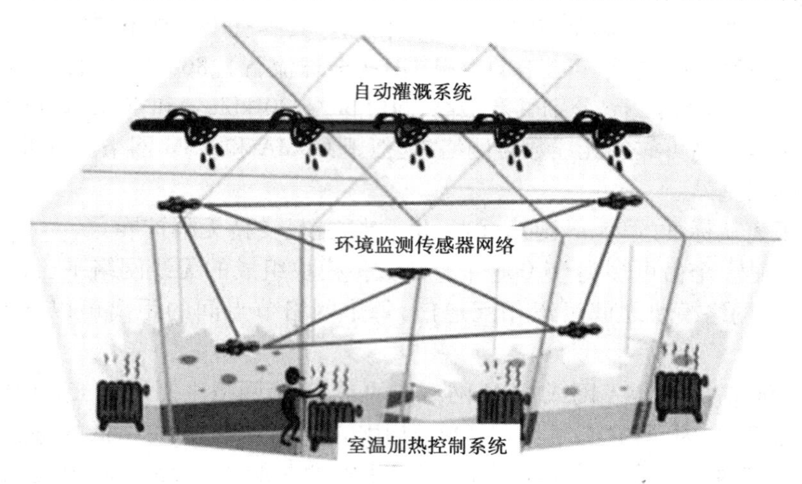

图 4.66 智能农业的应用

③智能交通

智能交通领域应用 ZigBee 无线通信技术,可以减少布线,而且更加灵活。如图 4.67 所示,交通灯控制节点、流量监测节点以无线方式和控制中心通信,控制中心可以根据流量,实时调整交通灯时间。

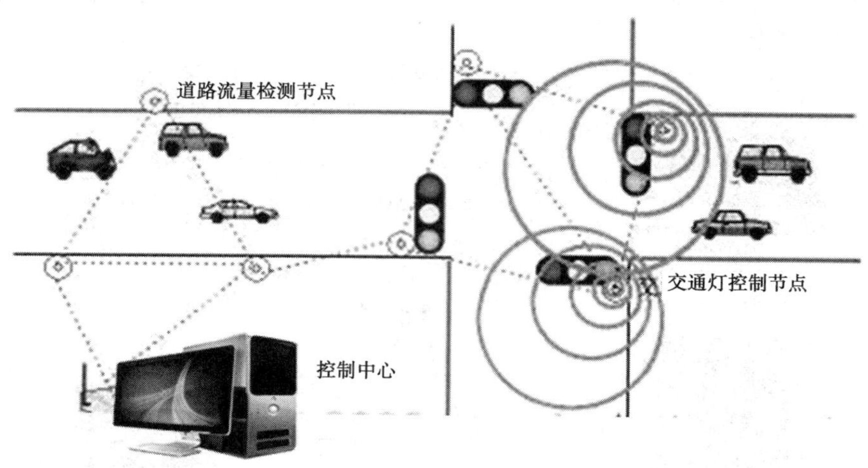

图 4.67 智能交通中的应用

ZigBee 的其他知识(包含 ZigBee 协议、网络拓扑结构、网络配置和组网技术)将在后续课程《无线传感网络技术》中具体学习。

3. 红外通信技术

(1)红外通信技术概述

红外通信技术使用一种点对点的数据传输协议,是传统的设备之间连接线缆的替代。它是目前在世界范围内被广泛使用的一种无线连接技术,通过数据电脉冲和红外光脉冲之间的相互转换实现无线的数据收发。

红外通信技术具有以下特点:

- 通讯距离一般在 0 ~ 1 m,传输速率最快可达 16 Mbit/s,通讯介质为波长 900 nm 左右的近红外线。
- 小角度(30°锥角以内),短距离,点对点直线数据传输,保密性强。
- 传输速率较高,目前 4 M 速率的 FIR 技术已被广泛使用,16 M 速率的 VFIR 技术已经发布。

(2)IrDA 红外通信标准

IrDA 是红外数据组织(Infrared Data Association)的简称,IrDA 红外连接技术就是由该组织提出的。在红外通信技术发展早期,存在好几个红外通信标准,不同标准之间的红外设备不能进行红外通信。

为了使各种红外设备能够互联互通,1993 年,由二十多个大厂商发起成立了红外数据协会(IrDA),统一了红外通信的标准,这就是目前被广泛使用的 IrDA 红外数据通信协议及规范。

IrDA 的主要优点是无需申请频率的使用权,因而红外通信成本低廉,并且还具有移动通信所需的体积小、功耗低、连接方便、简单易用的特点。此外,红外线发射角度较小,传输上安全性高。

IrDA 的不足在于它是一种视距传输,两个相互通信的设备之间必须对准,中间不能被其他物体阻隔,因而该技术只能用于 2 台(非多台)设备之间的连接。而蓝牙就没有此限制,且不受墙壁的阻隔。

4. 近距离通信(NFC)技术

(1)NFC 技术概述

近距离通信(Near Field Communication,NFC)是一种短距离的高频无线通信技术,允许电子设备之间进行非接触式点对点数据传输(在 10 cm 内)交换数据。此技术由免接触式射频识别(RFID)演变而来,并向下兼容 RFID,最早由 Philips、Nokia 和 Sony 主推,它能快速自动地建立无线网络,为蜂窝设备、蓝牙设备、Wi-Fi 设备提供一个"虚拟连接",使电子设备可以在短距离范围进行通讯。NFC 最初仅仅是遥控识别和网络技术的合并,但现在已发展成无线连接技术。

NFC 技术具有以下特点:

- NFC 是一个开放接口平台,可以对无线网络进行快速、主动设置,也是虚拟连接器,服务于现有蜂窝状网络、蓝牙和无线 802.11 设备。

• NFC 采用了和 RFID 不同的双向识别和连接。在 20 cm 距离内工作于 13.56 MHz 频率范围。

NFC 将非接触读卡器、非接触卡和点对点(Peer-to-Peer)功能整合进一块单芯片,为消费者的生活方式开创了不计其数的全新机遇。

(2)NFC 技术的原理

NFC 的设备可以在主动或被动模式下交换数据。在被动模式下,启动 NFC 通信的设备,也称为 NFC 发起设备(主设备),在整个通信过程中提供射频场。它可以选择 106,212,424 kbit/s 中的一种传输速度,将数据发送到另一台设备。另一台设备称为 NFC 目标设备(从设备),不必产生射频场,而使用负载调制(Load Modulation)技术,即可以用相同的速度将数据传回发起设备。

移动设备主要以被动模式操作,可以大幅降低功耗,并延长电池寿命。电池电量较低的设备可以要求以被动模式充当目标设备,而不是发起设备。其工作原理如图 4.68 所示。

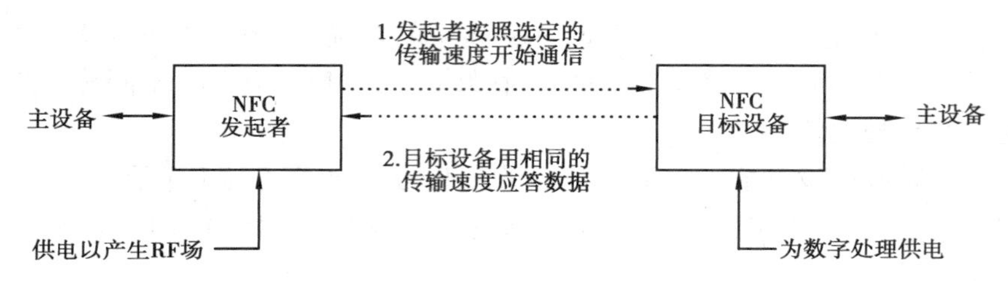

图 4.68 NFC 被动通信模式

在主动模式下,每台设备要向另一台设备发送数据时,都必须产生自己的射频场。这是对等网络通信的标准模式,可以获得非常快速的连接设置。其工作原理如图 4.69 所示。

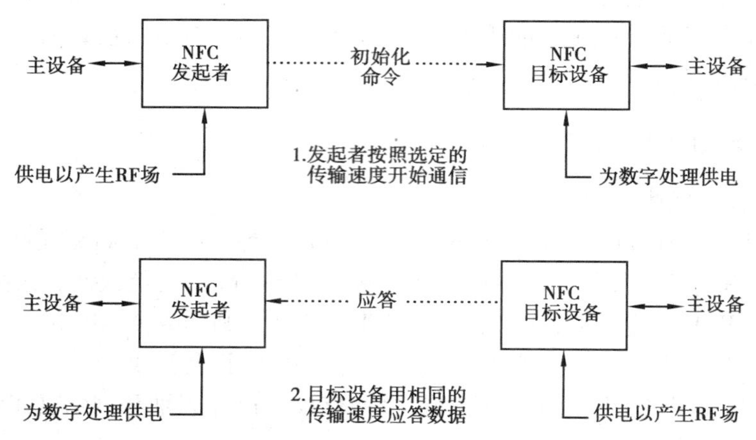

图 4.69 NFC 主动通信模式

(3)NFC 技术的优势

• NFC 具有距离近、带宽高、能耗低等特点。

- NFC 与现有非接触智能卡技术兼容。
- NFC 是一种近距离连接协议。
- NFC 是一种近距离的私密通信方式。
- NFC 在门禁、公交、手机支付等领域内发挥着巨大的作用。
- NFC 还优于红外和蓝牙传输方式。
- NFC 技术支持多种应用,包括移动支付与交易、对等式通信及移动中信息访问等。

NFC 设备可以用作非接触式智能卡、智能卡的读写器终端以及设备对设备的数据传输链路,其应用主要可分为以下 4 个基本类型:用于付款和购票、用于电子票证、用于智能媒体以及用于交换、传输数据。

5. Wireless HART

(1) HART 简介

HART(Highway Addressable Remote Transducer)是可寻址远程传感器高速通道的开放通信协议,是一种用于现场智能仪表和控制室设备之间的通信协议。HART 装置提供具有相对低的带宽,适度响应时间的通信,经过十多年的发展,HART 技术在国外已经十分成熟,并已成为全球智能仪表的工业标准。

HART 协议采用 FSK 频移键控信号,在低频的 4 ~ 20 mA 模拟信号上叠加幅度为 0.5 mA的音频数字信号进行双向数字通讯,数据传输速率为 1.2 Mbit/s。

HART 通信采用的是半双工的通信方式,其特点是在现有模拟信号传输线上实现数字信号通信,属于模拟系统向数字系统转变过程中的过渡性产品。

HART 采用统一的设备描述语言 DDL。

(2) Wireless HART 简介

Wireless HART 是第一个开放式的可互操作无线通信标准,用于满足流程工业对于实时工厂应用中可靠、稳定和安全的无线通信的关键需求。每个 Wireless HART 网络包括三个主要组成部分:

- 连接到过程或工厂设备的无线现场设备。
- 使这些设备与连接到高速背板的主机应用程序或其他现有厂级通信网络能通信的网关。
- 负责配置网络、调度设备间通信、管理报文路由和监视网络健康的网管软件。网管软件能和网关、主机应用程序或过程自动化控制器集成到一起。

网络使用兼容运行在 2.4 GHz 工业、科学和医药(ISM)频段上的无线电 IEEE802.15.4标准。无线电采用直接序列扩频(DSSS)、通信安全与可靠的信道跳频、时分多址(TDMA)同步、网络上设备间延控通信(Latency-controlled Communications)技术。

6. 6LowPAN

(1) 无线个域网(WPAN)简介

无线个域网是在个人周围空间形成的无线网络,现通常指覆盖范围在半径 10 m 以内的短距离无线网络，尤其是指能在便携式消费者电器和通信设备之间进行短距离特别连接的自组织网。

WPAN 被定位于短距离无线通信技术，但根据不同的应用场合又分为高速 WPAN（HR-WPAN）和低速 WPAN（LR-WPAN）两种。

①高速 WPAN（HR-WPAN）

发展高速 WPAN 是为了连接下一代便携式消费者电器和通信设备，支持各种高速率的多媒体应用，包括高质量声像配送、多兆字节音乐和图像文档传送等。这些多媒体设备之间的对等连接要提供 20 Mbit/s 以上的数据速率以及在确保的带宽内提供一定的服务质量（QoS）。高速率 WPAN 在宽带无线移动通信网络中占有一席之地。

②低速 WPAN（LR-WPAN）

发展低速 WPAN 是因为在日常生活中并不是都需要高速应用。在家庭、工厂与仓库自动化控制、安全监视、保健监视、环境监视、军事行动、消防指挥、货单自动更新、库存实时跟踪以及在游戏和互动式玩具等方面都可以开展许多低速应用。

（2）6LowPan 简介

6LowPAN 是“IPv6 over Low power Wireless Personal Area Networks”（低功率无线个域网上的 IPv6）的缩写，为低速无线个域网标准。

6LowPan 技术底层采用 IEEE 802.15.4 规定的 PHY 层和 MAC 层，网络层采用 IPv6 协议。随着 LR-WPAN 的飞速发展及下一代互联网技术的日益普及，6LowPan 技术将广泛应用于智能家居、环境监测等多个领域。例如，在智能家居中，可将 6LowPan 节点嵌入到家具和家电中。通过无线网络与因特网互联，实现智能家居环境的管理。

4.2.3 长距离移动通信技术

移动通信（Mobile Communication）是指通信双方或至少有一方处于运动中并同时进行信息传输和交换的通信方式。移动体可以是人，也可以是汽车、火车、轮船等在移动状态中的物体。

1. 移动通信系统组成

移动通信系统包括无绳电话、无线寻呼、陆地蜂窝移动通信、卫星移动通信等。移动体之间通信联系的传输手段只能依靠无线电通信，因此，无线通信是移动通信的基础。

移动通信包括无线传输、有线传输、信息的收集、处理和存储等，使用的主要设备有无线收发信机、移动交换控制设备和移动终端设备。

如图 4.70 所示，移动通信无线服务区由许多正六边形小区覆盖而成，呈蜂窝状，通过接口与公众通信网（PSTN、ISDN、PDN）互联。

移动通信系统包括移动交换子系统（SS）、操作维护管理子系统（OMS）、基站子系统（BSS）和移动台（MS），是一个完整的信息传输实体。

移动通信中建立一个呼叫是由 BSS 和 SS 共同完成的。BSS 提供并管理 MS 和 SS 之

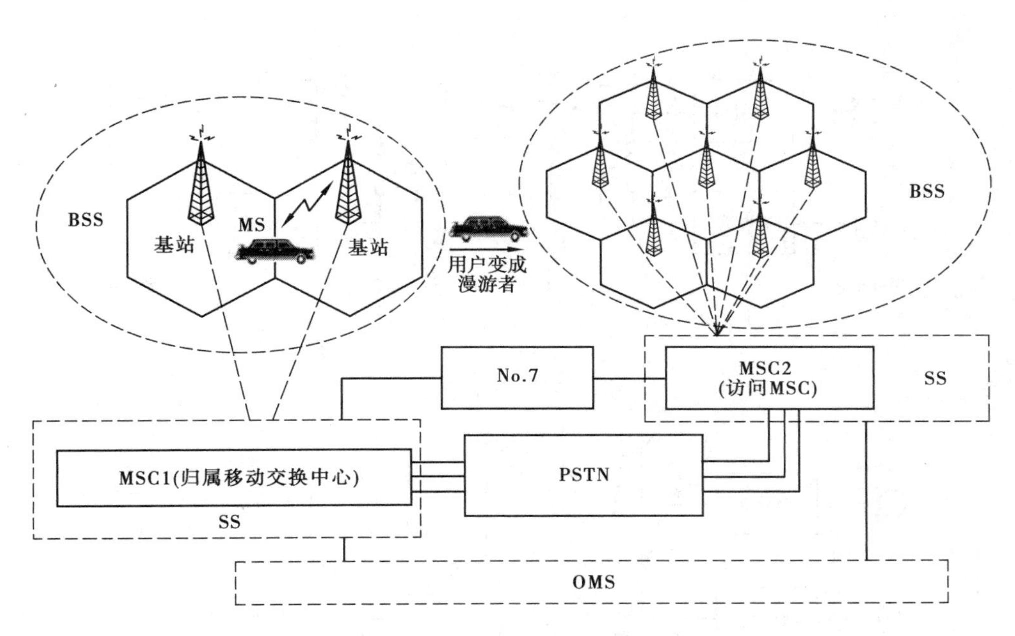

图 4.70　移动通信系统的组成

间的无线传输通道，SS 负责呼叫控制功能，所有的呼叫都是经由 SS 建立连接的，OMS 负责管理控制整个移动网。

MS 也是一个子系统。它实际上是由移动终端设备和用户数据两部分组成的，移动终端设备称为移动设备，用户数据存放在一个与移动设备可分离的数据模块中，此数据模块称为用户识别卡(SIM)。

2. 移动通信的工作频段

早期的移动通信主要使用 VHF 和 UHF 频段。目前，大容量移动通信系统均使用 800 MHz 频段(CDMA)，900 MHz 频段(GSM)，并开始使用 1 800 MHz 频段(GSM 1800)，该频段用于微蜂窝(Microcell)系统。第三代移动通信使用 2.4 GHz 频段。

3. 移动通信的工作方式

从传输方式的角度来看，无线通信分为单向传输(广播式)和双向传输(应答式)。单向传输只用于无线寻呼系统。双向传输则有单工、双工和半双工 3 种工作方式。

单工通信是指通信双方电台交替地进行收信和发信，根据收、发频率的异同，又可分为同频单工和异频单工，如图 4.71 所示。

半双工通信的组成与双工通信相似，移动台采用类似单工的"按讲"方式，即按下按讲开关，发射机才工作，而接收机总是工作的。

双工通信是指通信双方电台同时进行收信和发信，如图 4.72 所示。

4. 移动通信组网

移动通信采用无线蜂窝式小区覆盖和小功率发射的模式。蜂窝式组网放弃了点对点

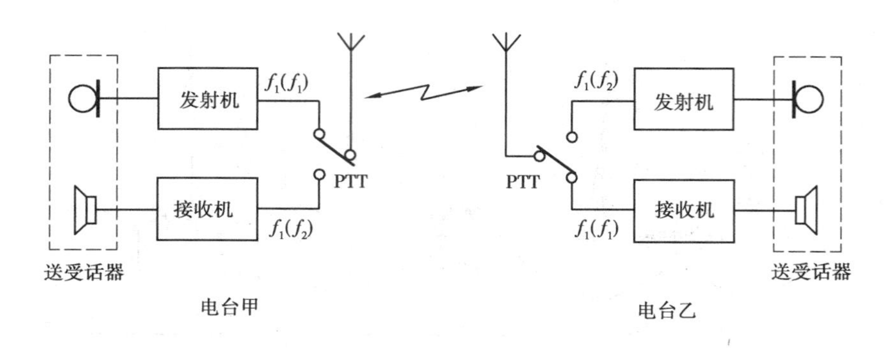

图 4.71 单工通信

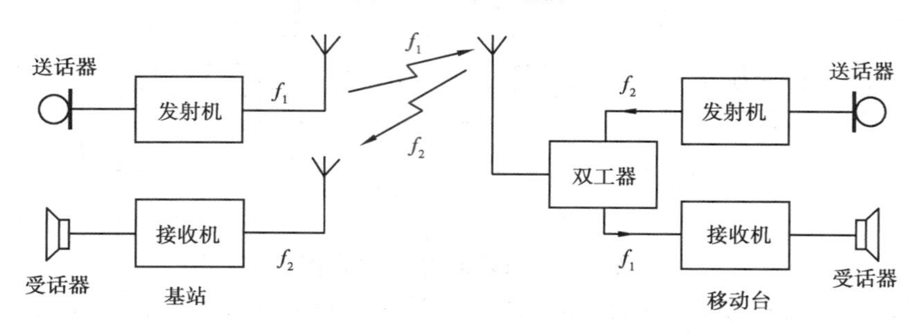

图 4.72 双工通信

传输和广播覆盖模式，把整个服务区域划分成若干个较小的区域(Cell，在蜂窝系统中称为小区)，各小区均用小功率的发射机(即基站发射机)进行覆盖，许多小区像蜂窝一样能布满(即覆盖)任意形状的服务地区，如图 4.73 所示。

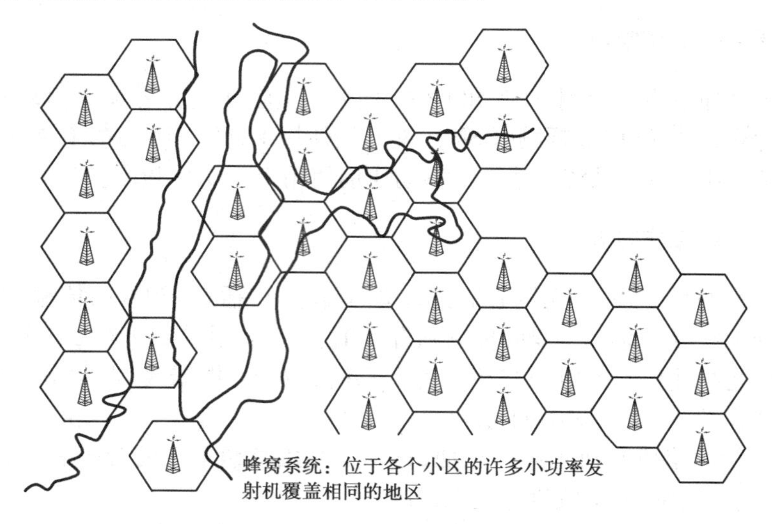

图 4.73 蜂窝移动通信小区覆盖

(1)第一代移动通信技术(1G)

改进型移动电话系统(Improved Mobile Telephone Service，IMTS)是美国贝尔实验室

于1965年在MTS的基础上所发展的汽车公用无线电话。

1982年，为了解决大区制容量饱和的问题，美国贝尔实验室发明了高级移动电话系统AMPS。AMPS提出了“小区制”“蜂窝单元”的概念，同时采用频率复用(Frequency Division Multiplexing, FDM)技术，解决了公用移动通信系统所需要的大容量与频谱资源限制的矛盾，主要实现模拟语音通信。

在100 km范围之内，IMTS每个频率上只允许一个电话呼叫；AMPS以允许100个10 km的蜂窝单元，保证每个频率上有10～15个电话呼叫。

(2)第二代移动通信技术(2G)

以GSM制式和CDMA为主。它们都是数字制式的，除了可以进行语音通信以外，还可以收发短信(短消息、SMS)、MMS(彩信、多媒体短信)、无线应用协议(WAP)等。在中国内地及台湾以GSM最为普及，CDMA和小灵通(PHS)手机也很流行。

GSM移动通信(900/1 800 MHz)，GSM工作在900/1 800 MHz频段，无线接口采用TDMA技术，核心网移动性管理协议采用MAP协议。

CDMA移动通信(800 MHz)，CDMA工作在800 MHz频段，核心网移动性管理协议采用IS－41协议，无线接口采用窄带码分多址(CDMA)技术。CDMA在蜂窝移动通信网络中的应用容量在理论上可以达到AMPS容量的20倍。CDMA可以同时区分并分离多个同时传输的信号。CDMA有以下特点：抗干扰性好、抗多径衰落、保密安全性高、容量质量之间可以权衡取舍、同频率可在多个小区内重复使用。

(3)第三代移动通信技术(3G)

第三代移动通信技术(3rd-generation，3G)，是指支持高速数据传输的蜂窝移动通讯技术。3G技术发展历程如图4.74所示。

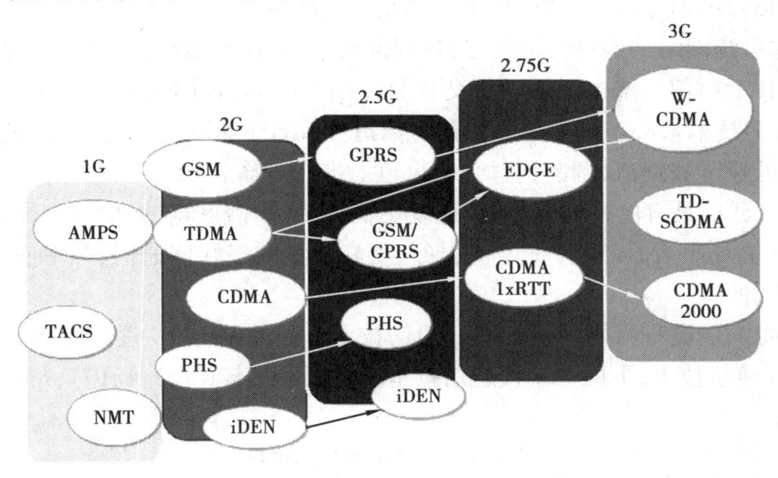

图4.74　3G技术发展历程

3G服务能够同时传送声音及数据信息，速率一般在几百kbit/s以上。第三代移动通信(3G)可以提供所有2G的信息业务，同时保证更快的速度，以及更全面的业务内容，如移动办公、视频流服务等。

3G的主要特征是可提供移动宽带多媒体业务，包括高速移动环境下支持144 kbit/s

速率,步行和慢速移动环境下支持 384 kbit/s 数据传输速率,室内环境则应达到 2 Mbit/s 的数据传输速率,同时保证可靠的服务质量。

人们发现从 2G 直接跳跃到 3G 存在较大的难度,于是出现了一个 2.5G(也有人称后期 2.5G 为 2.75G)的过渡阶段。

目前我国主要采用 TD-SCDMA,W-CDMA 和 CDMA2000 三种 3G 标准,关于三种标准的内容见表 4.9。关于 3 种标准的详细内容将在后续课程中进行学习。

表 4.9 3 种 3G 标准主要技术对比表

技术标准	TD-SCDMA	W-CDMA	CDMA2000
上行速率	2.8 Mbit/s	14.4 Mbit/s	1.8 Mbit/s
下行速率	384 kbit/s	5.76 Mbit/s	3.1 Mbit/s
部署国家	中国、缅甸、非洲建有试验网,小规模放号	100 多个国家,258 张网络	62 个国家
简评	中国自有 3G 技术,获政府支持	产业链最广,全球用户最多,技术最完善	本身技术优秀,但因产业链一家独占,发展不乐观

(4)第四代移动通信技术(4G)

4G 是第四代移动通信及其技术的简称,是集 3G 与 WLAN 于一体并能够传输高质量视频图像以及图像传输质量与高清晰度电视不相上下的技术产品。4G 系统能够以 100 Mbit/s 的速度下载,比拨号上网快 2 000 倍,上传的速度也能达到 20 Mbit/s。而在用户最为关注的价格方面,4G 与固定宽带网络不相上下。此外,4G 可以在 DSL 和有线电视调制解调器没有覆盖的地方部署,然后再扩展到整个地区。

4G 移动系统网络结构可分为三层:物理网络层、中间环境层、应用网络层。

第四代移动通信系统主要是以正交频分复用(Orthogonal Frequency Division Multiplexing,OFDM)为技术核心。其主要思想是将信道分成若干正交子信道,将高速数据信号转换成并行的低速子数据流,调制到每个子信道上进行传输。

目前,4G 通信具有的特征是:通信速度更快、网络频谱更宽、通信更加灵活、智能性能更高、兼容性能更平滑、提供各种增殖服务、更高质量的多媒体通信、频率使用效率更高、通信费用更加便宜。

通信技术的发展日新月异,在中国,通信技术目前处于由 3G 逐步向 4G 过渡的阶段,正在布局 4G 通信技术,下面对 4 代通信技术进行简单比较(见表 4.10),帮助大家了解移动通信技术。

表 4.10 4 代通信技术比较

代 际	1G	2G	2.5G	3G	4G
信号类型	模拟	数字	数字	数字	数字
通信制式		GS,CDMA	GPRS	WCDMA,CDMA2000,TD-SCDMA	TD-LTE
主要功能	语音	数据	窄带	宽带	广带
典型应用	通话	短信-彩信	蓝牙	多媒体	高清

4.2.4　设备到设备通信技术(M2M技术)

M2M(Machine to Machine)即"机器对机器"的缩写,也可以理解为人与机器(Man to Machine)、机器与人(Machine to Man)等,旨在通过通信技术来实现人、机器和系统三者之间的智能化、交互式的无缝连接。M2M技术概念如图4.75所示。

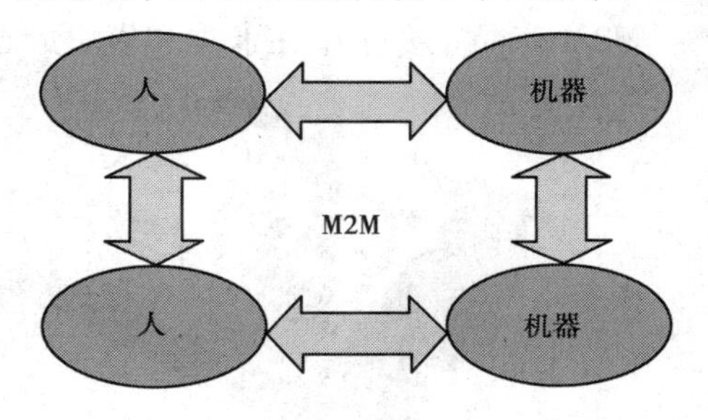

图4.75　设备到设备通信技术概念

M2M设备是能够回答包含在一些设备中的数据的请求或能够自动传送包含在这些设备中的数据的设备。M2M聚焦在无线通信网络应用上,是物联网应用的一种主要方式。

现在,M2M应用遍及电力、交通、工业控制、零售、公共事业管理、医疗、水利、石油等多个行业,涉及车辆防盗、安全监测、自动售货、机械维修、公共交通管理等领域。

1. M2M系统框架

从体系结构方面考虑,M2M系统由机器、网关、IT系统构成,从数据流的角度考虑,在M2M技术中,信息总是以相同的顺序流动,如图4.76所示。

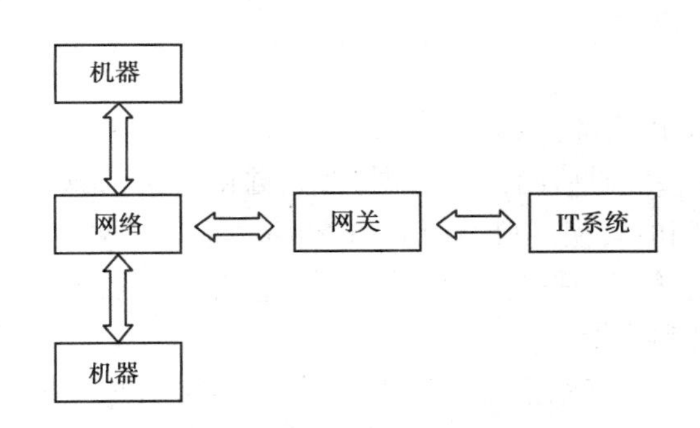

图4.76　M2M体系结构

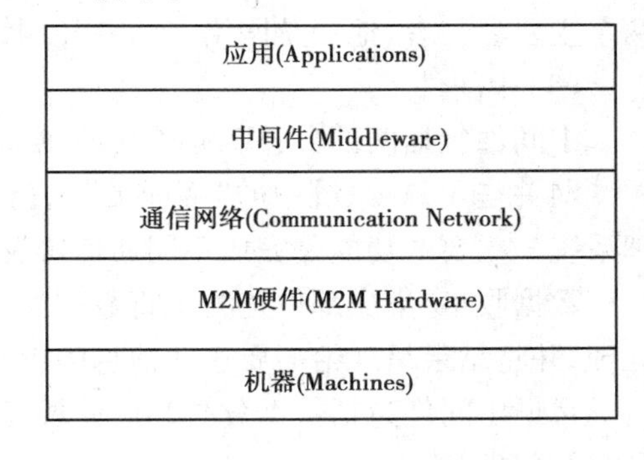

图4.77　M2M系统组成

2. M2M系统的组成部分

无论哪一种M2M技术与应用,都涉及5个重要的技术部分:机器、M2M硬件、通信网络、中间件、应用,如图4.77所示。

(1)智能化机器

实现M2M的第一步就是从机器/设备中获得数据,然后把它们通过网络发送出去。使机器"开口说话"(Talk),让机器具备信息感知、信息加工(计算能力)、无线通信能力。使机器具备"说话"能力的基本方法有两种:生产设备的时候嵌入M2M硬件;对已有机器进行改装,使其具备通信/联网能力。

(2)M2M 硬件

M2M 硬件是使机器获得远程通信和联网能力的部件。主要进行信息的提取,从各种机器/设备那里获取数据,并传送到通信网络。现在的 M2M 硬件共分为 5 种:嵌入式硬件、可组装硬件、调制解调器(Modem)、传感器、识别标识(Location Tags)。

M2M 产品主要集中在卡类和模块形态,如图 4.78 所示。

M2M PICtail™ Daughter Board
(Part # AC320011)

图 4.78 M2M 模块和卡

(3)通信网络

通信网络将信息传送到目的地,它在整个 M2M 技术框架中处于核心地位,包括广域网(无线移动通信网络、卫星通信网络、Internet、公众电话网)、局域网(以太网、无线局域网 WLAN、Bluetooth)、个域网(ZigBee、传感器网络)。在 M2M 技术框架的通信网络中,有两个主要参与者,他们是网络运营商和网络集成商。

(4)中间件

中间件包括两部分:M2M 网关、数据收集/集成部件。

网关是 M2M 系统中的“翻译员”,它获取来自通信网络的数据,将数据传送给信息处理系统。主要的功能是完成不同通信协议之间的转换。典型产品如 Nokia 的 M2M 网关。

数据收集/集成部件是为了将数据变成有价值的信息。对原始数据进行不同加工和处理,并将结果呈现给需要这些信息的观察者和决策者。

常见中间件包括数据分析和商业智能部件、异常情况报告和工作流程部件、数据仓库和存储部件等。

3. M2M 的应用

M2M 技术是一种无处不在的设备互联通信新技术,它让机器之间,人与机器之间实现超时空无缝连接,从而孕育出各种新颖的应用与服务,未来的移动互联网将是机器的物联网。

我国下一个上亿级的通信将是 M2M 通信,M2M 业务市场潜力巨大,信息化带动工业化和节能减排的国策将进一步促进 M2M 业务发展。

全球 M2M 市场迅速发展,应用经验逐步成熟。市场容量以每年 100 亿美元的速度扩大,在下一个五年中可望达到 30% 的年增长率。

M2M 的两大融合,一是指技术融合,信息技术、微机电技术、自动控制技术、传感器技术、通信技术进一步融合、创新、综合应用。二是指工业化与信息化融合，在推进工业化的过程中注重信息化建设，应用现代信息技术推进工业化进程。通过工业化应用，进一步提升信息化服务水平，形成良性循环，推动我国产业升级，由制造业大国转型为制造业强国。M2M 的两大融合如图 4.79 所示。

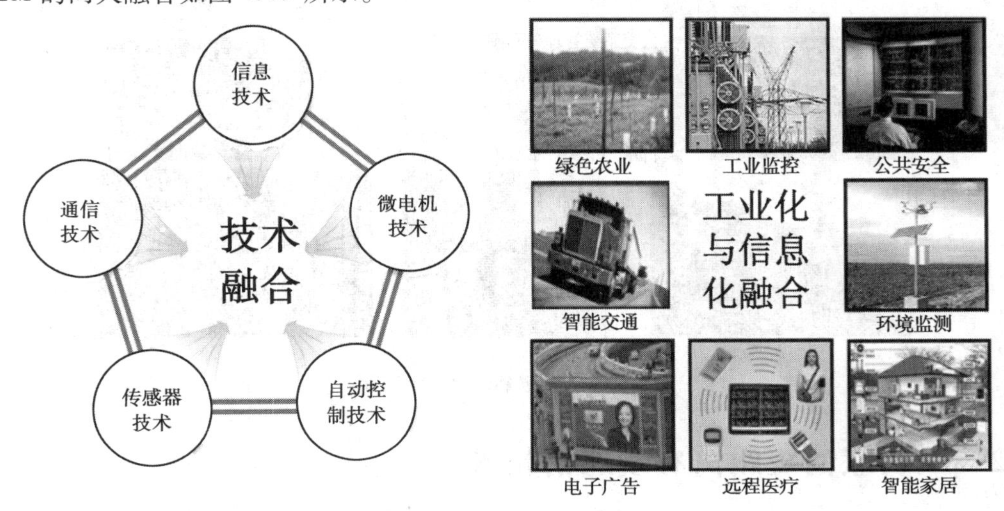

图 4.79　M2M 的两大融合

M2M 的应用非常广泛，可以用于交通领域（物流管理、定位导航）、电力领域（远程抄表和负载监控）、农业领域（大棚监控、动物溯源）、城市管理（电梯监控、路灯控制）、安全领域（城市和企业安防）、环保领域（污染监控、水土检测）、企业生产（生产监控和设备管理）、家居生活（老人和小孩看护、智能安防）等。图 4.80 所示为电力行业中 M2M 的应用，图 4.81 所示为交通行业中 M2M 的应用。

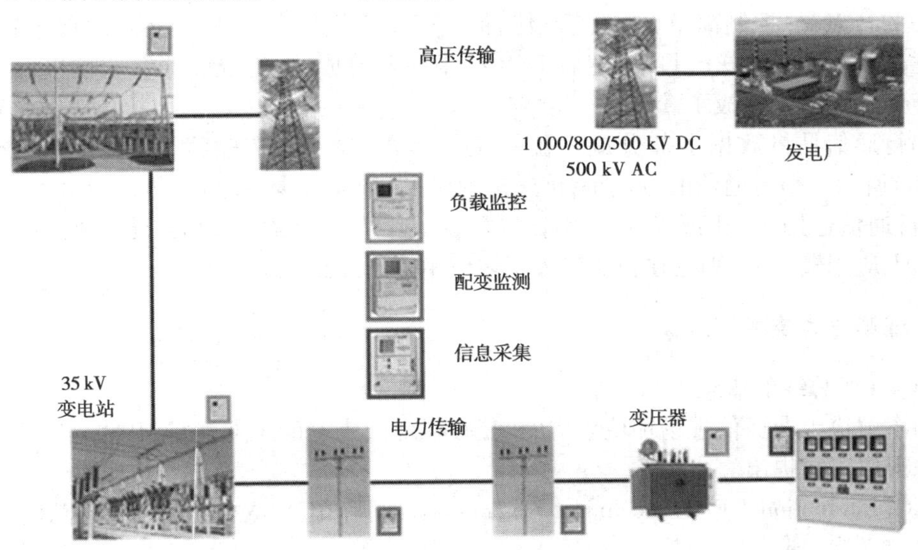

图 4.80　电力行业 M2M 应用

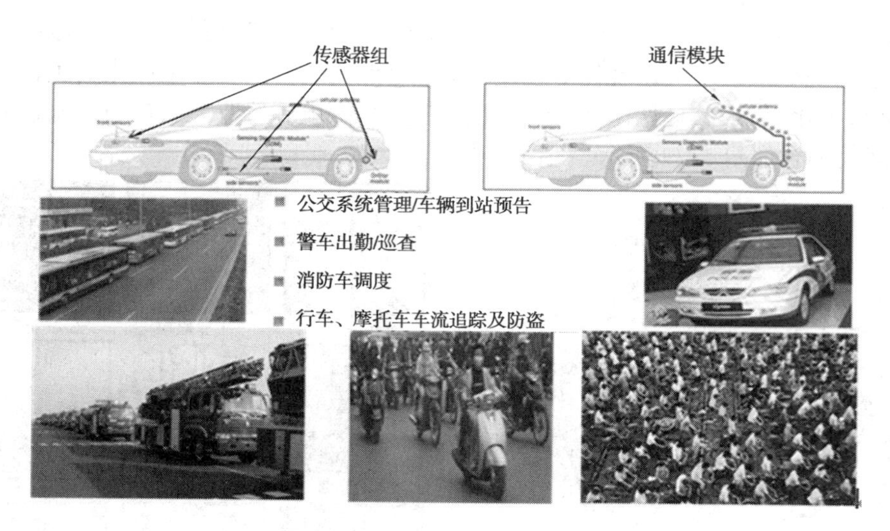

图 4.81　交通行业 M2M 应用

4.2.5　物联网短距离有线通信技术

1. 计算机通信技术

通信是人们传递信息的方式。计算机通信是将计算机技术和通信技术相结合,完成计算机与外部设备或计算机与计算机之间的信息交换。这种信息交换可分为两种方式:并行通信和串行通信。

并行通信是将数据字节的各位用多条数据线同时进行传送,如图 4.82(a)所示。并行通信的特点是:控制简单,传送速度快;但由于传输线较多,长距离传送时成本较高,因此仅适用于短距离传送。目前,随着 USB 技术的日益成熟,传统的并行通信接口在计算机主板上已经很少集成了。

串行通信是将数据字节分成一位一位的形式,在一条传输线上逐位地传送,如图 4.82(b)所示。串行通信的特点是:传送速度慢;但传输线少,长距离传送时成本较低,因此,串行通信适用于长距离传送。串行接口在单片机、其他微处理器、计算机之间的短距离通信上应用较多,特别是在智能仪表领域应用广泛。

2. 现场总线技术

(1)现场总线的概念

为了解决工业通信现场环境恶劣的问题,实现低成本的工业通信,1984 年,现场总线的概念得以正式提出。

IEC(International Electrotechnical Commission,国际电工委员会)对现场总线(Fieldbus)的定义为:现场总线是一种应用于生产现场,在现场设备之间、现场设备和控制装置之间实行双向、串形、多结点的数字通信技术。

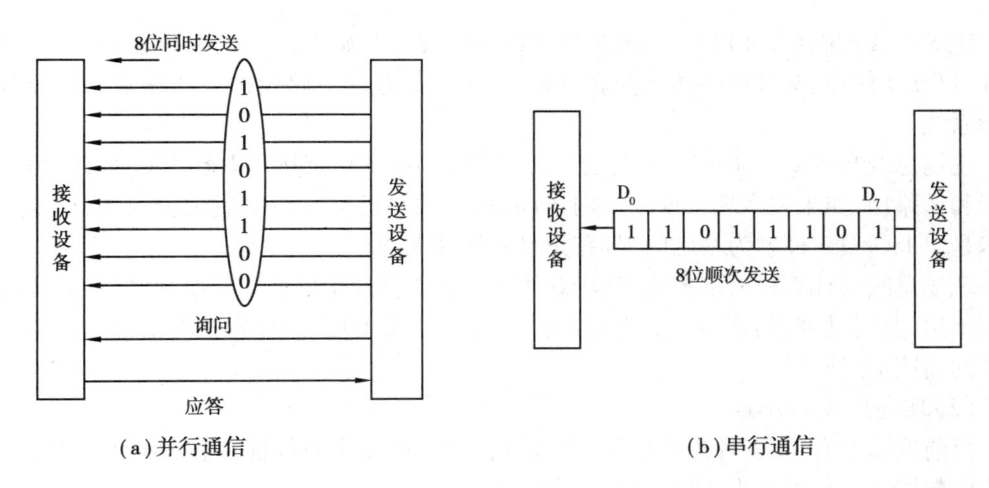

图 4.82　计算机通信方式

总线上的数据输入设备包括按钮、传感器、接触器、变送器、阀门等，传输其位置状态、参数值等数据；总线上的输出数据用于驱动信号灯、接触器、开关、阀门等，如图 4.83 所示。

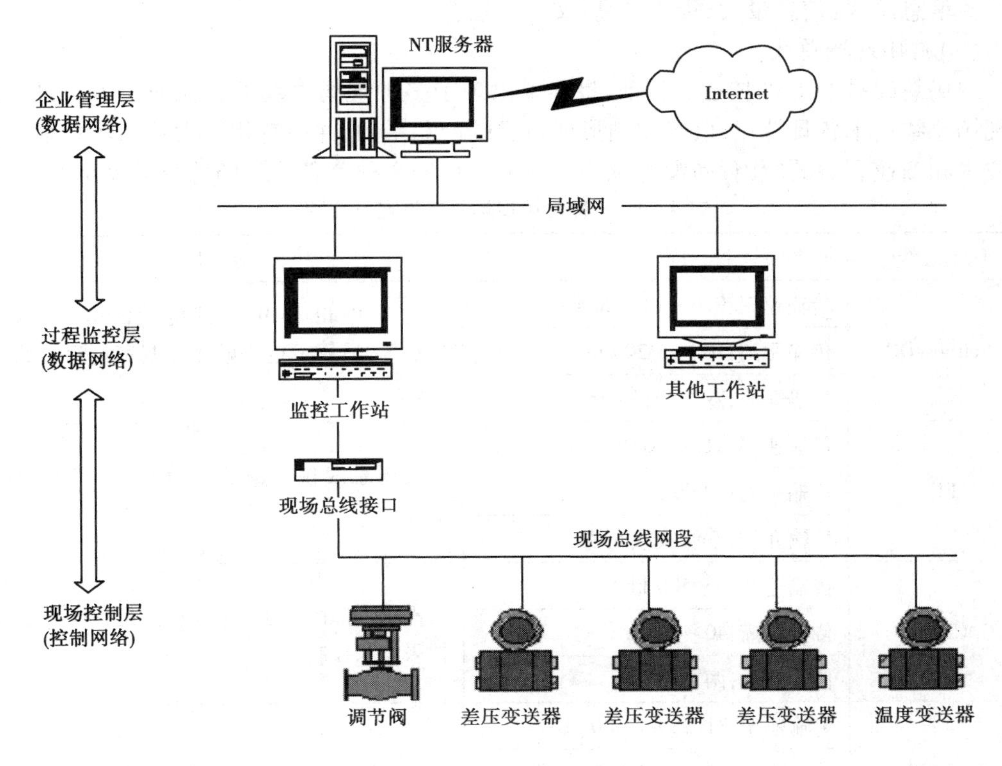

图 4.83　工业现场总线

现场总线将分散的有通信能力的测量控制设备作为网络节点，连接成能相互沟通信息，共同完成自控任务的控制网络。现场总线减少了接线与安装的复杂程度。

现场总线控制系统(FCS)是建立在现场总线技术基础上的网络结构扁平化、具有开放性、可互操作性、常规控制功能彻底分散、有统一的控制策略组态方法的新一代分散型控制系统。

现场总线与 RS232、RS485 串行通信总线相比,RS232、RS485 只能代表通信的物理介质层和链路层,如果要实现数据的双向访问,就必须自己编写通信应用和程序;现场总线技术是以 ISO/OSI 模型为基础的,具有完整的软件支持。

现场总线与计算机网络相比,现场总线是一种传输速率低的实时控制网络,其特点是短帧传送,实时性强,可靠性高,安全性好,适应工业应用环境;计算机网络是一种实时性不高的高速信息网络。

(2)现场总线的分类

目前国际上有 40 多种现场总线,但没有任何一种现场总线能覆盖所有的应用面,按其传输数据的大小可分为 4 类:

- 传感器总线:信息量小、响应快、位传输。
- 设备总线:可靠性高、响应快、字节传输。
- 控制总线:信息量大、可靠性高、信息传输。
- 信息总线:信息量大、集成度高、文件传输。

(3)常用现场总线

现场总线是 FCS 的核心。目前,世界上出现了多种现场总线的企业或国家标准。这些现场总线技术各具特点,已经逐渐形成自己的产品系列,并占有相当大的市场份额。由于技术和商业利益的原因,尚没有统一。目前流行的 8 种著名的现场总线见表 4.11。

表 4.11　8 种常用现场总线特点及应用

现场总线	特　点	应　用
Profibus-DP	传输速率:9.6 ~ 12 kbit/s	支持 Profibus-DP 总线的智能电气设备、PLC 等,适用于过程顺序控制和过程参数的监控
	传输距离:100 ~ 1 200 m	
	传输介质:双绞线或光缆	
FF	传输速率:31.25 kbit/s	现场总线仪表,执行机构等过程参数的监控
	传输距离:1 900 m	
	传输介质:双绞线或光缆	
CAN	传输速率:5 ~ 500 kbit/s	汽车内部的电子装置控制,大型仪表的数据采集和控制
	传输距离:40 ~ 500 m	
	传输介质:两芯电缆	
WorldFIP	传输速率:31.25 ~ 2 500 kbit/s	可应用于连续或断续过程的自动控制
	传输距离:500 ~ 5 000 m	
	传输介质:双绞线或光缆	

续表

现场总线	特　点	应　用
DeviceNet	传输速率:125、250、500 kbit/s	适用于电器设备和控制设备的设备级网络控制,以及过程控制和顺序控制设备等
	传输距离:100 ~ 500 m	
	传输介质:五芯电缆	
Interbus	传输速率:500 kbit/s ~ 12 Mbit/s	车间设备和 PLC 网络控制
	传输距离:100 m	
	传输介质:同轴电缆或者光缆	
ControlNet	传输速率:5 Mbit/s	车间级网络控制和 PLC 网络控制
	传输距离:100 ~ 400 m	
	传输介质:双绞线	
LonWorks	传输速率:78 ~ 1 250 kbit/s	由于智能神经元节点技术和电力载波技术,可广泛应用于电力系统和楼宇自动化
	传输距离:130 ~ 2 700 m	
	传输介质:双绞线或电力线	

(4)现场总线的应用

现场总线技术的应用领域十分广泛,凡属设备间需要数据通信的场合都需要它,如连续、离散制造业、电力、石化、冶金、纺织、造纸、智能交通、环境监测(大气、水污染监测网络)等。

在某汽车发动机车间汽车发动机质量追踪系统中,应用了德国西门子的 RFID 和 Profibus 现场总线技术、以太网、工控计算机技术,实现了对每台发动机生产过程的质量追踪功能,图 4.84 所示为硬件的组态。

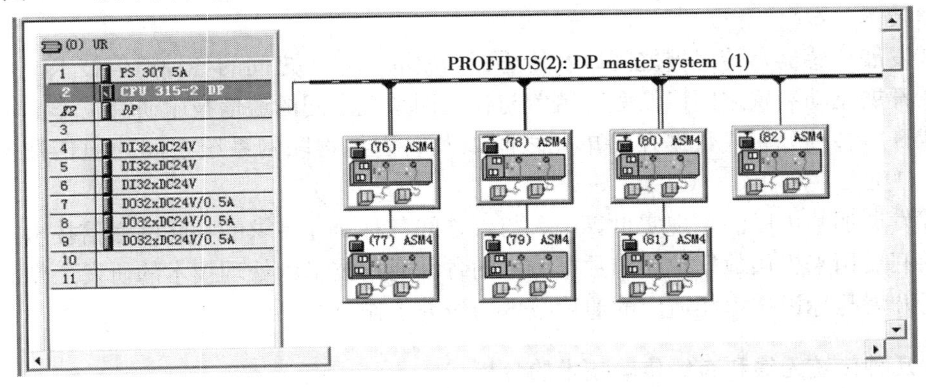

图 4.84　西门子 RFID 及其硬件组态

3. 电力线载波技术

电力线载波(Power Line Carrier,PLC)通信是利用高压电力线在电力载波领域(通常指35 kV及以上电压等级,中压电力线指10 kV电压等级或低压配电线380/220 V用户线作为信息传输媒介)进行语音或数据传输的一种特殊通信方式。

电力线载波的最大特点是不需要重新架设网络,只要有电线,就能进行数据传递。但是电力线载波通讯因为有以下缺点,导致PLC的主要应用“电力上网”未能大规模应用。

①配电变压器对电力载波信号有阻隔作用,载波信号只能在一个配电变压器区域范围内传送。

②三相电力线间有很大信号损失(10~30 dB)。

③不同信号藕合方式对电力载波信号损失不同。

④电力线存在本身就有脉冲干扰。

⑤电力线对载波信号造成高削减。

近年来电力线载波技术突破了仅限于单片机应用的限制,已经进入了数字化时代,并且随着电力线载波技术的不断发展和社会的需要,中/低压电力载波通信技术的开发及应用亦出现了方兴未艾的局面。电力线载波通信正逐渐成为一门电力通信领域乃至关系到千家万户的热门专业。

4.2.6 物联网通信技术发展趋势

1. 物联网通信技术发展趋势

在未来物联网通信技术的研究过程中,下面这些内容将是研究的重点:

①发展“物品”与“物品”之间以及“物品”与网络之间可以方便地进行信息交换的各种通信技术。

②发展传感器与传感器之间以及传感器与物联网系统之间的各种通信技术。

③开展驱动装置之间以及驱动装置与物联网系统之间的通信技术研究工作。

④开展各种分布式数据存储单元之间以及它们与物联网系统之间的通信技术研究工作。

⑤发展那些可以满足现实世界中人与人之间各种交互需求的物联网通信技术。

⑥开展用来提供数据挖掘和数据服务的各种通信技术和处理技术的研发工作。

⑦开展与标识技术相适应的通信技术的研究工作。

2. 几种传统无线和有线传输技术的分析

①Wi-Fi和蓝牙应用已经十分普及,但是功耗大,节点少,传输距离近等缺陷明显。

②RS-485、can总线、工业现场总线(如Profibus和CC-LINK等)等通信方式,需要预先布线,施工成本高,网络设备出现问题或者通信线出现问题时维护十分麻烦。

③433 MHz、315 MHz 等普通无线通信技术成本低，功耗小，但是同频干扰严重，干扰严重时会完全失效。网络容量小，一个网络多于 30 个节点就很容易出问题。信号无法远距离传输。

④电力线载波通信工程施工方便，工程成本低，但是容易受电网干扰影响，稳定性很差。

⑤GSM、GPRS、EDGE、CDMA 等通信方式稳定可靠，传输距离远，节点容量大，但是成本高，功耗大。

⑥ZigBee 模块功耗低，成本低，抗干扰性能强，传输距离远，且可以通过路由接力传输，节点容量大，是实现物联网"最后 1 公里"接入的理想选择。

每种通信技术的应用都要涉及通信协议、通信硬件、通信软件等方面的知识，需要结合相关后续课程、相关应用进行学习。

案例分析

汽车发动机热试质量追踪

（1）项目需求

汽车发动机生产线正在实施生产质量追踪系统 ETS（Engine Tracing System），这个系统要求采集所有工位的生产数据进行实时监控。由于发动机热试生产线已经建好 5 年以上，热试生产线控制系统有 4 个 CC-LINK（Control & Communication Link）从站和一个主站，从站把测试数据发送给主站，主站接收数据并在触摸屏上显示监控各个热试从站的数据。ETS 系统需要从热试主站获取每台发动机生产数据，传送给工控机（Industrial Personal Computer，IPC）存入发动机热试数据库。

（2）项目分析

热试生产线主站的主控（Programmable Logic Controller，PLC）为三菱 Q2AS（H）模块式结构 PLC，挂接 3 个 32 点数字量输入模块、2 个 32 点数字量输出模块、串行通讯模块 A1JS71QC24-R2、CC-LINK 通讯模块 A1SJ61QBTH，它是 CC-LINK 的主站模块，由它和 4 个分站的 FX32CCL 模块进行数据交换；A1JS71QC24-R2 未使用，触摸屏 A940 GOT 完成热试数据和网络状态的监控和显示。

热试 4 个从站结构相同，从站主控 PLC 为三菱 FX2N 整体结构 80 个 I/O 点的 PLC，均扩展了两个 FX2N-4AD、1 个 FX2N-4AD-PT（PT100）、1 个 FX2N-4AD-TC（热电偶）共 4 个模拟量模块，完成热试数据的采集。1 个 CC-LINK 通讯模块 FX2N-32CCL 完成和主站通讯。

从图 4.85 和图 4.86 分析，原热试系统的测试数据都经过 CC-LINK 网络传送给主站，PLC 可以从主站读取每个台架的数据进行在线监控。但是这些测试数据不能储存，无法用于质量跟踪。如何识别每台发动机并把每台发动机的热试数据发送到工控机 IPC 是解决问题的关键。发动机的识别可以采取两种方法。在汽车生产线的总装、分装等生产线上采用西门子 Radio Frequency Identification（RFID）即射频识别技术（电子标签）进行识别并储存生产数据，但是由于在热试现场 RFID 安装较困难，实现成本较高。基于热试线已有的软硬件情况,采取了一种高性价比的处理方案:每个从站增加条码枪扫描发动机条码,由 4 个分站发送条码和测试数据给主站,然后在主站对条码和测试数据进行组合,组合后的数据按照预定格式通过 A1JS71C24-R2 的通道 2 发送给工控机 IPC。

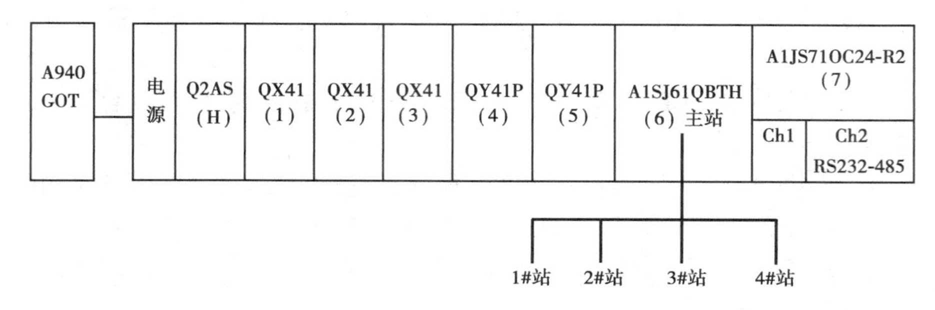

图 4.85　热试生产线控制系统框图

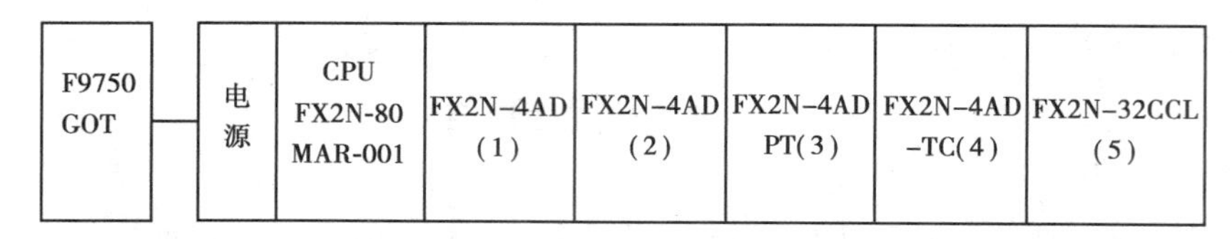

图 4.86　热试从站控制系统硬件结构框图

(3)项目解决方案

①硬件修改

在从站的 FX2N 的通讯端口上扩展一个 FX2N-232IF 通信接口,用于连接条码枪。此通讯模块非常便宜,安装方便,编程容易,能够很好地完成条码识别任务。

采用 A1JS71OC24R2 的通道 2 进行所需数据的采集,由于接口为 RS-232,故转换为 RS－485,完成和工控机的通讯,传输所需数据。硬件修改如图 4.87 虚线部分。

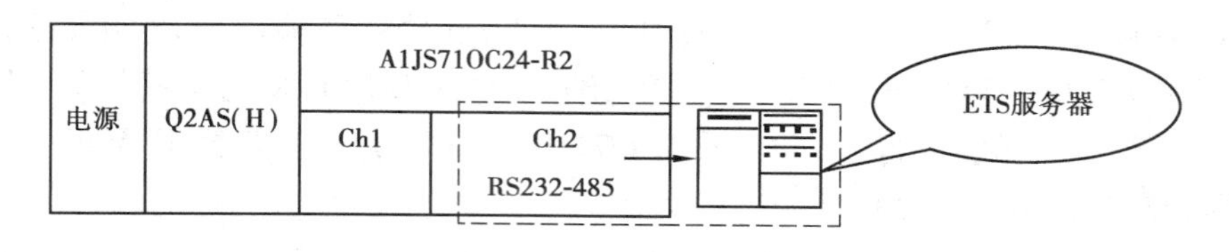

图 4.87　热试总控 PLC 硬件修改连接图

修改 A1JS71QC24-R2 硬件参数的站号(station no.)为 2,数据位 7 位,2 位停止位和无奇偶校验,9 600 bps。

②软件修改

根据数据采集要求,将从站上获取的发动机热试数据(水温、油温、压力等参数和热试时间)通过 CC-LINK 总线发送给主站。主站接收各个从站的数据,将数据打包后通过 RS485 总线发送给工控主机。

③工控机端数据处理

工控机端采用 VC ++ 编程获取数据,采用 VB + ORACLE 数据库编写数据处理程序完成数据的存储、查询和统计。数据的查询采用 B/S(Browse/Server)模式,基于生产线以太网系统,管理人员坐在办公室即可查看整个生产线的生产情况。如果某台发动机出了售后故障,根据条码即可查询当时的生产信息,从而跟踪到操作员工和操作时间,明确责任人,从而较好地实现了管控一体化的目标。图 4.88 就是一台发动机热试的转速趋势图,低速和 3 个高速峰值显示明显,表明发动机热试的测试工序正确,时间 3.5 分钟表示热试时间完整,没有发生因为操作人员想节约单台发动机热试时间而缩短时间的情况,整个热试是正常完成的。

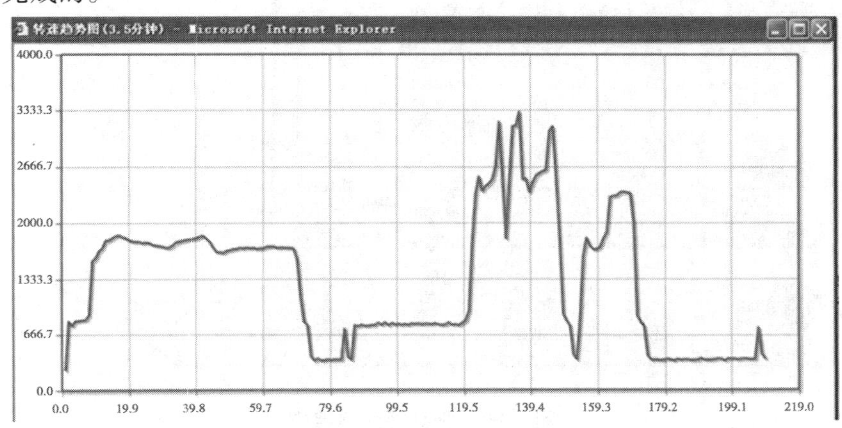

图 4.88　热试转速趋势线图

(4)项目总结

在本项目实施过程中,采用了现场总线通信技术、RS485 通信技术和工业以太网技术等通信技术,采用了数据库技术、PLC 技术以及上位机软件开发技术,以较低的成本实现了工业生产的实时监控,表明物联网应用可以采用多种技术方法实现,需要根据控制要求选择高性价比的技术方案,实现企业的升级改造要求。

技能练习

1. 用交换机组建一个小型局域网。
2. 将一台 PC 机通过 ADSL 接入 Internet。
3. 构建基础架构模式的无线网络。
4. 使用手机的蓝牙功能,发送各自的手机号码。
5. 下载安装 Windows 版的 TinyOS。

4.3　物联网应用层技术

应用层侧重于对感知层采集数据的计算、处理和知识挖掘,从而达到对物理世界实时控制、精确管理和科学决策的目的。

从图4.89物联网网络架构可知，应用层包括应用基础设施/中间件和各种物联网应用。应用基础设施/中间件为物联网应用提供信息处理、计算等通用基础服务设施、能力及资源调用接口，以此为基础实现物联网在众多领域的各种应用。下面主要介绍物联网中间件和云计算技术。

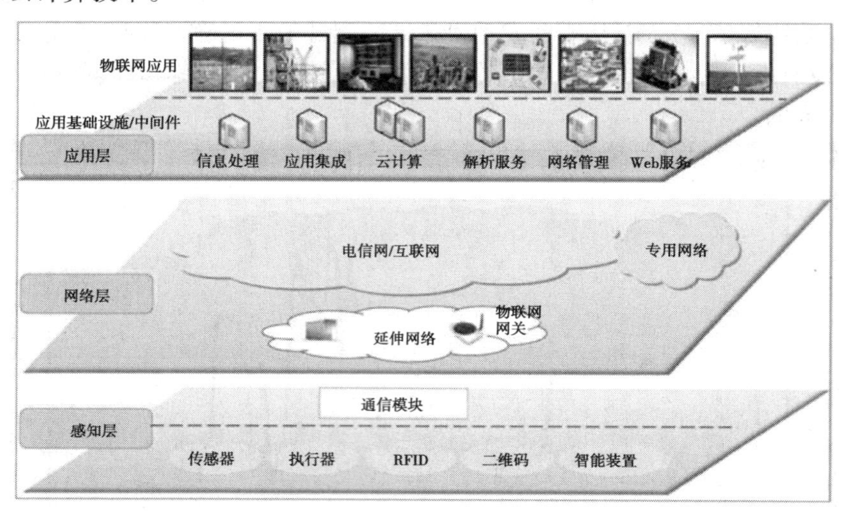

图4.89 物联网网络架构

4.3.1 物联网中间件

物联网中间件是一种独立的系统软件或服务程序，中间件将许多可以公用的能力进行统一封装，提供给物联网应用使用。从本质上看，物联网中间件是物联网应用的共性需求（感知、互联互通和智能），与已存在的各种中间件及信息处理技术，包括信息感知技术、下一代网络技术、人工智能与自动化技术的聚合与技术提升。

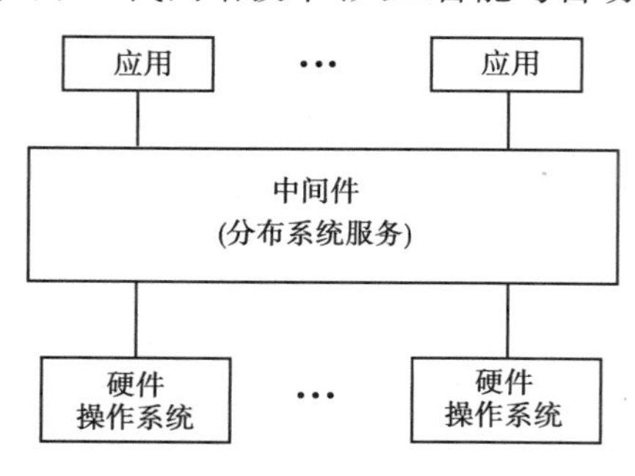

图4.90 中间件示意图

当前，一方面，受限于底层不同的网络技术和硬件平台，物联网中间件研究主要还集中在底层的感知和互联互通方面，现实目标包括屏蔽底层硬件及网络平台差异，支持物联网应用开发、运行时共享和开放互联互通，保障物联网相关系统的可靠部署与可靠管理等内容；另一方面，当前物联网应用复杂度和规模还处于初级阶段，物联网中间件支持大规模物联网应用还存在环境复杂多变、异构物理设备、远距离多样式无线通信、大规模部署、海量数据融合、复杂事件处理、综合运维管理等诸多仍未克服的障碍。中间件示意图如图4.90所示。

下面将按物联网底层感知及互联互通和面向大规模物联网应用两方面介绍当前物联

网中间件的相关研究现状：在物联网底层感知与互联互通方面，EPC、OPC 中间件相关规范已经过多年的发展，相关商业产品在业界已被广泛接受和使用；WSN 中间件，以及面向开放互联的 OSGi 中间件，正处于研究热点。在大规模物联网应用方面，面对海量数据实时处理的需求，传统面向服务的中间件技术将难以发挥作用，而事件驱动架构、复杂事件处理 CEP 中间件则是物联网大规模应用的核心研究内容之一。

基于目的和实现机制的不同，业内将中间件分为以下几类：

- 远程过程调用中间件（Remote Procedure Call）
- 面向消息的中间件（Message-Oriented Middleware）
- 对象请求代理中间件（Object Request Brokers）

几类中间件可向上提供不同形式的通信服务，在这些基本的通信平台之上，可构筑各种框架，为应用程序提供不同领域内的服务，如事务处理监控器、分布数据访问、对象事务管理器等。

物联网中间件发展的 3 个阶段：

- 应用程序中间件阶段（Application Middleware）
- 架构中间件阶段（Infrastructure Middleware）
- 解决方案中间件阶段（Solution Middleware）

目前，物联网中间件最主要的代表是 EPC、OPC、WSN、OSGI、CEP 等中间件，其他的还有嵌入式中间件、数字电视中间件、通用中间件、M2M 物联网中间件等。

1. EPC 中间件

EPC（Electronic Product Code）中间件扮演电子产品标签和应用程序之间的中介角色。应用程序使用 EPC 中间件所提供的一组通用应用程序接口，即可连到 RFID 读写器，读取 RFID 标签数据。基于此标准接口，即使存储 RFID 标签数据的数据库软件或后端应用程序增加或改由其他软件取代，或者读写 RFID 读写器种类增加等情况发生时，应用端不需修改也能处理，省去多对多连接的维护复杂性问题。

在 EPC 电子标签标准化方面，美国率先成立了 EPCGlobal（电子产品代码环球协会）。参加的有全球最大的零售商沃尔玛连锁集团、英国 Tesco 等 100 多家美国和欧洲的流通企业，并由美国 IBM 公司、微软、麻省理工学院自动化识别系统中心等信息技术企业和大学进行技术研究支持。EPCGlobal 体系结构参考模型如图 4.91 所示。

EPCGlobal 主要针对 RFID 编码及应用开发规范方面进行研究，其主要职责是在全球范围内对各个行业建立和维护 EPC 网络，保证供应链各环节信息的自动、实时识别采用全球统一标准。EPC 技术规范包括标签编码规范、射频标签逻辑通信接口规范、识读器参考实现、Savant 中间件规范、ONS 对象名解析服务规范、PML 语言等内容。其中：

①EPC 标签编码规范通过统一的、规范化的编码来建立全球通用物品信息交换语言。

②EPC 射频标签逻辑通信接口规范制定了 EPC（Class 0- ReadOnly，Class 1- Write Once，Read Many，Class 2/3/4）标签的空中接口与交互协议。

③EPC 标签识读器提供一个多频带低成本 RFID 标签识读器参考平台。

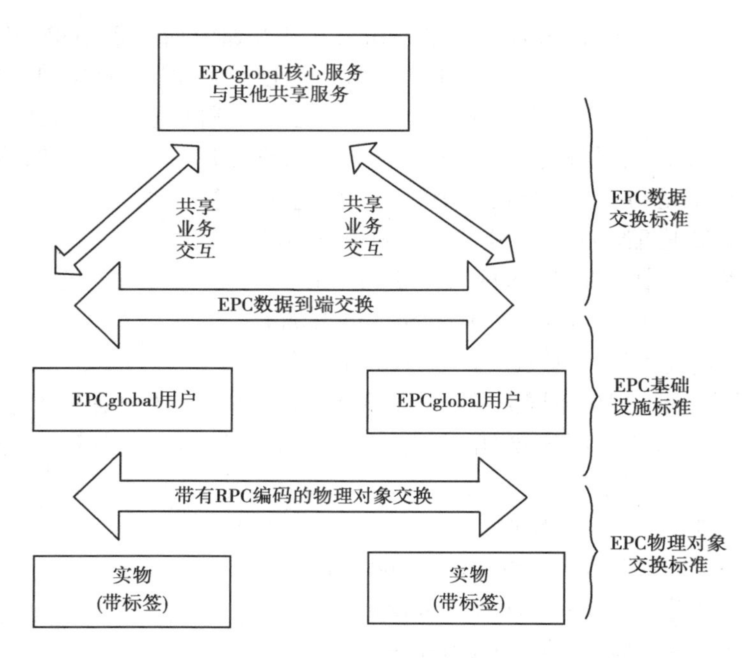

图 4.91 EPCGlobal 体系结构参考模型

④Savant 中间件规范,支持灵活的物体标记语言查询,负责管理和传送产品电子标签相关数据,可对来自不同识读器发出的海量标签流或传感器数据流进行分层、模块化处理。

⑤ONS 本地物体名称解析服务规范能够帮助本地服务器吸收用标签识读器侦测到的 EPC 标签的全球信息。

⑥物体标记语言(PML)规范,类似于 XML,可广泛应用在存货跟踪、事务自动处理、供应链管理、机器操纵和物对物通讯等方面。

在国际上,目前比较知名的 EPC 中间件厂商有 IBM、Oracle、Microsoft、SAP、Sun(Oracle)、Sybase、BEA(Oracle)等,他们的产品部分或全部遵照 EPCGlobal 规范实现,在稳定性、先进性、海量数据的处理能力方面都比较完善,已经得到了企业的认同,并可以和其他 EPC 系统进行无缝对接和集成。

2. OPC 中间件

OPC(OLE for Process Control, 用于过程控制的 OLE)是一个面向开放工控系统的工业标准。管理这个标准的国际组织是 OPC 基金会,它由一些世界上占领先地位的自动化系统、仪器仪表及过程控制系统公司与微软紧密合作而建立,主要开展面向工业信息化融合方面的研究,目标是促使自动化/控制应用、现场系统/设备和商业/办公室应用之间具有更强大的互操作能力。OPC 基于微软的 OLE(Active X)、COM (构件对象模型)和 DCOM (分布式构件对象模型)技术,包括一整套接口、属性和方法的标准集,用于过程控制和制造业自动化系统,现已成为工业界系统互联的缺省方案。

OPC 诞生以前,硬件的驱动器和与其连接的应用程序之间的接口并没有统一的标准。例如,在工厂自动化领域,连接 PLC(Programmable Logic Controller)等控制设备和 SCADA/HMI 软件,需要不同的网络系统构成。根据某调查结果,在控制系统软件开发的所需费用中,各种各样机器的应用程序设计占费用的 7 成,而开发机器设备间的连接接口则占了 3 成。此外,过程自动化领域,当希望把分布式控制系统(DCS-Distributed Control System)中所有的过程数据传送到生产管理系统时,必须按照各个供应厂商的各个机种开发特定的接口花费大量时间。

OPC 的诞生,为不同供应厂商的设备和应用程序之间的软件接口提供了标准化,使得相互间的数据交换更加简单化。作为结果,可以向用户提供不依靠于特定开发语言和开发环境就能自由组合使用的过程控制软件组件产品。

OPC 是连接数据源(OPC 服务器)和数据使用者(OPC 应用程序)之间的软件接口标准。数据源可以是 PLC、DCS、条形码读取器等控制设备。随控制系统构成的不同,作为数据源的 OPC 服务器即可以是和 OPC 应用程序在同一台计算机上运行的本地 OPC 服务器,也可以是在另外的计算机上运行的远程 OPC 服务器。

如图 4.92 所示,OPC 接口是适用于很多系统的具有高厚度柔软性的接口标准。OPC 接口既可以适用于通过网络把最下层的控制设备的原始数据提供给作为数据使用者(OPC 应用程序)的 HMI(硬件监控接口)/SCADA、批处理等自动化程序,以至更上层的历史数据库等应用程序,也可以适用于应用程序和物理设备的直接连接。

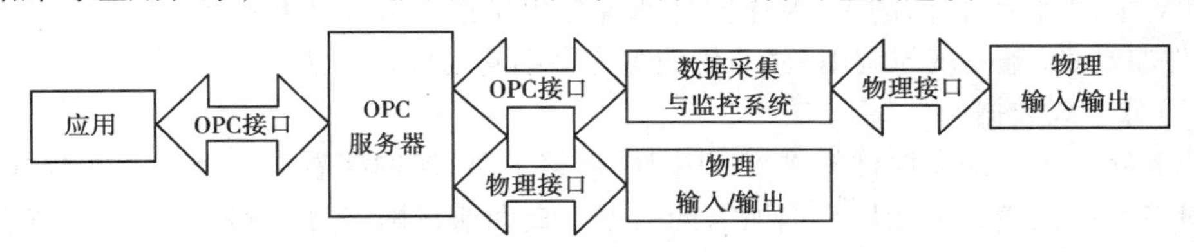

图 4.92　OPC 客户机/服务器运行关系示意图

OPC 统一架构(OPC Unified Architecture)是 OPC 基金会最新发布的数据通信统一方法,它克服了 OPC 之前不够灵活、平台局限等问题,涵盖了 OPC 实时数据访问规范(OPC DA)、OPC 历史数据访问规范(OPC HDA)、OPC 报警事件访问规范(OPC A&E)和 OPC 安全协议(OPC Security)的不同方面,使数据采集、信息模型化以及工厂底层与企业层面之间的通讯更加安全、可靠。其架构如图 4.93 所示。

3. WSN 中间件

无线传感器网络不同于传统网络,具有自己独特的特征,如有限的能量、通信带宽、处理和存储能力、动态变化的拓扑、节点异构等。在这种动态、复杂的分布式环境上构建应用程序并非易事。相比 RFID 和 OPC 中间件产品的成熟度和业界的广泛应用程度,WSN 中间件还处于初级研究阶段,所需解决的问题也更为复杂。

WSN 中间件主要用于支持基于无线传感器应用的开发、维护、部署和执行,其中包括复杂高级感知任务的描述机制,传感器网络通信机制,传感器节点之间的协调以便在各传

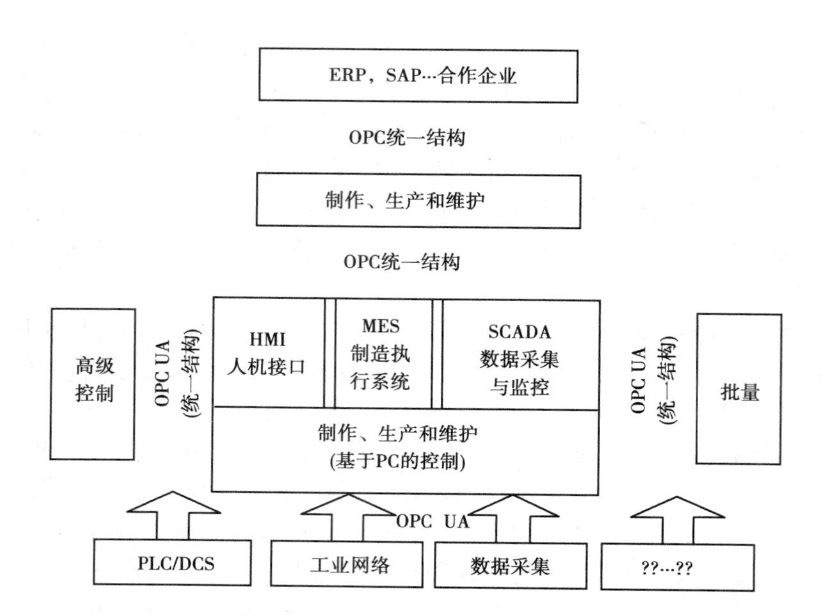

图 4.93 OPC 开放分层式统一架构

感器节点上分配和调度某任务，对合并的传感器感知数据进行数据融合以得到高级结果，并将所得结果向该任务指派者进行汇报等机制。

针对上述目标，目前的 WSN 中间件研究提出了诸如分布式数据库、虚拟共享元组空间、事件驱动、服务发现与调用、移动代理等许多不同的设计方法。

(1)分布式数据库

基于分布式数据库设计的 WSN 中间件把整个 WSN 网络看成一个分布式数据库，用户使用类 SQL 的查询命令以获取所需的数据。查询通过网络分发到各个节点，节点判定感知数据是否满足查询条件，决定数据的发送与否。典型实现如 Cougar，TinyDB，SINA 等。分布式数据库方法把整个网络抽象为一个虚拟实体，屏蔽了系统分布式问题，使开发人员摆脱了对底层问题的关注和烦琐的单节点开发。然而，建立和维护一个全局节点和网络抽象需要整个网络信息，这也限制了此类系统的扩展。

(2)虚拟共享元组空间

所谓虚拟共享元组空间就是分布式应用利用一个共享存储模型，通过对元组的读、写和移动以实现协同。在虚拟共享元组空间中，数据被表示为称为元组的基本数据结构，所有的数据操作与查询看上去像是本地查询和操作一样。虚拟共享元组空间通信范式在时空上都是去耦的，不需要节点的位置或标志信息，非常适合具有移动特性的 WSN，并具有很好的扩展性。但它的实现对系统资源要求也相对较高，与分布式数据库类似，考虑到资源和移动性等的约束，把传感器网络中所有连接的传感器节点映射为一个分布式共享元组空间并非易事。典型实现包括 TinyLime、Agilla 等。

(3)事件驱动

基于事件驱动的 WSN 中间件支持应用程序指定感兴趣的某种特定的状态变化。当传感器节点检测到相应事件的发生就立即向相应程序发送通知。应用程序也可指定一个复合事件,只有发生的事件匹配了此复合事件模式才通知应用程序。这种基于事件通知的通信模式,通常采用 Pub/Sub 机制,可提供异步的、多对多的通信模型,非常适合大规模的 WSN 应用,典型实现包括 DSWare、Mires、Impala 等。尽管基于事件的范式具有许多优点,然而在约束环境下的事件检测及复合事件检测对于 WSN 仍面临许多挑战,事件检测的时效性、可靠性及移动性支持等仍值得进一步的研究。

(4)服务发现

基于服务发现机制的 WSN 中间件,可使得上层应用通过使用服务发现协议,来定位可满足物联网应用数据需求的传感器节点。例如,MiLAN 中间件可由应用根据自身的传感器数据类型需求,设定传感器数据类型、状态、QoS 以及数据子集等信息描述,通过服务发现中间件在传感器网络中的任意传感器节点上进行匹配,寻找满足上层应用的传感器数据。MiLAN 甚至可为上层应用提供虚拟传感器功能,例如通过对两个或多个传感器数据进行融合,以提高传感器数据质量等。由于 MiLAN 采用传统的 SDP、SLP 等服务发现协议,这对资源受限的 WSN 网络类型来说具有一定的局限性。

(5)移动代理

移动代理(或移动代码)可以被动态注入并运行在传感器网络中。这些可移动代码可以收集本地的传感器数据,然后自动迁移或将自身拷贝至其他传感器节点上运行,并能够与其他远程移动代理(包括自身拷贝)进行通信。SensorWare 是此类中间件的典型,基于 TCL 动态过程调用脚本语言实现。

除上述提到的 WSN 中间件类型外,还有许多针对 WSN 特点而设计的其他方法。另外,在无线传感器网络环境中,WSN 中间件和传感器节点硬件平台(如 ARM、Atmel 等)、适用操作系统(TinyOS、ucLinux、Contiki OS、Mantis OS、SOS、MagnetOS、SenOS、PEEROS、AmbitentRT、Bertha 等)、无线网络协议栈(包括链路、路由、转发、节能)、节点资源管理(时间同步、定位、电源消耗)等功能联系紧密,但由于篇幅关系,本文对上述内容不做赘述。

4. OSGi 中间件

OSGi(Open Services Gateway initiative)是一个 1999 年成立的开放标准联盟,旨在建立一个开放的服务规范,一方面,通过网络向设备提供服务建立开放的标准,另一方面,为各种嵌入式设备提供通用的软件运行平台,以屏蔽设备操作系统与硬件的区别。OSGi 规范基于 Java 技术,可为设备的网络服务定义一个标准的、面向组件的计算环境,并提供已开发的诸如 Http 服务器、配置、日志、安全、用户管理、XML 等很多公共功能标准组件。OSGi 组件可以在无须网络设备重启下被设备动态加载或移除,以满足不同应用的不同需求。

OSGi 规范的核心组件是 OSGi 框架,如图4.94所示,该框架为应用组件(bundle)提供了一个标准运行环境,包括允许不同的应用组件共享同一个 Java 虚拟机,管理应用组件的生命期(动态加载、卸载、更新、启动、停止等)、Java 安装包、安全、应用间依赖关系、服务注册与动态协作机制、事件通知和策略管理的功能。

基于 OSGi 的物联网中间件技术早已被广泛应用到手机和智能 M2M 终端上,在汽车业(汽车中的嵌入式系统)、工业自动化、智能楼宇、网格计算、云计算、各种机顶盒、Telem-

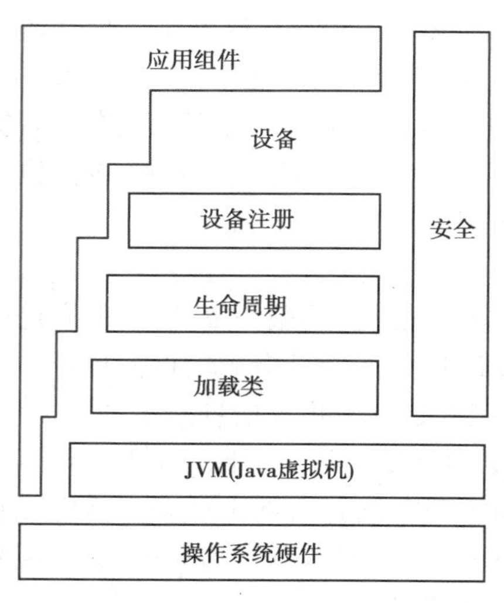

图 4.94 OSGi 框架及组件运行环境

atics 等领域都有广泛应用。有业界人士认为，OSGi 是“万能中间件”(Universal Middleware)，可以毫不夸张地说，OSGi 中间件平台一定会在物联网产业发展过程中大有作为。

5. CEP 中间件

复杂事件处理(Complex Event Progressing，CEP)技术是 20 世纪 90 年代中期由斯坦福大学的 David Luckham 教授提出的一种新兴的基于事件流的技术，它将系统数据看作不同类型的事件，通过分析事件间的关系如：成员关系、时间关系、因果关系、包含关系等，建立不同的事件关系序列库，即规则库，利用过滤、关联、聚合等技术，最终由简单事件产生高级事件或商业流程。不同的应用系统可以通过它得到不同的高级事件。

复杂事件处理技术可以实现从系统中获取大量信息，进行过滤组合，继而判断推理决策的过程。这些信息统称事件，复杂事件处理工具提供规则引擎和持续查询语言技术来处理这些事件。同时工具还提供从各种异构系统中获取这些事件的能力。获取的手段可以是从目标系统中去取，也可以是已有系统把事件推送给复杂事件处理工具。

物联网应用的一大特点，就是对海量传感器数据或事件的实时处理。当为数众多的传感器节点产生出大量事件时，必定会让整个系统效能有所延迟。如何有效管理这些事件，以便能更有效的快速回应，已成为物联网应用急需解决的重要议题。

由于面向服务的中间件架构无法满足物联网的海量数据及实时事件处理需求，物联网应用服务流程开始向以事件为基础的 EDA 架构(Event-Driven Architecture)演进。物联网应用采用事件驱动架构的主要目的是使得物联网应用系统能针对海量传感器事件，在很短的时间内立即作出反应。事件驱动架构不仅可以依数据/事件发送端决定目的，更可以动态依据事件内容决定后续流程。

复杂事件处理代表一个新的开发理念和架构，具有很多特征，例如分析计算是基于数据流而不是简单数据的方式进行的。它不是数据库技术层面的突破，而是整个方法论的突破。目前，复杂事件处理中间件主要面向金融、监控等领域，包括 IBM 流计算中间件 InfoSphere Streams(见图 4.95)，以及 Sybase、Tibico 等的相关产品。

6. 其他相关中间件

物联网提出的任何时刻、任何地点、任意物体之间的互联(Any Time、Any Place、Any Things Connection)，无所不在的网络(Ubiquitous Networks)和无处不在的计算的发展愿景，在某种程度上，与普适计算的核心思想是一致的。普适计算(Ubiquitous Computing 或 Pervasive Computing)，又称普存计算、普及计算，是一个强调和环境融为一体的计算概念，

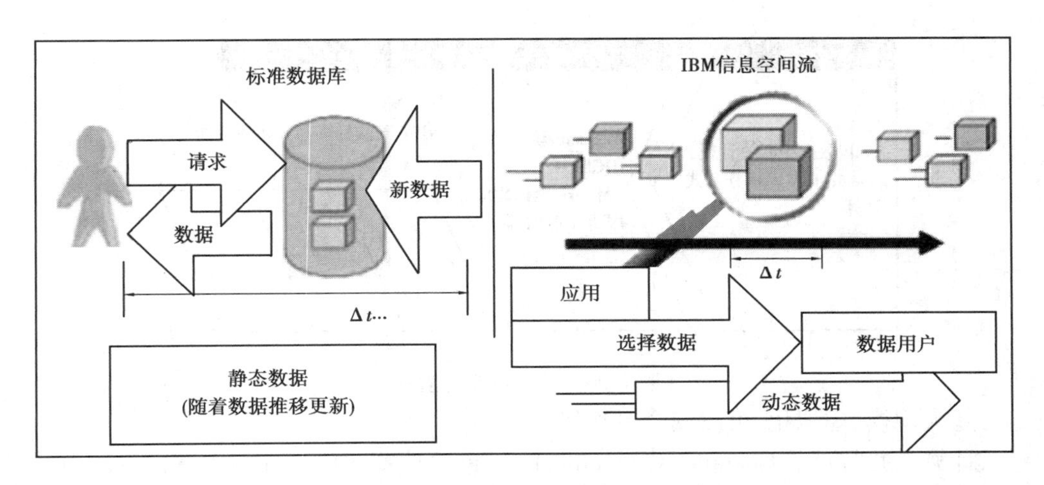

图 4.95 IBM 流计算中间件与标准数据库处理流程对比

而计算机本身则从人们的视线里消失。在普适计算的模式下,人们能够在任何时间、任何地点、以任何方式进行信息的获取与处理。有关普适计算中间件及物联网应用方面的研究内容,可参阅其他相关文献,本文不再赘述。

另外,由于行业应用的不同,即使是 RFID 应用,也可能因其应用在商场、物流、健康医疗、食品回溯等不同领域,而具有不同的应用架构和信息处理模型。针对智能电网、智能交通、智能物流、智能安防、军事应用等领域的物联网中间件,也是当前物联网中间件研究的热点内容。由于篇幅关系,上述相关研究内容,本文也不再赘述。

物联网应用需求对现有中间件带来了巨大的挑战,这主要体现在物联网资源环境受限、系统规模庞大、设备异构及网络动态性、数据过滤与整合、系统安全等方面。

随着技术的深入研究,未来的物联网中间件必将能够以更有效的机制支持传感器节点的低功耗通信并延长传感器节点的寿命,能够支持在网络动态变化情况下维持整个系统的性能和健壮性,能够屏蔽各种异构硬件、软件、网络带来的差异,能够在可靠性、能量消耗以及系统响应速度之间进行有效折中,能够支持物联网服务的动态发现以及动态定位,能够对海量数据进行数据融合并剔除冗余数据,能够在面向领域的特性需求与中间件共性服务之间实现平衡,并能应对越来越多的安全方面的挑战!

4.3.2 云计算

1. 云计算的概念

云计算的概念是由 Google 提出的一种网络应用模式。关于云计算概念的发展可以分为 3 个阶段,如图 4.96 所示。

狭义云计算是指 IT 基础设施的交付和使用模式,通过网络以按需、易扩展的方式获得所需的资源。广义云计算是指服务的交付和使用模式,通过网络以按需、易扩展的方式获得所需的服务。这种服务可以是 IT 和软件、互联网相关的,也可以是任意其他的服务,

图 4.96 云计算概念演进

它具有超大规模、虚拟化、可靠安全等独特功效。

云计算是并行计算(Parallel Computing)、分布式计算(Distributed Computing)和网格计算(Grid Computing)的发展,或者说是这些计算机科学概念的商业实现。云计算是虚拟化(Virtualization)、效用计算(Utility Computing)、IaaS(基础设施即服务)、PaaS(平台即服务)、SaaS(软件即服务)等概念混合演进并跃升的结果。

由于云计算尚处于发展过程当中,对于云计算的理解也是千差万别,可以从以下 4 个角度进行理解:规模化、自助化、精细化和专业化角度,如图 4.97 所示。

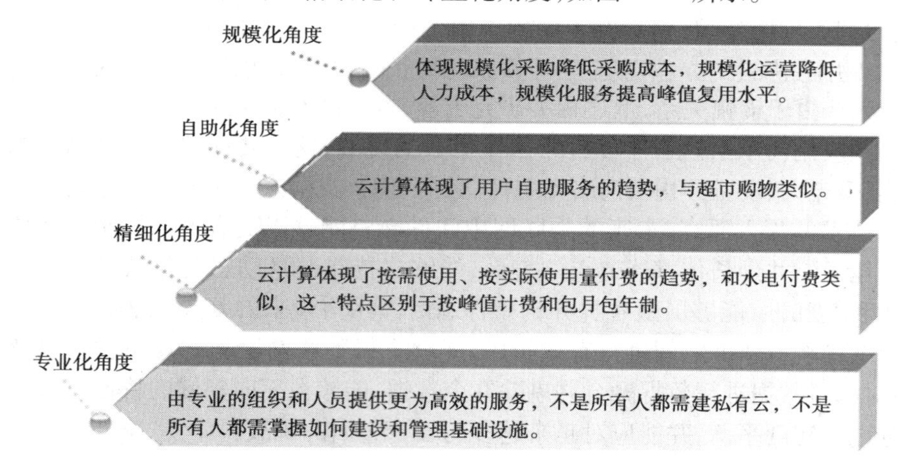

图 4.97 云计算的理解

总的来说,云计算可以算是网格计算的一个商业演化版。我国刘鹏教授早在 2002 年就针对传统网格计算思路存在不实用问题,提出计算池的概念:“把分散在各地的高性能计算机用高速网络连接起来,用专门设计的中间件软件有机地粘合在一起,以 Web 界面接受各地科学工作者提出的计算请求,并将之分配到合适的结点上运行。计算池能大大提高资源的服务质量和利用率,同时避免跨结点划分应用程序所带来的低效性和复杂性,能够在目前条件下达到实用化要求。”这个理念与当前的云计算非常接近。读者也可在网络上查看刘鹏教授的相关文章。

2. 云计算的特点

(1)超大规模

“云”具有相当的规模,Google 云计算已经拥有 100 多万台服务器,Amazon、IBM、微软、Yahoo 等的“云”均拥有几十万台服务器。企业私有云一般拥有数百上千台服务器。“云”能赋予用户前所未有的计算能力。

图 4.98(a)所示为 Google 公司位于比利时的圣吉兰(Saint Ghislain)数据中心,它完全依靠数据中心外面的空气来冷却系统。图 4.98(b)所示为 Google 公司的 Dalles 数据中心,位于俄勒冈州的哥伦比亚河旁,河上的 Dalles 大坝为数据中心提供电力。Google 数据中心以集装箱为单位,每个集装箱有 1 160 台服务器,每个数据中心有众多集装箱。Google 一次搜索查询的能耗能点亮 100 瓦的灯泡 11 s 钟。

(a)圣吉兰(Saint Ghislain)数据中心

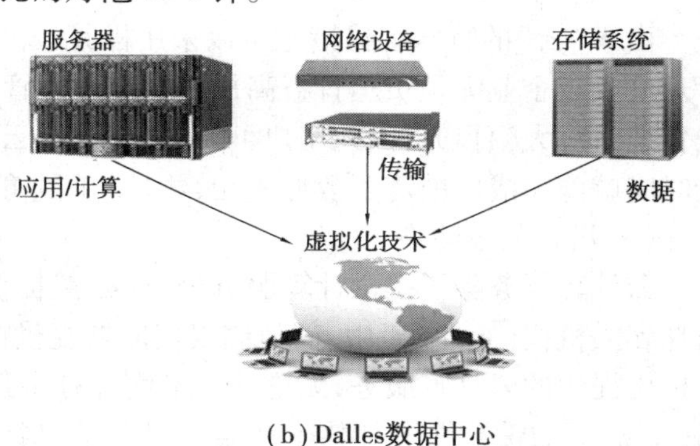

(b)Dalles数据中心

图 4.98　Google 云计算数据中心

(2)虚拟化

云计算支持用户在任意位置、使用各种终端获取应用服务,图 4.99 为云计算架构。用户应用所请求的资源来自“云”,而不是固定的有形的实体。应用在“云”中某处运行,但实际上用户无须了解,也不用担心应用运行的具体位置。只需要一台笔记本或者一个手机,就可以通过网络服务来实现我们需要的一切,甚至包括超级计算这样的任务。

图 4.99　云计算架构

(3)高可靠性

“云”使用了数据多副本容错、计算节点同构可互换等措施来保障服务的高可靠性,使用云计算比使用本地计算机可靠。

(4)通用性

云计算不针对特定的应用,在“云”的支撑下可以构造出千变万化的应用,同一个“云”可以同时支撑不同的应用运行。

(5)高扩展性

“云”的规模可以动态伸缩,满足应用和用户规模增长的需要。

(6)按需服务

“云”是一个庞大的资源池,用户可按需购买,云可以像自来水、电、煤气那样计费。

(7)极其廉价

由于“云”的特殊容错措施可以采用极其廉价的节点来构成云,“云”的自动化集中式管理使大量企业无须负担日益高昂的数据中心管理成本,“云”的通用性使资源利用率较之传统系统大幅提升,因此用户可以充分享受“云”的低成本优势,只要花费几百美元、几天时间就能完成以前需要数万美元、数月时间才能完成的任务。

(8)潜在的危险性

云计算服务除了提供计算服务外,还必然提供了存储服务。但是云计算服务当前垄断在私人机构(企业)手中,而他们仅仅能够提供商业信用。一旦商业用户大规模使用私人机构提供的云计算服务,无论其技术优势有多强,都不可避免地让这些私人机构以“数据(信息)”的重要性挟制整个社会。对于信息社会而言,“信息安全性”是至关重要的。另一方面,云计算中的数据对于数据所有者以外的其他云计算用户是保密的,但是对于提供云计算的商业机构而言却是毫无秘密可言。这就像常人不能监听别人的电话,但是在电讯公司内部,他们可以随时监听任何电话。所有这些潜在的危险,是商业机构和政府机构选择云计算服务,特别是国外机构提供的云计算服务时,不得不考虑的一个重要前提。

3. 云计算的服务类型

云计算作为一种新的服务模式。按服务类型大致可分为以下 3 种:

(1)将基础设施作为服务(Infrastructure as a Service, IaaS)

消费者通过 Internet 可以从完善的计算机基础设施获得服务。目前,只有世纪互联集团旗下的云快线公司号称要开拓新的 IT 基础设施业务,但究其本质,它只能实现主机托管业务的延伸,很难与亚马逊等企业相媲美。

(2)将软件作为服务(Software as a service, SaaS)

SaaS:软件即服务。它是一种通过 Internet 提供软件的模式,用户无须购买软件,而是向提供商租用基于 Web 的软件,来管理企业经营活动。相对于传统的软件,SaaS 解决方案有明显的优势,包括较低的前期成本,便于维护,快速展开使用等。比如红麦软件的舆情监测系统。

(3)将平台作为服务(Platform as a service, PaaS)

PaaS 实际上是指将软件研发的平台作为一种服务,以 SaaS 的模式提交给用户。因此,PaaS 也是 SaaS 模式的一种应用。但是,PaaS 的出现可以加快 SaaS 的发展,尤其是加快 SaaS 应用的开发速度。但是纵观国内市场,只有"八百客"公司拥有 PaaS 平台技术。可见,PaaS 还是存在一定的技术门槛,国内大多数公司还没有此技术实力。

3 种格式的"云",每一种都有着不同的利益和风险。"基础设施作为服务"(IaaS),提供按需使用的虚拟服务器,例如 Amazon 的 EC2;软件作为服务(SaaS),例如 Salesforce.com 的 CRM 软件;Web 服务或称"平台作为服务"(PaaS),提供 API 或开发平台供客户在云中创建自己的应用。选择运行哪类应用,生成何种数据,都会对用户是否以及怎样采用云计算产生完全不同的结果。

4. 云计算的应用

(1)国外云计算的应用

①亚马逊

亚马逊的云名为亚马逊网络服务(Amazon WebServices,AWS),目前主要由 4 块核心服务组成:简单存储服务(Simple StorageService,S3)、弹性计算云(ElastiC Compute Cloud,EC2)、简单排列服务(Simple QueuingService)以及尚处于测试阶段的SimpleDB。换句话说,亚马逊现在提供的是可以通过网络访问的存储、计算机处理、信息排队和数据库管理系统接入式服务,亚马逊的云计算结构如图 4.100 所示。

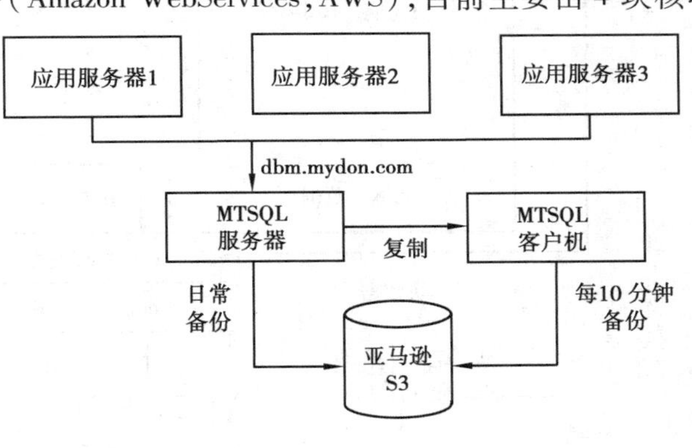

图 4.100 亚马逊云计算

②谷歌公司(Google)

Google 搜索引擎建立在分布于 200 多个地点、超过 100 万台服务器的支撑之上。

围绕因特网搜索创建了一种超动力商业模式。如今,他们又以应用托管、企业搜索以及其他更多形式向企业开放了他们的"云"。

2008 年4 月,谷歌推出了谷歌应用软件引擎(Google AppEngine,GAE),这种服务让开发人员可以编译基于 Python 的应用程序,并可免费使用谷歌的基础设施来进行托管(最高存储空间达 500 MB)。对于超过此上限的存储空间,谷歌按"每 CPU 内核每小时"10 ~ 12 美分及 1 GB 空间 15 ~ 18 美分的标准进行收费。最近,谷歌还公布了提供可由企业自定义的托管企业搜索服务计划。

谷歌云计算三大法宝:

- Google File System 文件系统

GFS 是一个可扩展的分布式文件系统,用于大型的、分布式的、对大量数据进行访问的应用。集群中的节点失效是一种常态,不是一种异常,GFS 将其作为常见的情况加以处理。

Google 文件系统中的文件读写模式和传统的文件系统不同。大部分文件的更新是通过添加新数据完成的,而不是改变已存在的数据,在一个文件中随机的操作在实践中几乎不存在,一旦写完,文件就只可读,很多数据都有这些特性。

一个 GFS 集群包含一个主服务器和多个块服务器,被多个客户端访问。大文件被分割成固定尺寸的块,在每个块创建的时候,服务器分配给它一个不变的、全球唯一的 64 位块句柄对它进行标识。

通过服务器端和客户端联合设计的 GFS 客户端代码被嵌入到每个程序里,它实现了 Google 文件系统 API,帮助应用程序与主服务器和块服务器通信,以及对数据的读写。客户端跟主服务器交互进行元数据操作,但是所有的数据操作通信都是直接和块服务器进行。GFS 对应用支持达到性能与可用性最优,谷歌 GFS 文件系统结构如图 4.101 所示。

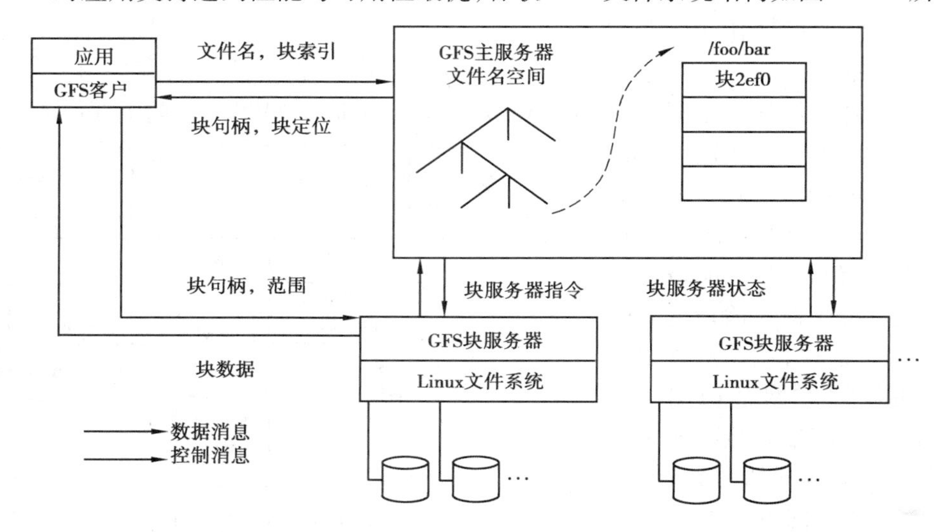

图 4.101 谷歌 GFS 文件系统

• MapReduce 分布式编程环境

MapReduce 是 Google 实现的一套大规模数据处理的编程规范 Map/Reduce 系统,用于大规模数据集(大于 1 TB)的并行运算。Map/Reduce 通过"Map(映射)"和"Reduce(化简)"这样两个简单的概念来参加运算,用户只需要提供自己的 Map 函数以及 Reduce 函数就可以在集群上进行大规模的分布式数据处理。程序编写人员能够不用去顾虑集群的可靠性、可扩展性等问题。

• BigTable 分布式大规模数据库管理系统

构建于上述两项基础之上的第三个云计算平台就是将数据库系统扩展到分布式平台上的 BigTable 系统。BigTable 使用结构化的文件来存储数据。它不是一个关系型的数据库,它不支持关联或是类似于 SQL 的高级查询,取而代之的是多级映射的数据结构。

除以上 3 大应用,谷歌还建立了分布式程序的调度器、分布式的锁服务等一系列相关的云计算服务平台。Google 在其云计算基础设施之上建立了一系列新型网络应用程序。其中典型的 Google 云计算应用程序就是 Google 推出的 Docs 网络服务程序。Docs 可通过浏览器的方式访问远端大规模的存储与计算服务。Google Docs 是一个基于 Web 的工具，有简单易用的文档权限管理，记录所有用户对文档所做的修改。Google Docs 的这些功能令它非常适用于网上共享与协作编辑文档，能够替代 Micro Office 相应的部分功能，如图 4.102 所示。

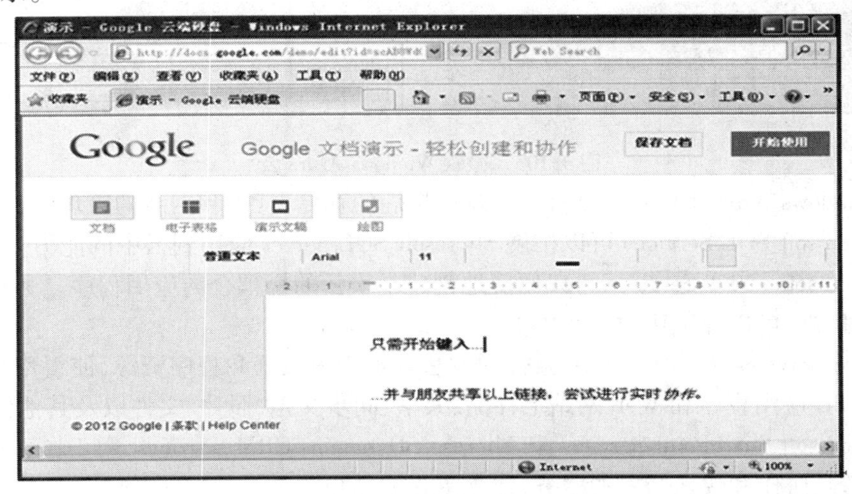

图 4.102　谷歌文档首页

③Salesforce

Salesforce 是软件即服务厂商的先驱，它一开始提供的是可通过网络访问的销售力量自动化应用软件。在该公司的带动下，其他软件即服务厂商已如雨后春笋般蓬勃而起。Salesforce 的下一目标是：平台即服务。

该公司正在建造自己的网络应用软件平台“shijiexuexi”，这一平台可作为其他企业自身软件服务的基础。shijiexuexi 包括关系数据库、用户界面选项、企业逻辑以及一个名为 Apex 的集成开发环境。程序员可以在平台的 Sandbox 上对他们利用 Apex 开发出的应用软件进行测试，然后在 Salesforce 的 AppExchange 目录上提交完成后的代码。

④微软公司

根据有些厂商的预想，未来绝大部分的 IT 资源都将来自云计算，但微软却并不这么认为。2010 年初，微软首席软件架构师（CSA）雷·奥兹（RayOzzie）曾表示，微软的宏伟计划是“提供均衡搭配的企业级软件、合作伙伴托管服务以及云服务”。简而言之，微软将其称为“软件加服务”（Software Plus Services）。微软推出的软件即服务产品包括 Dynamics CRM Online、Exchange Online、OfficeCommunications Online 以及 SharePoint Online。每种产品都具有多客户共享版本，其主要服务对象是中小型企业。单客户版本的授权费用在 5 000 美元以上。针对普通用户，微软的在线服务还包括 Windows Live、Office Live 和 Xbox Live 等。

Windows Azure 是微软基于云计算的操作系统，提供了“软件 + 服务”的计算方法，用于帮助开发者开发可以跨越云端和专业数据中心的下一代应用程序,如图4.103所示。

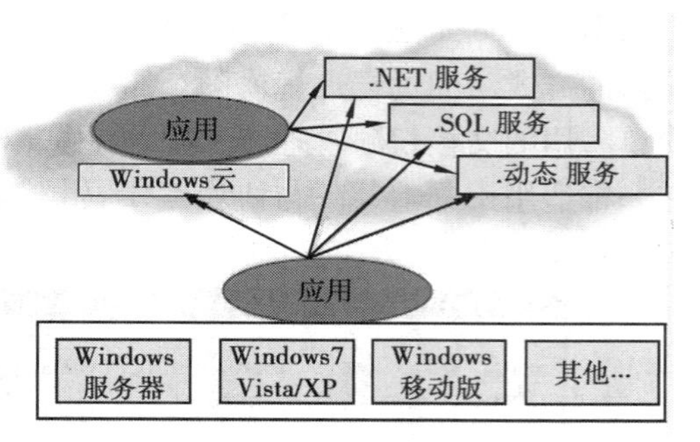

图4.103 微软 Windows Azure 云

- Windows Azure 用于服务托管,以及可扩展的存储、计算和网络的管理。
- Microsoft SQL Services 可以扩展 Microsoft SQL Server 应用到云中的能力。
- Microsoft .NET Services 可以便捷地创建基于云的松耦合的应用程序。另外还包含访问控制机制,可以保卫用户的程序安全。
- Live Services 提供了一种一致性的方法处理用户数据和程序资源,使得用户可以在PC、手机、PC应用程序和 Web 网站上存储、共享、同步文档、照片、文件以及其他信息。
- Microsoft SharePoint Services 和 Microsoft Dynamics CRM Services,用于在云端提供针对业务内容、协作和快速开发的服务,建立更强的客户关系。

(2)国内云计算应用

①百会移动办公

百会 CRM 是一个全球领先的企业级客户关系管理整体解决方案,围绕客户全生命周期,将市场活动、线索、商机、销售跟踪和预测有机整合。

百会办公门户是集成企业邮箱、企业即时通讯、企业网盘、群组、日历、企业知识库及内部论坛等多种应用的企业办公平台。

百会云邮箱是企业即时通讯、文档协作和企业邮箱的完美结合,云端收发共享,多终端邮件同步的最佳方式。

百会文件是国内目前唯一集成 Office 的企业网盘,独创技术实现多人、异地、实时、协作编辑同一个文档的协作平台。

百会快 OA 是具备超强的快速定制能力,基于全球知名的云开发平台——百会创造者和云商业智能报表系统 - -百会报表,可为中小企业灵活多变的管理需求提供量身定制的、高性价比的解决方案。

百会创造者是一个提供了应用快速在线开发和运行环境的云开发平台。无须服务器和编程基础,即可快速开发各种企业在线应用。

百会 Office,它不仅具备传统 Office 的基本功能,还开创性的将常用办公工具与数据存储、协作办公、云计算进行无缝整合,打破了传统 Office 的局限,使办公更为方便、快捷!

②易度云办公平台提供文件和项目管理

易度云办公平台,如图4.104所示,典型应用:文档管理、项目管理和云办公服务。以

文档管理为例，能够实现以下功能：TB 级海量文档集中安全存储；100 多种文档在线查看；强大的文档搜索功能；精细的文档权限控制；文档审核、变更流程的控制。

图 4.104　易度云办公文档管理

③中国云计算计划

“十二五”规划纲要及《国务院关于加快培育和发展战略性新兴产业的决定》，均把“云计算”作为新一代信息技术产业的重要部分来强调。图 4.105 为中国各地的云计算计划。

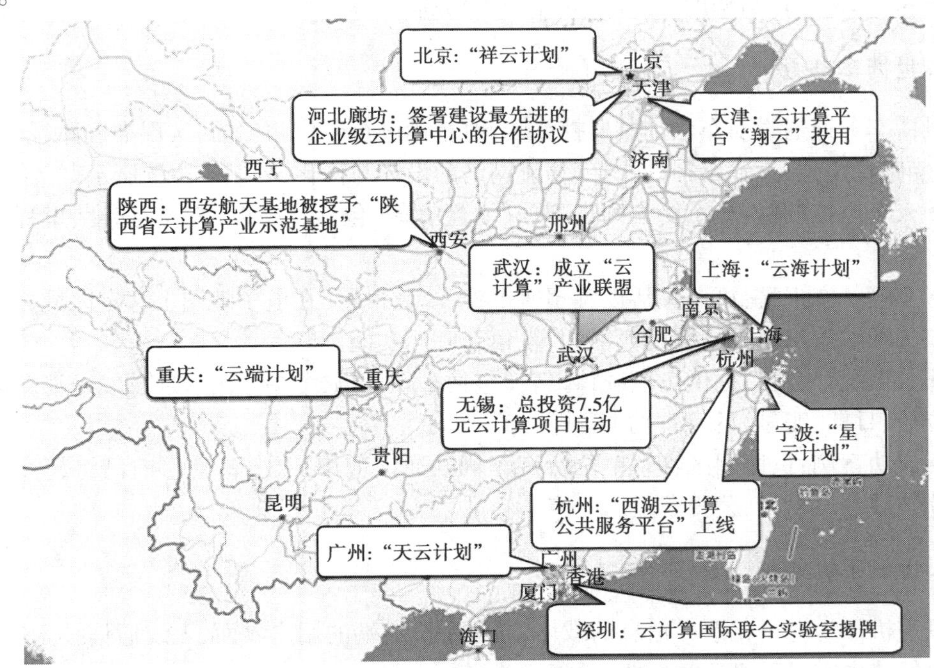

图 4.105　中国云计算计划

4.3.3 物联网应用

物联网应用就是用户直接使用的各种应用，如智能操控、安防、电力抄表、远程医疗、智能农业等，物联网在各行业的典型应用如图 4.106 所示。

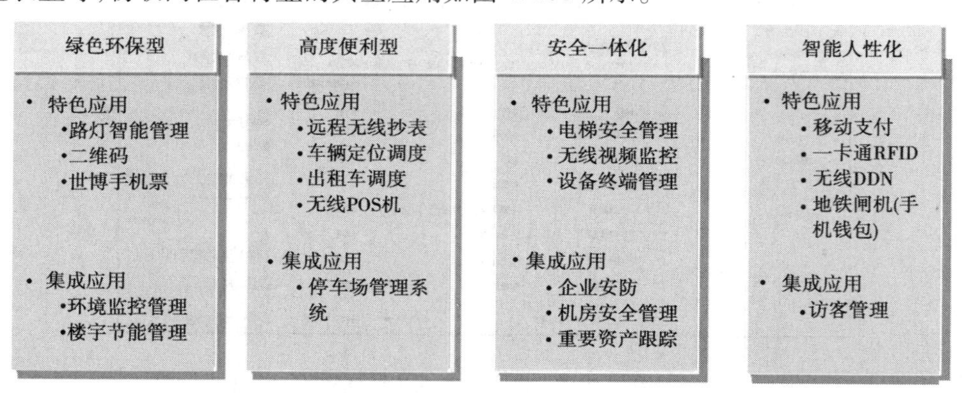

图 4.106 物联网在各行业的应用

物联网在上海等大城市已实现规模发展，据统计在上海一地用户数已超过 35 万，涵盖了金融、电力、交通、制造等各个行业，具体应用包括远程智能无线抄表、无线 POS 机、手机支付、车辆监控与调度、无线视频监控、警务监控等多种应用。

1. 世博车务通

世博车务通通过对车辆加装监控终端，对车辆进行定位和扫描，实现准确路况信息通报、车辆跟踪定位、运输路径的选择、物流网络的设计与优化，如图 4.107 所示。

- 人车监控调度：显示终端列表、获取位置信息（包括经纬度、方向、速度、里程、状态等）等。
- 车辆状态报警：可以灵活设置超速报警、区域报警（在电子地图上选定区域，当车辆进出该区域时发出报警）、疲劳驾驶报警、语音呼叫功能。
- 数据统计分折：提供车辆统计报表（包括车牌号码、终端号码、接收/发送消息数、成功定位数、日期、账号）的管理功能。
- 成功案例：世博园区管理单位所有车辆开通该应用；上海移动目前已将超过 10 万个芯片装载在出租车、公交车上。

2. 世博手机票

以手机作为电子化票务信息的载体，通过手机终端的用户界面、无线通信技术以及非接触通信技术实现手机票的选票、购买等功能。

- 手机票务：世博手机票突破性地实现了用户使用手机就能在世博期间享受“一机在手，购票无忧，园区畅游”的优质服务，充分体现了绿色环保的无纸化发行理念，有效地降

图 4.107　世博车务通

低制票、物流配送、仓储、销售的成本。

- 方便使用:用户通过手机购票、手机刷卡入园,方便、环保。
- 票务防伪:可通过电子票务的检测,避免纸质票务使用中伪造票的情况。
- 成功案例:世博门票可以通过手机实现票务功能,如图 4.108 所示。

图 4.108　世博手机票

3. 移动支付

为手机用户提供小额移动支付功能,用户只要通过手机就可以在商场、便利店、食堂或乘坐公交时进行支付,图 4.109 为手机支付示意图。

- RFID 与 SIM 卡结合:通过使用更换了 RFID-SIM 卡的手机,用户可以在专用 POS 机上进行非接触式刷卡,实现在商场、便利店、食堂或乘坐地铁时进行支付。
- 使用便捷:只要使用手机便可以随意支付,对于消费者和商户都非常方便。
- 管理方便:可以基于统一的支付管理平台方便地进行管理。
- 成功案例:上海市多家餐饮店及上海轨道交通,都已可以通过手机实现支付功能。

图 4.109　手机支付

物联网的应用属于物联网应用层,是物联网应用技术专业学习了解的一个重点。由于后续章节将详细介绍物联网相关应用实例,在此就不再举例进行说明。

技能练习

1. 使用百度云盘。百度网盘是百度推出的一项云存储服务,首次注册即有机会获得15 GB的空间,目前有Web版、Windows客户端、Android手机客户端,用户可以轻松地把自己的文件上传到网盘上,并可以跨终端随时随地查看和分享。百度云盘的安装过程比较简单,使用默认安装即可,安装完成即可登录(需要百度账号和密码)。

2. 撰写物联网技术总结。结合书本和因特网上物联网相关技术资料,撰写1篇200字左右的物联网技术发展概述。简单介绍物联网的产生、发展,重点介绍物联网感知层、传输层和应用层的主要技术(可以用图形辅助描述)。

本章小结

通过本章的学习,初步理解物联网的三层结构,并对感知层的自动识别技术、RFID射频识别技术、传感器技术和定位技术;传输层的有线、无线传输技术;应用层的中间件、云计算等主要技术的概念、基本原理和简单应用有初步了解,为后续课程如传感器技术、RFID技术、无线传感网技术、物联网通信技术和应用技术的学习打下良好的基础。此外,通过这些内容的学习,读者对于物联网专业要学习什么、毕业后可以从事哪些方面的工作也应该有所了解。物联网产业涉及方方面面,需要读者掌握现有技术,并根据全球、国家、地方经济发展的需要进行创新,才能在将来真正实现物联网的各项目标。

一、不定项选择题

1. 在以太网中采用下列哪一种网络技术？(　　)

A. FDDI　　B. CSMA/CD　　C. MAC　　D. ATM

2. 如果已经为办公室的每台作为网络工作站的计算机配置了网卡、双绞线、RJ45 接插件、交换机,那么要组建这个小型局域网时至少还必须配置哪一项？(　　)

A. 一套局域网操作系统软件　　B. 路由器

C. 一台作为服务器的高档 PC　　D. 调制解调器

3. 要在以太网内传输消息,需要哪两种地址？(　　)

A. MAC 地址和 NIC 地址　　B. MAC 地址和 IP 地址

C. 协议地址和物理设备名　　D. 逻辑设备名和 IP 地址

4. IP 地址 205.140.36.86 的(　　)部分表示主机号。

A. 205　　B. 205.140　　C. 36.86　　D. 86

5. 可使用哪个 Windows 命令来显示计算机的 IP 地址和 MAC 地址？(　　)

A. ipconfig　　B. ipconfig/all　　C. tcpconfig/all　　D. ipconfig/new

6. ADSL 的中文意思是(　　)。

A. 调制解调器　　B. 交换机

C. 路由器　　D. 非对称数字用户线路

7. 目前校园网中主流接入 Internet 的方式是(　　)。

A. ADSL　　B. 光纤以太网接入

C. Frame—Relay(帧中继)　　D. Cable Modem

8. (　　)标准的无线局域网传输速率为 11 Mbit/s。

A. 802.11　　B. 802.11 b　　C. 802.11 a　　D. 802.11 g

9. (　　)无线技术标准比旧无线标准的兼容性最强,且性能更高。

A. 802.11　　B. 802.11 b　　C. 802.11 a　　D. 802.11 g

10. (　　)是网络中的 CSMA/CA。

A. 无线技术为避免 SSID 重复而使用的方法

B. 任何技术都可使用的、缓解过多冲突的访问方法

C. 无线技术为避免冲突而使用的访问方法

D. 有线以太网技术为避免冲突而使用的访问方法

11. WLAN 组件中的(　　)通常被称为 STA。

A. 移动电话　　B. 天线　　C. 接入点　　D. 无线客户端

12. (　　)是条码阅读器。

A. 光笔　　B. CCD 阅读器　　C. 激光器　　D. 固体扫描仪

13. 条码阅读器与计算机之间的接口有(　　)方式。

A. 键盘　　B. 串口　　C. 直接连接　　D. USB 接口

14. 以下哪个技术不属于自动识别技术?(　　)

A. RFID 射频识别技术　　B. 无线通信技术

C. 虹膜识别技术　　D. 手写识别技术

15. 关于条码和 RFID 电子标签的区别,哪些说法是正确的?(　　)

A. RFID 电子标签比条码信息量大

B. RFID 电子标签和条码读取方式相同

C. RFID 电子标签比条码安全

D. RFID 电子标签比条码更便宜

16. RFID 射频识别系统由(　　)部分组成。

A. 电子标签　　B. 计算机通信网络　　C. 读写器　　D. 传感器

17. RFID 电子标签按工作频率范围可以分为哪几类?(　　)

A. 低频标签:500 kHz 以下　　B. 中高频标签: 3 ~ 30 MHz

C. 特高频标签:300 ~ 3 000 MHz　　D. 超高频标签:3 GHz 以上

18. 射频识别标签由哪几个部分组成?(　　)

A. 天线　　B. 调制器

C. 编码发生器　　D. 时钟及存储器

19. RFID 属于物联网的(　　)。

A. 感知层　　B. 网络层　　C. 业务层　　D. 应用层

20. 典型传感器由哪几个部分组成?(　　)

A. 敏感元件　　B. 转换元件　　C. 传输电路　　D. 变换电路

21. 以下传感器中哪个不是物理量传感器?(　　)

A. 压力传感器　　B. 位移传感器　　C. 温度传感器　　D. 脉搏传感器

22. 无线传感器节点由哪几个部分组成?(　　)

A. 传感器模块　　B. 处理器模块

C. 无线通信模块　　D. 能量供应模块

23. 无线传感网络是哪些技术的综合?(　　)

A. 传感器技术　　B. 嵌入式系统

C. 无线通信技术　　D. 信息分布处理技术

24. 目前全球有哪几种卫星导航系统?(　　)

A. 美国 GPS　　B. 中国北斗系统

C. 俄罗斯“格洛纳斯”　　D. 欧洲“伽利略”

25. ZigBee 可以工作在哪 3 个频段上?(　　)

A. 2.4 GHz　　B. 868 MHz　　C. 915 MHz　　D. 16 MHz

26. 以下哪些属于移动通信方式？(　　)

A. 计算机通过网线上网　　B. 无线寻呼

C. 陆地蜂窝移动通信　　D. 卫星移动通信

27. 移动通信系统包括(　　)，是一个完整的信息传输实体。

A. 移动交换子系统(SS)　　B. 操作维护管理子系统(OMS)

C. 基站子系统(BSS)　　D. 移动台(MS)

28. 双向传输方式有(　　)。

A. 广播方式　　B. 单工方式　　C. 半双工方式　　D. 全双工方式

29. 3G 通信的 3 种主要技术标准是(　　)。

A. CDMA2000　　B. WCDMA　　C. TD-SCDMA　　D. TD-LTE

30. 以下哪些是无线传感网的关键技术？(　　)

A. 网络拓扑控制　　B. 网络安全技术　　C. 时间同步技术　　D. 定位技术

31. 下列哪项不属于无线通信技术？(　　)

A. 数字化技术　　B. 点对点的通信技术

C. 多媒体技术　　D. 频率复用技术

32. 蓝牙的技术标准为(　　)。

A. IEEE802.15　　B. IEEE802.2

C. IEEE802.3　　D. IEEE802.16

33. M2M 技术由(　　)等技术部分组成。

A. 机器和 M2M 硬件　　B. 通信网络　　C. 中间件　　D. 应用

34. 物联网中常提到的“M2M”概念不包括下面哪一项？(　　)

A. 人到人(Man to Man)　　B. 人到机器(Man to Machine)

C. 机器到人(Machine to Man)　　D. 机器到机器(Machine to Machine)

35. 物联网的应用层包含哪 3 个部分？(　　)

A. 物联网中间件　　B. 云计算　　C. 物联网网络　　D. 物联网应用

36. 云计算按服务类型有哪 3 种？(　　)

A. PaaS　　B. SaaS　　C. IaaS　　D. AWS

37. 云计算(Cloud Computing)的概念是由谁提出的？(　　)

A. GOOGLE　　B. 微软　　C. IBM　　D. 腾讯

38. 云计算最大的特征是(　　)。

A. 计算量大　　B. 通过互联网进行传输

C. 虚拟化　　D. 可扩展性

二、判断题

1. 感知层是物联网识别物体、采集信息的来源，其主要功能是识别物体、采集信息。(　　)

2. RFID 是一种接触式的识别技术。 (　　)

3. 物联网目前的传感技术主要是 RFID,植入这个芯片的产品,是可以被任何人进行感知的。 (　　)

4. 应用层相当于人的神经中枢和大脑,负责传递和处理感知层获取的信息。 (　　)

5. 射频识别技术(Radio Frequency Identification, RFID)实际上是自动识别技术(AEIAutomatic Equipment Identification)在无线电技术方面的具体应用与发展。 (　　)

6. GPS 属于网络层。 (　　)

7. 2003 年美国《技术评论》提出传感网络技术将是未来改变人们生活的十大技术之首。 (　　)

8. 如何确保标签物拥有者的个人隐私不受侵犯已成为射频识别技术乃至物联网推广的关键问题。 (　　)

9. 使用不停车收费系统不需要安装感应卡。 (　　)

10. 云计算是把"云"作为资料存储以及应用服务的中心的一种计算。 (　　)

11. 在威易智能家居系统中用户只能通过智能手机和电脑对家中的设备进行远程控制与管理。 (　　)

12. 智能生态鱼缸(生态水族箱)不仅具备优美的装饰效果,同时还具备过滤净化空气、调节室内空气湿度等功能。 (　　)

三、简答题

1. 按数据流向及处理方式可以将物联网分为哪三个层次？每个层次完成哪些功能？
2. 什么是自动识别技术？举出 3 种自动识别技术。
3. 什么是 RFID 识别技术？举出 3 种以上应用。
4. 什么是传感器？典型传感器由哪几个部分组成？
5. 数字化传感器有何特点？简要叙述数字化传感器的结构。
6. 什么是无线传感器网络？无线传感网络有何特点？有哪些关键技术？
7. 物联网有哪些常用的定位技术？
8. 短距离无线通信技术有哪几种？
9. 简要说明移动通信系统使用工作频段？
10. 简要说明 3G 通信技术特点。
11. 例举出 3 种以上常用的现场总线。
12. M2M 系统由哪 5 个重要技术部分组成？
13. 什么是云计算？简要叙述云计算的特点。
14. 例举出 3 种以上物联网的应用。

第5章 物联网安全

教学目标

了解物联网安全的特征与要求

描述物联网安全需求与目标

熟悉物联网面临的安全威胁与安全攻击

理解物联网的安全层次结构，熟悉每层安全特点及关键技术

了解RFID主要安全隐患和隐私问题

掌握RFID安全和隐私保护机制

掌握对称加密算法和公开密钥算法及应用

重点、难点

RFID安全和隐私保护机制及数据加密的实现

物联网安全体系

5.1 物联网安全特征、需求与目标

5.1.1 物联网安全的特征

从物联网的信息处理过程来看,感知信息经过采集、汇聚、融合、传输、决策与控制等过程,整个信息处理的过程体现了物联网安全的特征与要求,也揭示了所面临的安全问题。

1. 感知网络的信息采集、传输与信息安全问题

感知节点呈现多源异构性,感知节点通常情况下功能简单(如自动温度计)、携带能量少(使用电池),使得它们无法拥有复杂的安全保护能力,而感知网络多种多样,从温度测量到水文监控,从道路导航到自动控制,它们的数据传输和消息也没有特定的标准,所以没法提供统一的安全保护体系。

2. 核心网络的传输与信息安全问题

核心网络具有相对完整的安全保护能力,但是由于物联网中节点数量庞大,且以集群方式存在,因此会导致在数据传播时,由于大量机器的数据发送使网络拥塞,产生拒绝服务攻击。此外,现有通信网络的安全架构都是以人为通信主体的角度设计的,对以物为主体的物联网,需要建立适合于感知信息传输与应用的安全架构。

3. 物联网业务的安全问题

支撑物联网业务的平台有着不同的安全策略,如云计算、分布式系统、海量信息处理等,这些支撑平台要为上层服务管理和大规模行业应用建立起一个高效、可靠和可信的系统,而大规模、多平台、多业务类型使物联网业务层次的安全面临新的挑战,是针对不同的行业应用建立相应的安全策略,还是建立一个相对独立的安全架构?

5.1.2 物联网的安全需求

可以从信息的机密性、完整性和可用性来分析物联网的安全需求。

1. 物联网信息的机密性

信息隐私是物联网信息机密性的直接体现,如感知终端的位置信息是物联网的重要信息资源之一,也是需要保护的敏感信息。另外在数据处理过程中同样存在隐私保护问题,如基于数据挖掘的行为分析等,要建立访问控制机制,控制物联网中信息采集、传递和

查询等操作,不会由于个人隐私或机构秘密的泄露而造成对个人或机构的伤害。信息的加密是实现机密性的重要手段,由于物联网的多源异构性,使密钥管理显得更为困难,特别是对感知网络的密钥管理,已成为制约物联网信息机密性的瓶颈。

2. 物联网信息的完整性和可用性

物联网信息的完整性和可用性贯穿物联网数据流的全过程,网络入侵、拒绝攻击服务、Sybil 攻击、路由攻击等都使信息的完整性和可用性受到破坏。同时物联网的感知互动过程也要求网络具有高度的稳定性和可靠性,物联网与许多应用领域的物理设备相关连,要保证网络的稳定可靠,如在仓储物流应用领域,物联网必须是稳定的,要保证网络的连通性,不能出现互联网中电子邮件时常丢失等问题,不然无法准确检测进库和出库的物品。

因此,物联网的安全特征体现了感知信息的多样性、网络环境的多样性和应用需求的多样性,呈现出网络规模和数据的处理量大、决策控制复杂等问题,给安全研究提出了新的挑战。

5.1.3 物联网的安全目标

物联网信息安全目标与网络信息安全目标类似。通俗地说,网络信息安全与保密主要是指保护网络信息系统,使其没有危险、不受威胁、不出事故。从技术角度来说,网络信息安全与保密的目标主要表现在系统的可靠性、可用性、保密性、完整性、不可抵赖性、可控性等方面。

1. 可靠性

可靠性是网络信息系统能够在规定条件下和规定的时间内完成规定功能的特性。可靠性是系统安全的最基本要求之一,是所有网络信息系统的建设和运行目标。

可靠性主要表现在硬件可靠性、软件可靠性、人员可靠性、环境可靠性等方面。硬件可靠性最为直观和常见。软件可靠性是指在规定的时间内,程序成功运行的概率。人员可靠性是指人员成功地完成工作或任务的概率。人员可靠性在整个系统可靠性中扮演重要角色,因为系统失效的大部分原因是人为差错造成的。人的行为要受到生理和心理的影响,受到其技术熟练程度、责任心和品德等素质方面的影响。因此,人员的教育、培养、训练和管理以及合理的人机界面是提高可靠性的重要方面。环境可靠性是指在规定的环境内,保证网络成功运行的概率。这里的环境主要是指自然环境和电磁环境。

网络信息系统的可靠性测度主要有 3 种:抗毁性、生存性和有效性。

抗毁性是指系统在人为破坏下的可靠性。比如,部分线路或节点失效后,系统是否仍然能够提供一定程度的服务。增强抗毁性可以有效地避免因各种灾害(战争、地震等)造成的大面积瘫痪事件。

生存性是在随机破坏下系统的可靠性。生存性主要反映随机性破坏和网络拓扑结构对系统可靠性的影响。这里,随机性破坏是指系统部件因为自然老化等造成的自然失效。

有效性是一种基于业务性能的可靠性。有效性主要反映在网络信息系统的部件失效情况下,满足业务性能要求的程度。比如,网络部件失效虽然没有引起连接性故障,但是却造成质量指标下降、平均延时增加、线路阻塞等现象。

2. 可用性

可用性是网络信息可被授权实体访问并按需求使用的特性。即网络信息服务在需要时,允许授权用户或实体使用的特性,或者是网络部分受损或需要降级使用时,仍能为授权用户提供有效服务的特性。可用性是网络信息系统面向用户的安全性能。网络信息系统最基本的功能是向用户提供服务,而用户的需求是随机的、多方面的、有时还有时间要求。可用性一般用系统正常使用时间和整个工作时间之比来度量。

可用性还应该满足以下要求:身份识别与确认、访问控制(对用户的权限进行控制,只能访问相应权限的资源,防止或限制经隐蔽通道的非法访问。包括自主访问控制和强制访问控制)、业务流控制(利用均分负荷方法,防止业务流量过度集中而引起网络阻塞)、路由选择控制(选择那些稳定可靠的子网、中继线或链路等)、审计跟踪(把网络信息系统中发生的所有安全事件情况存储在安全审计跟踪之中,以便分析原因,分清责任,及时采取相应的措施。审计跟踪的信息主要包括:事件类型、被管客体等级、事件时间、事件信息、事件回答以及事件统计等方面的信息)。

3. 保密性

保密性是网络信息不被泄露给非授权的用户、实体或过程,或供其利用的特性。即防止信息泄漏给非授权个人或实体,信息只为授权用户使用的特性。保密性是在可靠性和可用性基础之上,保障网络信息安全的重要手段。

常用的保密技术包括:防侦收(使对手侦收不到有用的信息)、防辐射(防止有用信息以各种途径辐射出去)、信息加密(在密钥的控制下,用加密算法对信息进行加密处理。即使对手得到了加密后的信息也会因为没有密钥而无法读懂有效信息)、物理保密(利用各种物理方法,如限制、隔离、掩蔽、控制等措施,保护信息不被泄露)。

4. 完整性

完整性是网络信息未经授权不能进行改变的特性。即网络信息在存储或传输过程中保持不被偶然或蓄意地删除、修改、伪造、乱序、重放、插入等破坏和丢失的特性。完整性是一种面向信息的安全性,它要求保持信息的原样,即信息的正确生成、存储和传输。

完整性与保密性不同,保密性要求信息不被泄露给未授权的人,而完整性则要求信息不致受到各种原因的破坏。影响网络信息完整性的主要因素有:设备故障、误码(传输、处理和存储过程中产生的误码,定时的稳定度和精度降低造成的误码,各种干扰源造成的误码)、人为攻击、计算机病毒等。

保障网络信息完整性的主要方法有:

①协议:通过各种安全协议可以有效地检测出被复制的信息、被删除的字段、失效的字段和被修改的字段。

②纠错编码方法:由此完成检错和纠错功能。最简单和常用的纠错编码方法是奇偶校验法。

③密码校验:它是抗篡改和传输失败的重要手段。

④数字签名:保障信息的真实性。

⑤公证:请求网络管理或中介机构证明信息的真实性。

5. 不可抵赖性

不可抵赖性也称作不可否认性,在网络信息系统的信息交互过程中,确信参与者的真实同一性。即所有参与者都不可能否认或抵赖曾经完成的操作和承诺。利用信息源证据可以防止发信方不真实地否认已发送信息,利用递交接收证据可以防止收信方事后否认已经接收的信息。

6. 可控性

可控性是对网络信息的传播及内容具有控制能力的特性。

概括地说,网络信息安全与保密的核心是通过计算机、网络、密码技术和安全技术,保护在公用网络信息系统中传输、交换和存储的消息的保密性、完整性、真实性、可靠性、可用性、不可抵赖性、可控性等。

《物联网"十二五"发展规划》中明确提出未来5年的发展目标和重点任务,其中物联网的信息安全保障问题是基本任务也是重要任务。

一是高度重视物联网信息安全问题,提倡安全发展。我国物联网建设过程中,要做好物联网信息安全顶层设计,加强物联网信息安全技术的研发,有效保障物联网的安全应用,遵循"同步规划、同步建设、同步运行"的原则。

二是构建物联网信息安全保障体系。建立以政府为主导,定点企事业为主体的物联网信息安全管理机制;重点支持物联网评估指标体系研究、测评系统开发和专业评估团队的建设;支持应用示范工程安全风险与系统可靠性评估机制建立,在物联网示范工程的规划、验证、监理、验收、运维全生命周期推行安全风险与系统可靠性评估,从源头上保障物联网的应用安全。

三是加大安全人才引进和培养力度,并成立专门科研机构。以开放合作的方式,推进物联网安全技术的发展。

5.2 物联网面临的安全威胁与攻击

5.2.1 物联网面临的安全威胁

物联网大规模应用面临的安全问题远比互联网复杂,其威胁不仅是严重的,而且是现实的、急迫的。

1. 安全威胁由网络世界延伸到物质世界

物联网可以将洗衣机、电视、碎纸机、电灯、微波炉等家用电器连接成网,并能通过网络对这些东西进行远程操作,但威胁也随之而来。未来的信息安全威胁,已经不只停在网络安全的范围,而是已经走进了我们的生活,形成了对物理空间的安全威胁。今后,黑客可以通过物联网对电冰箱发动攻击,使其超频工作,导致毁机,极大地加大了应对互联网安全防范的范围和治理的难度。

2. 安全威胁由网络扩展到众多节点

许多大型项目的传感节点都具有暴露性或被定位性,为外来入侵者提供了场所和机会。由于物联网感知层嵌入了 RFID 芯片,方便了物品主人的感知,同时其他人也能进行跟踪或截获。特别是当成千上万条被感知信息同时通过无线网络进行传输时,节点安全性相当脆弱。要让其得到强大而有效的安全保护,将是很困难的。

3. 安全威胁由物联网自身放大到云计算服务体系

随着大规模传感器和电子标签的应用,势必面临传感器节点测量或感知到的海量数据如何处理的问题,云计算技术当仁不让地成为物联网发展的技术支撑和服务支撑。但云计算将核心的计算部分放置到一个中央服务器的集群中,这些集群受控于一个组织或某个网络巨头,若这个集群出了故障,对所有连接的客户提供的服务将不能再被使用。

5.2.2 物联网面临的安全攻击

以下为物联网在数据处理和通信环境中易受到的攻击类型。

1. 阻塞干扰

攻击者在获取目标网络通信频率的中心频率后,通过在这个频点附近发射无线电波进行干扰,使得攻击节点通信半径内的所有传感器网络节点不能正常工作,甚至使网络瘫痪,是一种典型的 DOS 攻击方法。

2. 碰撞攻击

攻击者连续发送数据包，在传输过程中和正常节点发送的数据包发生冲突，导致正常节点发送的整个数据包因为校验和不匹配被丢弃，是一种有效的DOS攻击方法。

3. 耗尽攻击

利用协议漏洞，通过持续通信的方式使节点能量耗尽，如利用链路层的错包重传机制使节点不断重复发送上一包数据，最终耗尽节点资源。

4. 非公平攻击

攻击者不断地发送高优先级的数据包从而占据信道，导致其他节点在通信过程中处于劣势。

5. 选择转发攻击

物联网是多跳传输，每一个传感器既是终节点又是路由中继点。这要求传感器在收到报文时要无条件转发（该节点为报文的目的时除外）。攻击者利用这一特点拒绝转发特定的消息并将其丢弃，使这些数据包无法传播，采用这种攻击方式，只丢弃一部分应转发的报文，从而迷惑邻居传感器，达到攻击目的。

6. 陷洞攻击

攻击者通过一个危害点吸引某一特定区域的通信流量，形成以危害节点为中心的“陷洞”，处于陷洞附近的攻击者就能相对容易地对数据进行篡改。

7. 女巫攻击

物联网中每一个传感器都应有唯一的一个标识与其他传感器进行区分，由于系统的开放性，攻击者可以扮演或替代合法的节点，伪装成具有多个身份标识的节点，干扰分布式文件系统、路由算法、数据获取、无线资源公平性使用、节点选举流程等，从而达到攻击网络目的。

8. 洪泛攻击

攻击者通过发送大量攻击报文，导致整个网络性能下降，影响正常通信。

9. 信息篡改

攻击者将窃听到的信息进行修改（如删除、替代全部或部分信息）之后再将信息传送给原本的接收者，以达到攻击目的。

5.3 物联网安全体系

物联网安全的总体需求就是物理安全、信息采集安全、信息传输安全和信息处理安全的综合，安全的最终目标是确保信息的机密性、完整性、真实性和网络的容错性，因此结合物联网分布式连接和管理（DCM）模式，给出相应的安全层　次模型，如图5.1所示，并结合每层安全特点对涉及的关键技术进行系统阐述。

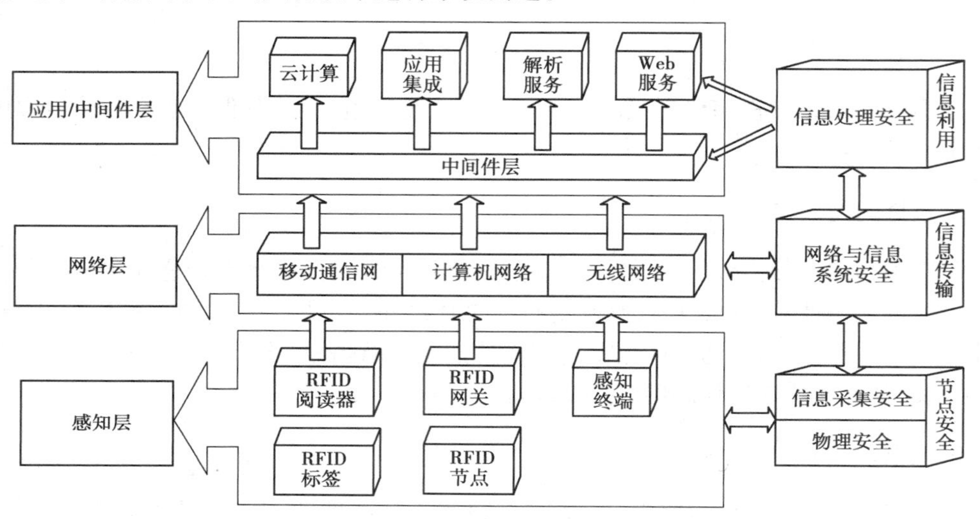

图5.1　物联网的安全层次结构

5.3.1 感知层安全

物联网感知层所涉及的关键技术包括传感器、RFID、自组织网络、短距离无线通信、低功耗路由等。

1. 传感技术及其联网安全

作为物联网的基础单元，传感器在物联网信息采集层面能否如愿以偿完成它的使命，成为物联网感知任务成败的关键。传感器技术是物联网技术的支撑、应用的支撑和未来泛在网的支撑。传感器感知了物体的信息，RFID赋予它电子编码。传感网到物联网的演变是信息技术发展的阶段表征。传感技术利用传感器和多跳自组织网，协作地感知、采集网络覆盖区域中感知对象的信息，并发布给向上层。由于传感网络本身具有：无线链路比较脆弱、网络拓扑动态变化、节点计算能力、存储能力和能源有限、无线通信过程中易受到干扰等特点，使得传统的安全机制无法应用到传感网络中。传感技术的安全问题如表5.1所示。

表 5.1　传感网组网技术面临的安全问题

层　次	受到的攻击
物理层	物理破坏、信道阻塞
链路层	制造碰撞攻击、反馈伪造攻击、耗尽攻击、链路层阻塞
网络层	路由攻击、虫洞攻击、女巫攻击、陷洞攻击、Hello 洪泛攻击
应用层	去同步、拒绝服务流等

目前传感器网络安全技术主要包括基本安全框架、密钥分配、安全路由、入侵检测和加密技术等。安全框架主要有 SPIN(包含 SNEP 和 uTESLA 两个安全协议)、Tiny Sec、参数化跳频、Lisp、LEAP 协议等。传感器网络的密钥分配主要倾向于采用随机预分配模型的密钥分配方案。安全路由技术常采用的方法包括加入容侵策略。入侵检测技术常常作为信息安全的第二道防线,其主要包括被动监听检测和主动检测两大类。除了上述安全保护技术外,由于物联网节点资源受限,且是高密度冗余撒布,不可能在每个节点上运行一个全功能的入侵检测系统(IDS),所以如何在传感网中合理地分布 IDS,有待于进一步研究。

2. RFID 相关安全问题

如果说传感技术是用来标识物体的动态属性,那么物联网中采用 RFID 标签则是对物体静态属性的标识,即构成物体感知的前提。RFID 是一种非接触式的自动识别技术,它通过射频信号自动识别目标对象并获取相关数据。识别工作无须人工干预。RFID 也是一种简单的无线系统,该系统用于控制、检测和跟踪物体,由一个询问器(或阅读器)和很多应答器(或标签)组成。

通常采用 RFID 技术的网络涉及的主要安全问题有:①标签本身的访问缺陷,任何用户(授权以及未授权的)都可以通过合法的阅读器读取 RFID 标签,标签的可重写性使得标签中数据的安全性、有效性和完整性都得不到保证。②通信链路的安全。③移动 RFID 的安全,主要存在假冒和非授权服务访问问题。目前,实现 RFID 安全性机制所采用的方法主要有物理方法、密码机制以及二者结合的方法。

5.3.2　网络层安全

物联网的网络层按功能可以大致分为接入层和核心层,因此物联网的网络层安全主要体现在两个方面。

1. 来自物联网本身的架构、接入方式和各种设备的安全问题

物联网的接入层将采用如移动互联网、有线网、Wi-Fi、WiMAX 等各种无线接入技术。接入层的异构性使得如何为终端提供移动性管理以保证异构网络间节点漫游和服务的无缝移动成为研究的重点,其中安全问题的解决将得益于切换技术和位置管理技术的进一步研究。另外,由于物联网接入方式将主要依靠移动通信网络。移动网络中移动站与固定网络端之间的所有通信都是通过无线接口来传输的。然而无线接口是开放的,任何使用无线设备的个体均可以通过窃听无线信道而获得其中传输的信息,甚至可以修改、插入、删除或重传无线接口中传输的消息,达到假冒移动用户身份以欺骗网络端的目的。因此移动通信网络存在无线窃听、身份假冒和数据篡改等不安全的因素。

2. 进行数据传输的网络相关安全问题

物联网的网络核心层主要依赖于传统网络技术,其面临的最大问题是现有的网络地址空间短缺。主要的解决方法寄希望于正在推进的 IPv6 技术。IPv6 采纳 IPSec 协议,在 IP 层上对数据包进行了高强度的安全处理,提供数据源地址验证、无连接数据完整性、数据机密性、抗重播和有限业务流加密等安全服务。但任何技术都不是完美的,实际上 IPv4 网络环境中大部分安全风险在 IPv6 网络环境中仍将存在,而且某些安全风险随着 IPv6 新特性的引入将变得更加严重。首先,拒绝服务攻击(DDoS)等异常流量攻击仍然猖獗,甚至更为严重,主要包括 TCP-flood、UDP-flood 等现有 DDoS 攻击,以及 IPv6 协议本身机制的缺陷所引起的攻击。其次,针对域名服务器(DNS)的攻击仍将继续存在,而且在 IPv6 网络中提供域名服务的 DNS 更容易成为黑客攻击的目标。第三,IPv6 协议作为网络层的协议,仅对网络层安全有影响,其他(包括物理层、数据链路层、传输层、应用层等)各层的安全风险在 IPv6 网络中仍将保持不变。此外采用 IPv6 替换 IPv4 协议需要一段时间,向 IPv6 过渡只能采用逐步演进的办法,为解决两者间互通所采取的各种措施将带来新的安全风险。

5.3.3 应用层安全

物联网应用是信息技术与行业专业技术紧密结合的产物。物联网应用层充分体现物联网智能处理的特点,其涉及业务管理、中间件、数据挖掘等技术。考虑到物联网涉及多领域、多行业,因此广域范围的海量数据信息处理和业务控制策略将在安全性和可靠性方面面临巨大挑战,特别是业务控制、管理和认证机制、中间件以及隐私保护等安全问题显得尤为突出。

1. 业务控制和管理

由于物联网设备可能是先部署后连接网络,而物联网节点又无人值守,所以如何对物联网设备远程签约,如何对业务信息进行配置就成了难题。另外,庞大且多样化的物联网必然需要一个强大而统一的安全管理平台,否则单独的平台会被各式各样的物联网应用所淹没,但这样将使如何对物联网机器的日志等安全信息进行管理成为新的问题,并且可能割裂网络与业务平台之间的信任关系,导致新一轮安全问题的产生。传统的认证是区分不同层次的,网络层的认证负责网络层的身份鉴别,业务层的认证负责业务层的身份鉴别，两者独立存在。但是大多数情况下，物联网机器都是拥有专门的用途，因此其业务应用与网络通信紧紧地绑在一起，很难独立存在。

2. 中间件

如果把物联网系统和人体做比较，感知层好比人体的四肢，传输层好比人的身体和内脏，那么应用层就好比人的大脑，软件和中间件是物联网系统的灵魂和中枢神经。目前，使用最多的几种中间件系统是：CORBA、DCOM、J2EE/EJB 以及被视为下一代分布式系统核心技术的 Web Services。

在物联网中，中间件处于物联网的集成服务器端和感知层、传输层的嵌入式设备中。服务器端中间件称为物联网业务基础中间件，一般都是基于传统的中间件（应用服务器、ESB/MQ 等），加入设备连接和图形化组态展示模块构建；嵌入式中间件是一些支持不同通信协议的模块和运行环境。中间件的特点是其固化了很多通用功能，但在具体应用中多半需要二次开发来实现个性化的行业业务需求，因此物联网中间件系统应该具有较强的安全架构，才能提供安全快速的开发工具。

3. 隐私保护

在物联网发展过程中，大量的数据涉及个体隐私问题（如个人出行路线、消费习惯、个体位置信息、健康状况、企业产品信息等），因此隐私保护是必须考虑的一个问题。如何设计不同场景、不同等级的隐私保护技术将是为物联网安全技术研究的热点问题。当前隐私保护方法主要有两个发展方向：一是对等计算（P2P），通过直接交换共享计算机资源和服务；二是语义 Web，通过规范定义和组织信息内容，使之具有语义信息，能被计算机理解，从而实现与人的相互沟通。

5.3.4　物联网安全的研究方向

物联网安全研究是一个新兴的领域，任何安全技术都伴随着具体的需求应运而生，因此物联网的安全研究将始终贯穿于人们的生活之中。从技术角度来说，未来的物联网安全研究将主要集中在开放的物联网安全体系、物联网个体隐私保护模式、终端安全功能、物联网安全相关法律的制定等几个方面。

技能练习

搜索查看物联网安全标准或规范，用表格列出。

5.4　RFID 安全和隐私

从信息安全和隐私保护的角度讲，物联网终端（RFID、传感器、智能信息设备）的广泛引入在提供更丰富信息的同时也增加了暴露这些信息的危险。本节将重点讨论 RFID 安全和位置隐私两大安全隐私问题。

5.4.1 RFID 安全和隐私概述

随着 RFID 能力的提高和标签应用的日益普及,安全问题,特别是用户隐私问题变得日益严重。用户如果带有不安全的标签的产品,在用户没有感知的情况下,可能被附近的阅读器读取,从而泄露个人的敏感信息,例如携带的金钱、药物(与特殊的疾病相关联)、书(可能包含个人的特殊喜好)等物品被读取后泄露个人信息,特别是可能暴露用户的位置隐私,使得用户被跟踪。

因此,在 RFID 应用时,必须仔细分析所存在的安全威胁,研究和采取适当的安全措施,既需要技术方面的措施,也需要政策、法规方面的制约。

1. 主要安全隐患

基本的 RFID 系统如图 5.2 所示,电子标签中一般保存有约定格式的电子数据,在实际应用中,电子标签附着在待识别物体的表面。读写器可无接触地读取并识别电子标签中所保存的电子数据,从而达到自动识别物体的目的。通常读写器与电脑相连,所读取的标签信息被传送到电脑上进行下一步处理,在以上基本配置之外,还应包括相应的应用软件。

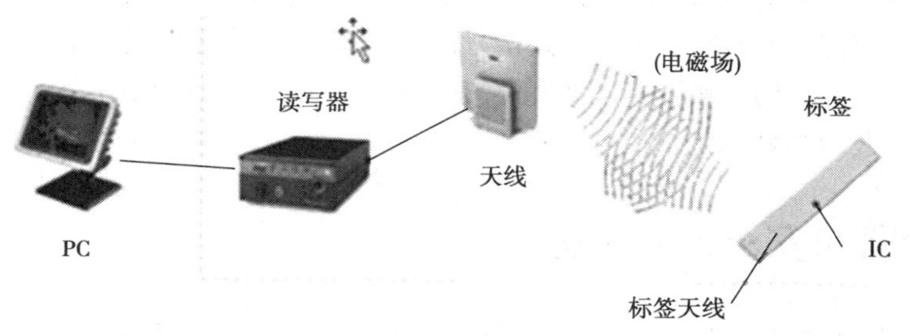

图 5.2 基本的 RFID 系统

(1)窃听

窃听即信息泄露,如图 5.3 所示,在末端设备或 RFID 标签使用者不知情的情况下,信息被读取(信息隐私泄露)。

(2)追踪

利用 RFID 标签上的固定信息,对 RFID 标签携带者进行跟踪(地点隐私泄露)。

(3)欺骗、重放、克隆

欺骗:攻击者将获取的标签数据发送给阅读器,以此来骗过阅读器。

重放:攻击者窃听电子标签的响应信息并将此信息重新传给合法的读写器,以实现对系统的攻击。

克隆:克隆末端设备,冒名顶替,对系统造成攻击。

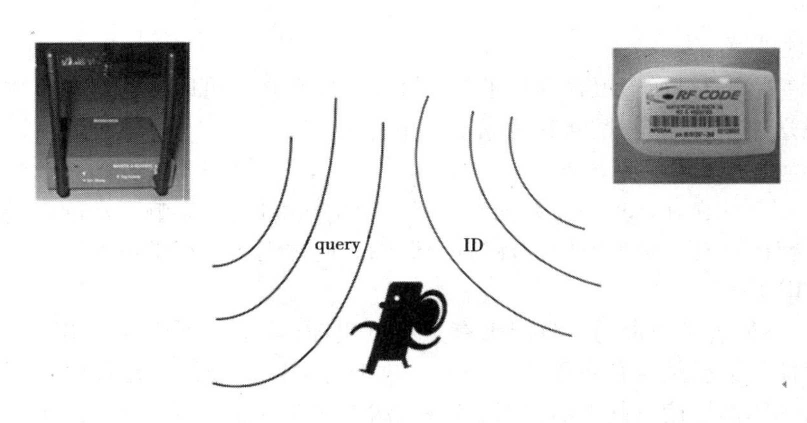

图 5.3 信息窃听

(4)信息篡改

将窃听到的信息进行修改之后再将信息传给原本的接收者。

(5)中间人攻击

攻击者伪装成合法的读写器获得电子标签的响应信息,并用这一信息伪装成合法的电子标签来响应读写器。这样,在下一轮通信前,攻击者可以获得合法读写器的认证。

案例分析

"扒手"系统

2005 年以色列特拉维夫大学的 Ziv Kfir 和 Avishai Wool 发表了一篇如何攻击电子钱包的论文。在这篇论文中,作者构建了一个简单的"扒手"系统,这个系统可以神不知鬼不觉地使用受害者的 RFID 卡片来消费。这个攻击系统包含两个 RFID 设备:"幽灵"和"吸血鬼",如图 5.4 所示。"吸血鬼"可以在距离受害者 50 cm 左右,盗取受害者储值卡的信息。"吸血鬼"将盗取来的信息通过某种方式快速直接地转交给"幽灵","幽灵"进而通过读卡器盗刷储值卡中的存款。使用"扒手"系统,"幽灵"和"吸血鬼"之间可以相距很远。这样一来,即使受害者和读卡器相距千里,储值卡也存在被盗刷的危险。中间人攻击成本低廉,与使用的安全协议无关,是 RFID 系统面临的重大挑战之一。

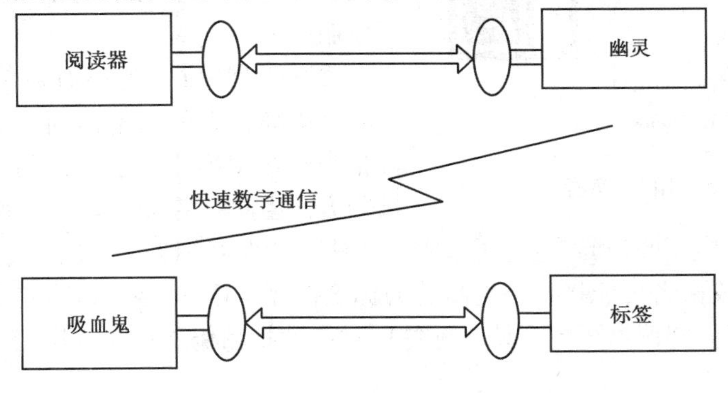

图 5.4 "扒手"系统

(6)物理破解

获取标签后,通过逆向工程等技术,将其破解,破解之后可以发起进一步攻击,推测此标签之前发送的消息内容,推断其他标签的秘密。

(7)拒绝服务攻击(DDoS)

通过不完整的交互请求消耗系统资源,如:产生标签冲突,影响正常读取;发起认证消息,消耗系统计算资源;消耗有限的标签内部状态,使之无法被正常识别等。

(8)RFID 病毒

RFID 标签能携带病毒吗? 听起来有点天方夜谭,但这是可能的。RFID 标签本身不能检测所存储的数据是否有病毒或者蠕虫。攻击者可以事先把病毒代码写入到标签中,然后让合法的阅读器读取其中的数据。这样,病毒就有可能被注入到系统中。当病毒、蠕虫或恶意程序入侵数据库,就有可能迅速传播并摧毁整个系统及重要资料。

过去认为 RFID 标签不容易受到病毒攻击,主要因为标签的存储容量十分有限。但 2006 年研究人员发现:病毒可以通过 RFID 标签从阅读器传播到中间件,进而传播到后台数据库和系统中。即使 RFID 标签的存储容量有限,攻击者还是可以通过 SQL 注入或缓冲区溢出攻击系统。下面是一个可能的例子:

机场在行李箱上附着一个标签,标签中的数据可能记载了目的地机场。攻击者可能将标签数据从"SHA"改为"SHA;shutdown"。如果后台数据库发起查询"select * from destine_table where destine = < tag data >",这个查询命令会变成"select * from destine_table where destine = < SHA;shutdown >"。这就有可能导致数据库系统关闭,从而造成机场混乱,如图 5.5 所示。标签中可以写入一定量的代码,读取 tag 时,代码被注入系统,如 SQL 注入等。

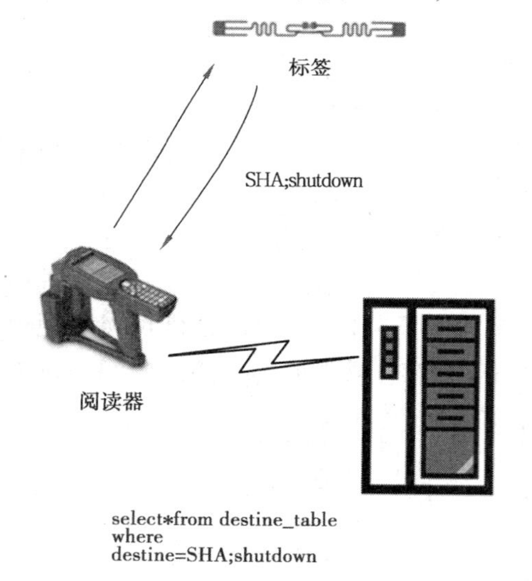

图 5.5 RFID 病毒

(9)其他隐患

电子破坏:攻击者可以用物理或者电子的方法破坏一个标签,此后此标签无法再为用户提供服务。

屏蔽干扰:攻击者还有可能通过干扰或者屏蔽来破坏标签的正常访问。干扰是使用电子设备来破坏阅读器的正常访问。屏蔽是指用机械的方法阻止标签的读取。这两种手段因为可以影响阅读器对标签的访问,也能用来阻止非法阅读器对标签的访问。

标签拆除:攻击者可能将物品上附着的标签拆除。这样,他可以带走这个物品而不担心被阅读器发现。阅读器可能会认为标签所对应的物品仍然存在,没有丢失。

案例分析

RFID 破解案例

(1)2008 年 8 月,美国麻省理工学院的 3 名学生宣布成功破解了波士顿地铁资费卡。而世界各地的公共交通系统都采用几乎同样的智能卡技术,这意味着使用他们的破解方法可以“免费搭车游世界”。

(2)国内某职业技术学院的学生破解了德克士消费卡,可以进行不断地充值。

(3)破解 RFID 芯片启动汽车。

捷克的 RadkoSoucek 是一个 32 岁的汽车窃贼。根据调查,他使用一个收讯器与一台笔记本电脑,在布拉格市内与郊区偷了数台名贵的汽车。Soucek 并不是个新手,他从 11 岁时就开始偷车。但直到最近他发现,使用高科技来偷车是十分容易的事情。

讽刺的是,让他身陷囹圄的,也是他的笔记本电脑,因为里面存有过去所有他尝试解码的证据。在他的硬盘里还有一个成功解码字串的数据库,有了这个数据库,他可以在极短时间内把从未谋面的汽车的锁解开。

现在新型的免钥匙发动系统为人们提供了方便性,只需要按下遥控按钮便可以发动。无线遥控跟上述的电子锁一样,只有使用正确的芯片才能启动汽车。然而它不同于传统的无线遥控,传统的遥控锁需要安装电池,而且有效距离较短,免钥匙启动系统是被动的,不需要装电池。它依赖汽车本身发送的信号来运作。

因为汽车会持续对附近发送信号,收取回应,所以理论上窃贼有可能测试不同的密码,来看看汽车的回应是什么。

2. 主要隐私问题

(1)隐私信息泄露

信息泄露是指暴露标签发送的信息,该信息包括标签用户或者是识别对象的相关信息。例如,当 RFID 标签应用于图书馆管理时,图书馆信息是公开的,读者的读书信息可以被任何其他人获得。当 RFID 标签应用于医院处方药物管理时,很可能暴露药物使用者的病理,隐私侵犯者可以通过扫描服用的药物推断出某人的健康状况,如图 5.6 所示,黑客用笔记本电脑窃取信息。当个人信息比如电子档案、物理特征添加到 RFID 标签里时,标签信息泄露问题便会极大地危害个人隐私。如美国原计划 2005 年 8 月在入境护照上装备电子标签的计划,因为考虑到信息泄露的安全问题而被延迟。

图 5.6　黑客窃取信息

(2)跟踪

RFID 系统后台服务器提供有数据库,标签一般不需包含和传输大量的信息。通常情况下,标签只需要传输简单的标识符,然后,通过这个标识符访问数据库获得目标对象的相关数据和信息。因此,可通过标签固定的标识符实施跟踪,即使标签进行加密后不知道标签的内容,仍然可以通过固定的加密信息跟踪标签。也就是说,人们可以在不同的时间和不同的地点识别标签,获取标签的位置信息。这样,攻击者可以通过标签的位置信息获取标签携带者的行踪,比如得出他的工作地点,以及到达和离开工作地点的时间。

虽然利用其他的一些技术,如视频监视、全球移动通信系统(GSM)、蓝牙等,也可进行跟踪。但是,RFID 标签识别装备相对低廉,特别是 RFID 进入普通人的日常生活以后,拥有阅读器的人都可以扫描并跟踪他人。而且,被动标签信号不能切断,尺寸很小极易隐藏,使用寿命长,可自动识别和采集数据,从而使恶意跟踪更容易。

(3)效率和安全性的矛盾

标签身份保密增加了标签检索的代价,影响了系统的吞吐量。快速验证标签需要知道标签身份,才能找到需要的信息,安全的标签身份验证降低了检索速度。如何平衡安全、隐私和系统可用性,是所有 RFID 系统都必须考虑的问题。

案例分析

RFID 应用失败的案例

迄今为止,工业企业所谓失败的 RFID 项目和 RFID 技术与能否正常工作以及能否带来预期的投资回报并没有太多的直接关系。而更多的是,当人们把这项应用技术和顾客隐私权联系到一起时,他们就开始抱怨这项技术的失败。他们认为 RFID 标签是“间谍芯片”(Spychip),这些芯片通过 RFID 侵犯人们的隐私权。

(1)班尼腾(Benetton)

2003 年,著名的半导体制造商菲利普宣布其将为著名的服装制造商班尼腾(Benetton)实施服装 RFID 管理。当隐私权保护者组织得到这个消息后,他们发起了联合抵制 Benetton 的运动。他们甚至还建立了专门的网站(www. boycottbenetton. com)来进行抵制活动。他们向公众呼吁“送给 Benetton 一句话:我们将不会购买具有跟踪标签的服装”。还提出了一个更加露骨的口号:“我们宁愿裸体也不会穿戴采用间谍芯片的服装。”

面对如此大的公众压力,Benetton 最终退却了,几个星期后,Benetton 宣布,他们取消了对服装进行单品级 RFID 管理的应用项目。

(2)麦托集团(Metro)

麦托集团,德国最大的零售商,建立了其未来商店,也就是为测试新技术而建立的实验性场所。2004 年,麦托集团在其会员卡中采用了 RFID 技术,但是,他们并没有预先对消费者进行告知。隐私权保护主义者借此大做文章,竭力反对,还积极准备集会抵制。麦托让步了。就在隐私权保护主义者组织的集会前两天,麦托的领导层宣布他们不会再在会员卡中使用 RFID,而且还会替换已经发出的 RFID 会员卡。但是,麦托集团依然在其未来商店进行关于包括 RFID 在内的新技术的创新性的、具有冒险性的试验探索。他们已经对其供应商提出了 RFID 应用要求,供应商必须在包装级或者托盘级层面上使用 RFID 为其供货。

下面简单总结一下 Benetton 和麦托两个失败的 RFID 应用项目的经验教训：

- 对隐私权应有足够的重视。理解顾客对 RFID 的警觉性只是这项工作的第一步，还要坦诚面对消费者，或者可以聘请消费者代表组织参与 RFID 项目的实施。
- 采取积极的措施，减轻对隐私权的侵犯。例如，可以采用可以“杀死”的 RFID 标签或者采用可以撕下的纸标签，提醒消费者按照说明撕毁。这些措施都会减少对消费者隐私权的侵犯。
- 面对面地为消费者演示已经采取了措施来保护隐私权，可以让消费者自己进行测试。这样做的目的是为了向消费者证明系统并没有侵犯其隐私权。
- 给 RFID 标签加上一个屏蔽封套。麦托在给消费者发放 RFID 会员卡时犯了一个严重的错误，它没有给会员卡加上任何屏蔽封套。屏蔽封套可以使得从 RFID 标签中非法获取信息变得几乎不可能。

Benetton 和 Metro 是前车之鉴，制造商和零售商越来越关注消费者隐私权的问题。他们在实施 RFID 项目之前，都会预先充分考虑隐私权的保护问题，采取积极措施，减少对隐私权的侵犯，改善通信安全，减少消费者对隐私权的担心。

5.4.2　RFID 安全和隐私保护机制

1. 早期物理安全机制

(1)灭活(kill)：杀死标签，使标签丧失功能，不能响应攻击者的扫描。例如，在超市买完物品后，可以杀死消费者所购买商品上的标签，以保护消费者的隐私。完全杀死标签可以完美地防止扫描和跟踪，但是这种方法破坏了 RFID 标签的功能，无法让消费者继续享受到以 RFID 标签为基础的物联网服务。比如，如果商品卖出去后，标签上的信息无法再使用，则售后服务以及跟此商品有关的其他服务都无法进行了。另外，如果 Kill 命令的识别序列号(PIN)一旦泄露，则攻击者可以使用这个 PIN 来杀死超市中商品上的标签，然后把对应的商品偷走而不被察觉。

(2)法拉第网罩：屏蔽电磁波，阻止标签被扫描。法拉第网罩由金属网或者金属箔形成，根据电磁场理论，法拉第网罩可以屏蔽电磁波，这样无论是外部信号还是内部信号，都无法穿过法拉第网罩。因此，如果把标签放在法拉第网罩内，则外部的阅读器查询信号无法到达标签，而被动标签不能获得查询信号，也就没有能量和动机发送响应。对应主动标签，它的信号也无法穿过法拉第网罩，因此无法被攻击者接收到。这样，把标签放进法拉第网罩内就可以阻止标签被扫描，从而阻止攻击者扫描标签来获取隐私信息。比如，当把标签放到带有法拉第网罩构造的钱包后，就可以避免攻击者知道钱包里所装的物品。

这种方法的缺点是，在使用标签时又需要把标签从法拉第网罩中取出，这样就无法便利地使用标签；另外，如果要提供广泛的物联网服务，不能把标签一直屏蔽起来，而更多时候需要让标签能够跟阅读器自由的通信。

(3)主动干扰:用户可以主动广播无线信号来阻止或者破坏对 RFID 阅读器的读取,从而确保消费者隐私。这种方法的缺点是可能会产生非法烦扰,使得附近其他 RFID 系统无法正常工作;更严重的是可能会干扰附近其他无线系统的正常运作。

(4)阻止标签(block tag):阻止标签(block tag)又称为锁定者(blocker)。这种标签可以通过特殊的标签碰撞算法来阻止非授权的阅读器读取那些阻止标签预订保护的标签。在需要的时候,阻止标签可以防止非法阅读器扫描和跟踪标签,而在需要的时候,则可以取消阻止,使标签开放可读。

以上的这些物理安全机制通过牺牲标签的部分功能来满足隐私保护的要求。这些方法可以一定程度上保护低成本的标签,但由于验证、成本和法律等约束,物理安全机制还存在各种各样的缺点

2. 基于密码学的安全机制

(1)哈希锁(hash-lock)

哈希锁(hash-lock)是一个抵制标签未授权访问的隐私增强协议,2003 年由麻省理工学院和 Auto-ID Center 提出。整个协议只需要采用单向密码学哈希函数(one-way cryptographic hash function)实现简单的访问控制,因此可以保证较低的标签成本。在哈希锁协议中,标签不使用真实 ID,而是使用一个 metaID 来代替。每个标签内部都有一个哈希函数和一个用来存储临时 metaID 的内存。使用哈希锁机制的标签有锁定和非锁定两种状态,在锁定状态下,标签用 metaID 响应所有查询;在非锁定状态下,标签向阅读器提供自己的信息。

小知识

哈希函数可以把任意长的输入压缩变换成固定长度的输出。单向密码学哈希函数在给定输入的时候,很容易计算出其结果;而当给定结果的时候,很难计算出输入。这种函数的输出可以当作输入信息的指纹来使用。

哈希锁协议如图 5.7 所示,其协议执行过程如下:

图 5.7 哈希锁协议

①阅读器向标签发送 Query 认证请求。

②标签将 metaID 发送给阅读器。

③阅读器将 metaID 转发给后端数据库。

④后端数据库查询自己的数据库，如找到与 metaID 匹配的项，则将该项的(key、ID)发送给阅读器。公式为 metaID = H(key)，否则，返回给阅读器认证失败消息。

⑤阅读器将接受自后端数据库的部分信息 key 发送给标签。

⑥标签验证 metaID = H(key)是否成立，如果是，将其 ID 发送给标签阅读器。

⑦阅读器比较自标签接收到的 ID 是否与后端数据库发送过来的 ID 一致，如果一致，则认证通过。

哈希锁方案为标签提供了初步的访问控制，可以在一定程度上保护标签数据。但是 metaID 不会更新，因此每次标签响应时都使用固定的 metaID。攻击者可以将这个固定的 metaID 当作对应标签的一个别名，然后通过这个别名来跟踪标签及其携带者。而且，由于 key 是通过明文传输，因此很容易被攻击者偷听获取。攻击者因而可以计算或者记录(metaID，key，ID)的组合，并在与合法的标签或者阅读器的交互中假冒阅读器或者标签，实施欺骗。

(2)随机哈希锁

随机哈希锁(randomized hash lock)是哈希锁协议的扩展，在这个协议中，阅读器每次访问标签得到的输出信息都不同。在随机哈希锁协议中，标签需要包含一个单向密码学哈希函数和一个伪随机数发生器；阅读器也拥有同样的哈希函数和伪随机数发生器；在后台系统数据库中存储所有标签的 ID；阅读器还与每一个标签共享一个唯一的密钥 key，这个 key 将作为密码学哈希函数的密钥用于计算。

随机哈希锁协议如图 5.8 所示，基于随机数的询问应答机制，协议的执行过程如下：

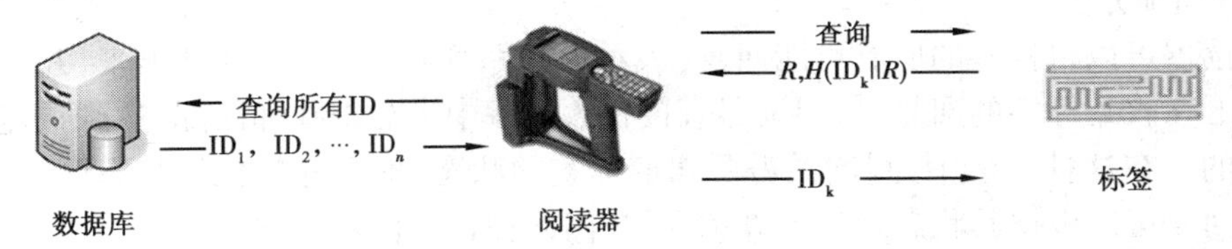

图 5.8 随机哈希锁协议

①阅读器向标签发送 Query 认证请求。

②标签生成一个随机数 R，计算 $\mathrm{H}(\mathrm{ID}_k \parallel R)$，其中 ID_k 为标签的表示。标签将$(R, H(\mathrm{ID}_k \parallel R))$发送给阅读器。

③阅读器向后端数据库提出获得所有标签标识的请求。

④后端数据库将自己数据库中的所有标签标识发送给阅读器。

⑤阅读器检查是否有某个 ID_j，使得 $\mathrm{H}(\mathrm{ID}_j \parallel R) = H(\mathrm{ID}_k \parallel R)$成立。如果有则认证通过，并将 ID_k 发给标签，对标签进行解锁，认证通过。

在该方案中，标签每次发送的应答由两部分组成，一个随机数 R 和一个由这个随机数作为参数计算的哈希值。由于 R 是随机产生的，因此对应的哈希值也是随机的。这样，每次标签的响应都会随机变化，故而不能对其进行跟踪。

但这个协议不能够防止重放攻击。这是因为在标签返回的消息中只含有标签内的一些信息，而不含有来自阅读器的信息，也即没有可以唯一确定本次会话的信息。若攻击者偷听一个标签的响应，然后在阅读器查询时回放这个响应，就可以伪装为这个标签。另外，每次确认一个标签身份都需要穷尽整个数据库中所存的所有ID，并进行哈希运算，整个认证过程耗时较多，因此本方法不具有很强的可扩展性，只能适用于小规模的应用。

(3)哈希链

基于共享秘密的询问应答协议，哈希链(Hash Chain Scheme)协议中，标签和阅读器共享两个单向密码学哈希函数G(·)和H(·)，其中G(·)用来计算响应消息，H(·)用来进行更新；它们还共享一个初始的随机化标识符S。当阅读器查询标签时，标签返回当前标识符S_i的哈希值$a_i = G(S_i)$，同时标签更新当前标识符S_i至$S_{i+1} = G(S_i)$。哈希链协议如图5.9所示。

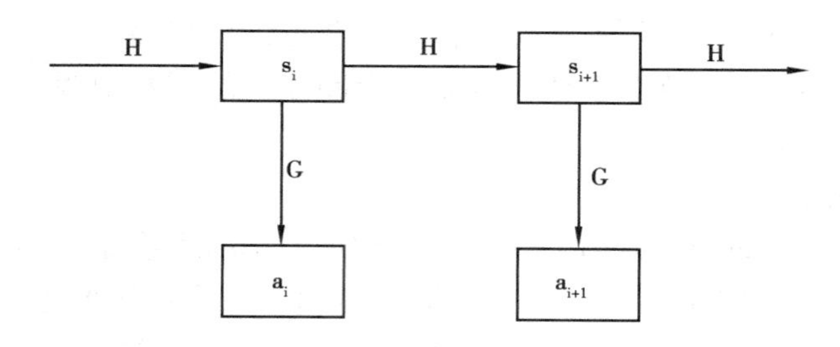

图5.9 哈希链协议

它的优点是提供了“前向安全性”，即在标签被破解之前的所有标签信息都是正确有效的。

(4)同步方法

阅读器可以将标签的所有可能回复(表示为一系列状态)预先计算出来，并存储到数据库中。在收到标签的回复时，阅读器直接在数据库中进行查找和匹配，达到快速认证标签的目的。在这种方法中，阅读器需要知道标签的状态，即和标签保持状态同步，以保证标签的回复可以根据其状态预先计算和存储，因此被称为同步方法。

(5)树形协议

树形协议(Tree-Based Protocol)是一类重要的RFID认证协议，在树形协议中，标签含有多个密钥，标签中的密钥被组织在一个树形结构中，图5.10是一个有8个标签的系统，每个标签存储$\log_2 8 = 3$个密钥，对应于从根节点到标签所在的叶节点的路径。

其中，标签T_4拥有$(k_{1,1}, k_{2,2}, k_{3,4})$作为它的密钥，阅读器和标签共享密码学哈希函数h(·)，并记录所有标签的密钥。

3. 其他方法

①物理不可克隆函数(Physical unclonable function，PUF)：利用制造过程中必然引入的随机性，用物理特性实现函数。具有容易计算，难以特征化的特点。

②掩码：使用外加设备给阅读器和标签之间的通信加入额外保护。

③通过网络编码(network coding)原理得到信息。

④可拆卸天线。

⑤带方向的标签。

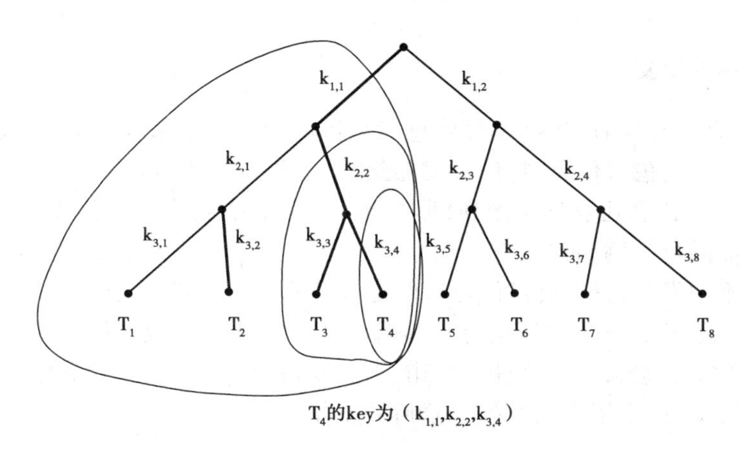

图5.10　树形协议

4. 如何面对安全和隐私挑战

①可用性与安全的统一:无需为所有信息提供安全和隐私保护,信息分级别管理。

②与其他技术结合。

- 生物识别:生物识别技术根据人体自身的生理特征来对人的身份进行识别,比较方便易用,私人化程度高,也不容易被窃取。生物识别技术将为 RFID 的标签使用提供所有者的授权和确认,从而阻止非授权的访问,提高系统的安全性和隐私性。
- 近场通信(Near Field Communication, NFC):NFC 由 RFID 及互联互通技术整合演变而来,在单一芯片上结合了阅读器、标签的功能。NFC 手机内置 NFC 芯片,组成 RFID 模块的一部分,既可以当作 RFID 标签使用,又可以当作 RFID 阅读器使用。

这些方法将 RFID 阅读器和标签的功能与其他一些技术结合起来,可以提供更高的安全性。

③法律法规:从法律法规角度增加通过 RFID 技术损害用户安全与隐私的代价,并为如何防范做出明确指导。

5.4.3　位置信息与个人隐私

随着感知定位技术的发展,人们可以更加快速、精确地获知自己的位置。基于位置的服务(Location-Based Service,LBS)应运而生。利用用户的位置信息,服务提供商可以提供一系列便捷的服务。例如在逛街的时候饿了,可以快速地搜索出所在地点附近有哪些餐馆,并获取它们提供的菜单;又比如根据用户的位置,推荐附近的旅游景点,并附上相关的介绍。这一类服务已经在手机平台大量应用,只要拥有一台带有定位功能的手机,就可以随时享受到物联网给生活带来的便捷。

然而新科技也同时带来了新的隐患。随着位置信息的精度变得越来越高,位置信息的使用变得越来越频繁,用户位置隐私受到侵害的隐忧也渐渐浮上水面。

1. 位置隐私的定义

位置隐私可以说是用户自己位置信息的掌控能力。所谓掌控能力,是指用户能自由决定是否发布自己的位置信息,将信息发布给谁,通过何种方式来发布,以及发布的位置信息有多详细。假如这几点都能做到,那么该用户的位置信息就是高度隐私的;反过来,倘若有一点未能满足。例如:

①用户本不想发布自己的位置信息,但是自己的位置却被他人得知了。

②用户 A 只想将自己的位置信息告诉用户 B,但这个信息也被用户 C 得知了。

③用户 A 本只想公开自己在哪个城市,但是却被他人知道了自己在哪条街道。

在这些情况下,这个用户的隐私就遭到了侵害。

2. 保护位置隐私的重要性

位置隐私的重要性往往被人们低估。对大多数人来说,位置隐私看似远不及其他的个人隐私重要。位置泄露最直接的危险是可能被不法分子利用,对当事人进行跟踪,从而造成人身安全的威胁。一条位置信息记录同时包含了时间、空间以及人物三大要素,其内涵可谓十分丰富。

根据位置信息,有时候可以推知用户进行的活动。在一个特殊的时候,一个特殊的地点,出现一个特殊的人,这个人做的事情也许就可以推断出来——而这些事情,当事人往往不希望被他人知晓。譬如在上课时间一个学生出现在公园,显而易见他旷课了;再如某员工出现在所属公司竞争对手的大楼里面,那这名员工很可能正在与对方洽谈跳槽事宜。除了所从事的活动,用户的健康状况、宗教信仰、政治面貌、生活习惯、兴趣爱好等个人隐私信息,都可以从位置信息中推断出来。访问某专科病诊所的人很有可能罹患该种疾病,定期前往清真寺的人很可能是回教徒,常常出现在风景名胜区的很可能是个旅游爱好者。

由此可见,保护位置隐私,保护的不只是个人的位置信息,还有其他各种各样的个人隐私信息。随着位置信息的精度不断提高,其包含的信息量也越来越大,攻击者通过截获位置信息可以窃取的个人隐私也变得越来越多。因此,保护位置隐私也刻不容缓。

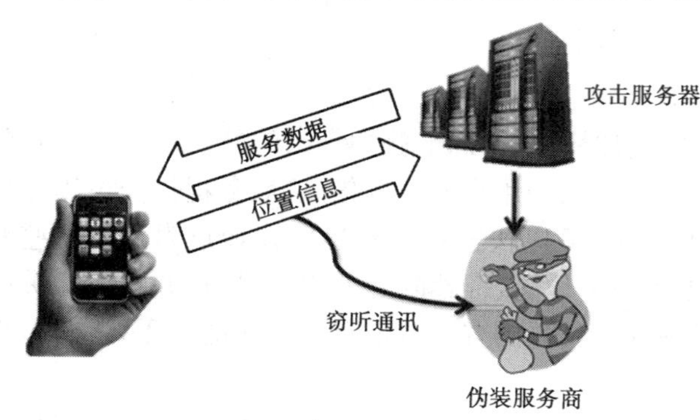

图 5.11　位置隐私面临的威胁

3. 位置隐私面临的威胁

在了解了位置隐私的重要性之后,再来看看位置隐私面临哪些威胁,如图 5.11 所示。

①用户和服务提供商之间的通信线路遭到了攻击者的窃听。当用户发送位置信息给服务提供商的时候,就会被攻击者得知。

②服务提供商对用户的信息保护不力。服务提供商可能会在自己

数据库中存储用户的位置信息,攻击者通过攻击服务提供商的数据库,就可能窃取到用户的位置信息。

③服务提供商与攻击者沆瀣一气,甚至服务提供商就是由攻击者伪装而成。在这种情况下,假如用户将自己的位置信息对服务商全盘托出,那用户的位置隐私可以说彻底暴露在攻击者面前了。

5.4.4　保护位置隐私的手段

为了应对与日俱增的针对位置隐私的威胁,人们想出了种种手段来保护位置隐私。这些保护手段,大致来说可以分成4类。

①制度约束:通过法律和规章制度来规范物联网中对位置信息的使用。

②隐私方针:允许用户根据自己的需要来制订相应的位置隐私方针,以此指导移动设备与服务提供商之间的交互。

③身份匿名:将位置信息中的真实身份信息替换为一个匿名的代号,以此来避免攻击者将位置信息与用户的真实身份挂钩。

④数据混淆:对位置信息的数据进行混淆,避免让攻击者得知用户的精确位置。

其中,前两类手段可以说是"以行政对抗技术",而后两种手段可以说是"以技术对抗技术",它们都有各自的优缺点。需要注意的是,天下没有免费的午餐,为了保护位置隐私,往往需要牺牲服务的质量。如果需要得到完全彻底的隐私保护,只有彻底切断与外界的通信。换言之,只要设备还连接在网络中,还在享受着各种服务的便利,就不可能完全保护隐私。隐私的保护,往往是在位置隐私的安全程度和服务质量之间找一个均衡点。

下面将对这4大类的位置隐私保护手段一一解说。

1. 制度约束

遵循5条原则:①用户享有知情权;②用户享有选择权;③用户享有参与权;④数据采集者有确保数据准确性和安全性的义务;⑤强制性,上述条款须有强制力的保证执行。

优点:一切隐私保护的基础,有强制力确保实施。

缺点:各国隐私法规不同,为服务跨区域运营造成不便;一刀切,难以针对不同的人不同的隐私需求进行定制;只能在隐私被侵害后发挥作用;立法耗时甚久,难以赶上最新的技术进展。

2. 隐私方针

可以为不同的用户定制针对性隐私保护。分为两类:

①用户导向型:由用户指定一套位置隐私的要求,例如限定信息的用途,指定信息的保存期限,限制数据的重传等。

②服务提供商导向型:由服务提供商公布自己对于用户信息的使用方式,由用户来决定是否将位置信息提供给服务方。

优点:可定制性好,用户可根据自身需要设置不同的隐私级别。

缺点:缺乏强制力保障实施;对采用隐私方针机制的服务商有效,对不采用该机制的服务商无效。

3. 身份匿名

"身份匿名"的思想认为"一切服务商皆可疑";隐藏位置信息中的"身份";服务商能利用位置信息提供服务,但无法根据位置信息推断用户身份。

常用技术是K匿名。K匿名的基本思想是,让用户发布的位置信息和另外k-1个用户的位置信息变得不可分辨,这样,即使攻击者通过某些途径得知了这k个用户的真实身份,他也难将k个匿名代号和k个真实身份一一对应起来。为了达到这个效果,需要对位置信息进行一些处理,为此需要引入一个可信的中介。当用户需要和服务提供商进行通信的时候,用户将真实精确的位置信息发送给中介,而中介对信息进行处理之后,再将处理后的信息发送给服务提供商,并将提供商返回的数据传递给用户。

中介又是如何对数据进行处理的呢?大致有两种方式:一种是对空间信息进行处理,首先将所有用户所在的区域划分为许多个小块,每个小块中至少有k个用户,然后当用户要提交位置信息的时候,将信息中的空间位置调包成用户所在的小块区域,这样任何一个提交的位置信息,都至少有k个处在同一个小块中的一模一样的位置信息,让攻击者无从分辨。第二种方法是对时间信息进行处理,将用户的位置信息延迟发布,直到有k个不同的用户都到过这一个位置之后,再将这k条信息一起发布。这两种方法各有缺点,空间处理会造成位置精度的下降,有时候为了达成k匿名,不得不提交一个巨大的空间范围,这会造成服务质量的下降;而时间处理则损失了信息的时效性,信息发布前的等待时间往往过长,用户因此无法得到及时的服务。实际中,这两种方法往往结合使用,在空间精度和时效性之间找到一个平衡。

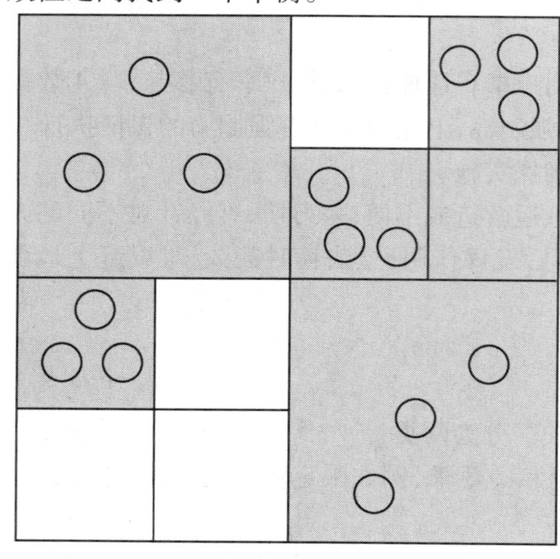

图5.12 3-匿名

身份匿名的隐私保护策略有两个主要缺陷:其一,由于掩盖了真实身份,一部分依赖于用户身份的服务将无法正常进行,譬如在员工到达办公地点后自动进行签到的服务,如果不知道位置信息的真实身份,自然就无法正常运作。其二,要实现身份匿名,往往需要借助一个中介来统合不同用户的位置信息,从而造成用户的身份变得不可分辨,而中介的引入势必带来不菲的额外开销。

例如:3-匿名,如图5.12所示。

圆圈:3个用户精确位置。

灰色方块:向服务商汇报的位置信息。

4. 数据混淆

“即使攻击者知道我是谁,也不知道我正在做什么。”为了达到这个目的,需要对位置信息进行混淆。

数据混淆主要有3种方法:①模糊范围是降低位置信息的精度,扩大其位置范围,不采用精确的坐标,如图5.13中的03、05所示。例如,假设用户此时正在北京的人民英雄纪念碑前游览,模糊范围是用“我在天安门广场”作为发布的位置信息。②声东击西则是指用附近的一个随机地点来代替真实的位置,例如,假设用户此时正在北京的人民英雄纪念碑前游览,用“我在人民大会堂”作为发布的位置。③含糊其词则是在发布的位置中引入一些模糊的语义词汇,例如,假设用户此时正在北京的人民英雄纪念碑前游览,用“我在毛主席纪念堂附近”作为发布的位置信息。

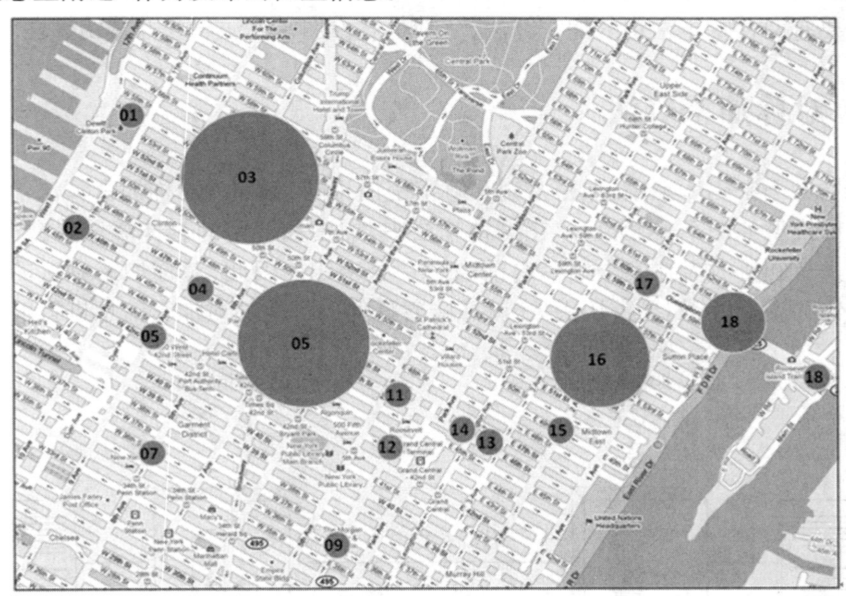

图5.13 数据混淆

与身份匿名相比,数据混淆的优势在于支持各种依赖用户真实身份、需要认证的服务,同时不需要中介,可以进行轻量化、分布式的部署。

优点:服务质量损失相对较小;不需中间层,可定制性好;支持需要身份信息的服务。

缺点:运行效率低;支持的服务有限。

技能练习

搜索查看并分析校园卡的安全隐患。

5.5 数据加密的实现

5.5.1 概 述

密码学是一门研究密码技术的科学,其基本思想就是伪装信息,使未授权的人无法理解其含义。所谓伪装,就是将计算机中的信息进行一组可逆的数字变换的过程。密码学经历了古典密码学和现代密码学两个阶段。古典密码学主要是针对字符进行加密,加密数据的安全性取决于算法的保密,如果算法被人知道了,密文也就很容易被人破解;现代加密学主要有两种基于密钥的加密算法,分别是对称加密算法和公开密钥算法。

5.5.2 对称加密算法

如果在一个密码体系中,加密密钥和解密密钥相同,就称为对称加密算法。对称加密算法的通信模型如图 5.14 所示。在这种算法中,加密和解密的具体算法是公开的,要求信息的发送者和接收者在安全通信之前商定一个密钥。因此,对称加密算法的安全性完全依赖密钥的安全性,如果密钥丢失,就意味着任何人都能够对加密信息进行解密了。

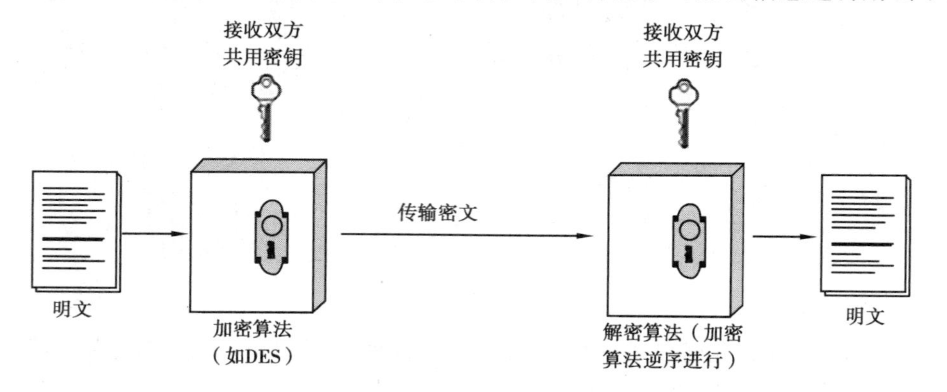

图 5.14 对称加密算法通信模型

典型的对称加密算法主要有数据加密标准(DES)算法、高级加密标准(AES)算法和国际数据加密算法(IDEA)。其中 DES(Data Encryption Standard)算法是美国政府在 1977 年采纳的数据加密标准,是由 IBM 公司为非机密数据加密所设计的方案,后来被国际标准局采纳为国际标准。DES 以算法实现快、密钥简短等特点成为现在使用非常广泛的一种加密标准。

5.5.3 公开密钥算法

在对称加密算法中,使用的加密算法简单高效、密钥简短,破解起来比较困难。但是,一方面由于对称加密算法的安全性完全依赖于密钥的保密性,在公开的计算机网络上如何安全传递密钥成为一个严峻的问题。另一方面,随着用户数量的增加,密钥的数量也将急剧增加,如何对数量如此庞大的密钥进行管理是另外一个棘手的问题。

公开密钥算法很好地解决了这两个问题。其加密密钥和解密密钥完全不同,而且解密密钥不能根据加密密钥推算出来。之所以称为公开密钥算法,是因为其加密密钥是公开的,任何人都能通过查找相应的公开文档得到,而解密密钥是保密的,只有得到相应的解密密钥才能解密信息。在这个系统中,加密密钥称为公开密钥(Public Key,简称公钥),解密密钥称为私人密钥(Private Key,简称私钥)。公开密钥算法的通信模型如图 5.15 所示。

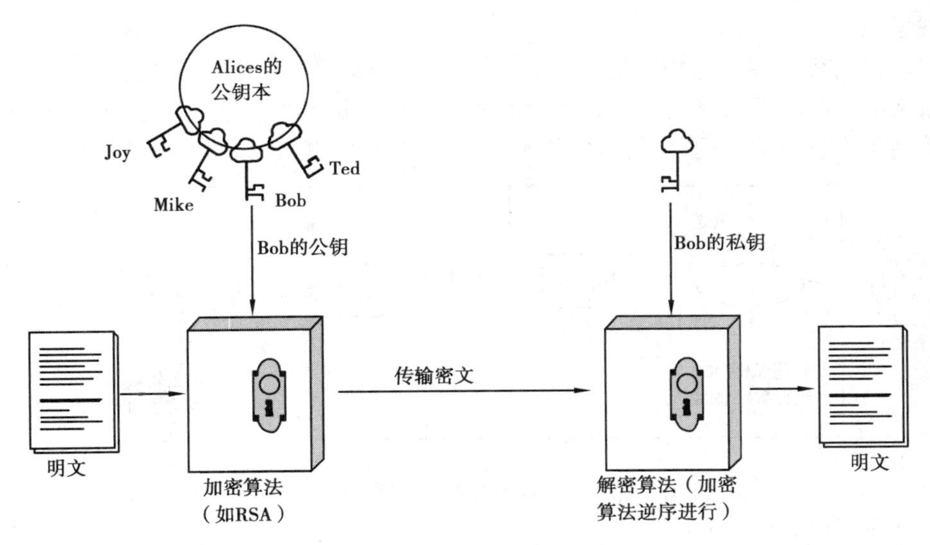

图 5.15　公开密钥算法通信模型

由于用户只需要保存好自己的私钥,而对应的公钥无需保密,需要使用公钥的用户可以通过公开的途径得到公钥,因此不存在对称加密算法中的密钥传送问题。同时,n 个用户相互之间采用公开密钥算法进行通信,需要的密钥对数量也仅为 n,密钥的管理较对称加密算法简单得多。

典型的公开密钥算法主要有 RSA、DSA、ElGamal 算法等。其中 RSA 算法是由美国的 R. L. Rivest、A. Shamirt 和 M. Adleman 3 位教授提出的,算法的名称取自 3 位教授的名字。RSA 算法是第一个提出的公开密钥算法,是至今为止最为完善的公开密钥算法之一。

5.5.4 数字签名技术

数字签名技术是实现交易安全的核心技术之一，它的实现基础就是加密技术。以往的书信或文件是根据亲笔签名或印章来证明其真实性的。那么，如何对网络上传送的文件进行身份验证呢？这就是数字签名所要解决的问题。一个完善的数字签名应该解决好下面3个问题：

①接收者能够核实发送者对报文的签名。

②发送者事后不能否认自己对报文的签名。

③除了发送者外，其他任何人不能伪造签名，也不能对接收或者发送的信息进行篡改、伪造。

数字签名的实现采用了密码技术，其安全性取决于密码体系的安全性。现在，经常采用公开密钥加密算法实现数字签名，特别是采用RSA算法。下面简单介绍一下数字签名的实现思想。

假定发送者A要发送报文信息给B，那么A采用自己的私钥对报文进行加密运算，实现对报文的签名。然后将结果发送给接收者B。B在收到签名报文后，采用已知A的公钥对签名报文进行解密运算，就可以得到报文原文，核实签名，如图5.16所示。

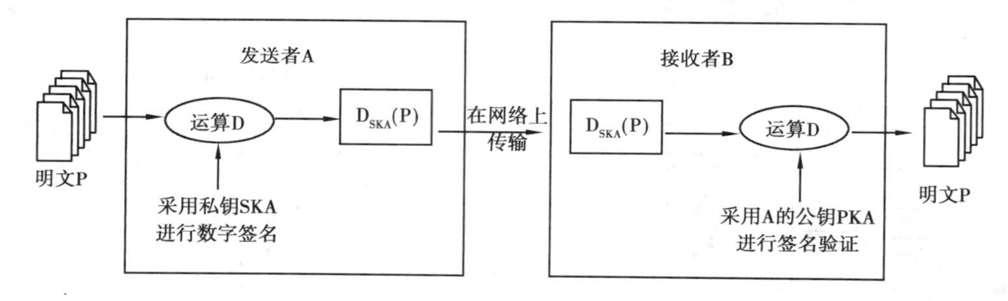

图5.16 数字签名的实现示意图

对上述过程分析如下：

①因为除发送者A外没有其他人知道A的私钥，所以除A外没人能生成这样的密文，因此B相信该报文是A签名后发送的；

②如果A要否认报文由自己发送，那么B可以将报文和报文密文提供给第3方，第3方很容易用已知的A的公钥证实报文确实是A发送的；

③如果B对报文进行篡改和伪造，那么B就无法给第3方提供相应的报文密文，这就证明B篡改或伪造了报文。

技能练习

数据加密的实践

教学目标

掌握对称加密算法应用；掌握公开密钥算法实现数字签名的方法；熟悉PGP系统

(Pretty Good Privacy,基于 RSA 公匙加密体系的邮件加密软件)的使用(完成对文件的加密及解密、邮件的加密和签名及相应地解密及验证签名)。

实训环境

- 网络实训室
- PC(安装 PGP 系统)人手一台,两人为一组互相进行加密、签名及验证。

操作步骤

(1)密钥对的生成

①点击菜单 File→New→New Key 开始生成个人密钥对,其操作界面如图 5.17 所示。

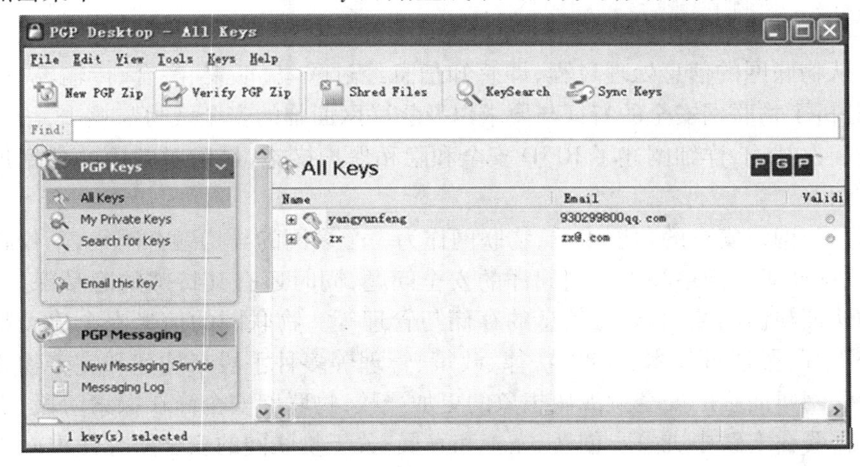

图 5.17 PGP 管理界面

②在弹出向导对话框里输入全名和邮件地址(邮件地址是代表个人的唯一标识)。

③为本地保管的私钥设定一个口令,要求口令大于 8 位且不能全部为字母。

④单击"完成"按纽完成密钥对的生成。

(2)密钥的导出和导入

①选中要导出的密钥,用菜单 Keys→Export 导出扩展名为 asc 的文件,将其转发给其他人。

②用菜单 Keys→Import 导入扩展名为 asc 的文件,导入后其他人的公钥显示为"无效"且"不可信任"的,如果确信该公钥是正确的,由第三方使用个人私钥对其进行签名担保,此时其他人的公钥显示为"有效",再打开该公钥的属性对话框,将信任状态设为 Trusted,此时其他人的公钥显示为"可信任的"。

(3)文件的加密和解密

①选中要加密的文件,点击右键选快捷菜单中 PGP 的 Encrypt 命令,在弹出的密钥对话框选择加密使用的公钥(如果由本人解密则选用自己的公钥,如果该文件将来只能由其他人解密,则选用相应其他人的公钥进行加密)。

②解密时只要双击该文件,在弹出的对话框中输入私密的口令即可。

(4)邮件的加密、签名和解密、验证签名

①将输入焦点定位到邮件内容框内,右击桌面窗口右下角 PGP Desktop 图标,在快捷

菜单中选 Current Window→Encrypt & Sign，在弹出的对话框中选对方的公钥进行加密，用自己的私钥进行签名。

②在收到的邮件中，将光标焦点定位到内容框中，右击桌面窗口右下角 PGP Desktop 图标，在快捷菜单中选 Current Window→Decrypt & Verify 则完成解密及验证签名(如果出现不能解密或无法验证签名的话，请检查加密、签名所用的密钥)。

本章小结

本章从物联网的信息处理过程，即感知信息经过采集、汇聚、融合、传输、决策与控制等过程，分析了物联网安全的特征与要求以及物联网面临的安全威胁与攻击，给出了物联网的安全层次结构，详细阐述了 RFID 安全和隐私保护措施，最后对常用的数据加密技术进行了介绍。

从信息与网络安全的角度来看，物联网作为一个多网的异构融合网络，不仅存在与传感器网络、移动通信网络和因特网同样的安全问题，同时还有其特殊的隐私保护问题、异构网络的认证与访问控制问题、信息的存储与管理等。物联网的信息安全建设是一个复杂的系统工程，要通过技术、标准、法律、政策、管理等多种手段来构建和完善物联网安全体系。物联网所面临的安全挑战比想象的更加严峻，物联网安全尚在探索阶段，而网络安全机制还需要在实践中进一步创新、完善和发展，关于物联网的安全研究任重而道远。

一、不定项选择题

1. RFID 安全系统解决方案的基本特征是(　　)。

A. 机密性　　B. 完整性　　C. 可用性　　D. 真实性

2. 物联网的安全需求有(　　)。

A. 机密性　　B. 完整性　　C. 可用性　　D. 物理性

3. RFID 主要隐私问题有(　　)两项。

A. 隐私信息泄露　　B. 信息篡改　　C. 跟踪　　D. RFID 病毒

4. 为了避免冒名发送数据或发送后不承认的情况出现，可以采取的办法是(　　)。

A. 数字水印　　B. 数字签名　　C. 访问控制　　D. 发电子邮件确认

5. 数字签名技术是公开密钥算法的一个典型应用，在发送端，采用(　　)对要发送的信息进行数字签名；在接收端，采用(　　)进行签名验证。

A. 发送者的公钥　　B. 发送者的私钥
C. 接收者的公钥　　D. 接收者的私钥

6. 为了保证密码的安全性,应该采取的正确措施有(　　)。
A. 不用生日做密码　　B. 不要使用少于5位的密码
C. 不要使用纯数字　　D. 将密码设置得非常复杂并保证在20位以上

二、简答题

1. 物联网安全特征有哪些?
2. 物联网的安全目标是什么?
3. 物联网面临的安全威胁有哪些?
4. 物联网面临的安全攻击有哪些?
5. 物联网安全体系中三层安全包括什么?
6. RFID有哪些主要安全隐患?
7. RFID典型的隐私保护机制有哪些?
8. 保护位置隐私的手段有哪些?

第6章 物联网的技术标准

教学目标

理解物联网标准制定的意义

熟悉中国及国际物联网标准制定的现状

了解推进物联网标准化应该遵循的策略

重点、难点

物联网标准的现状

全面推进物联网标准化的策略

6.1 物联网标准制定的意义

目前,发达国家正争相布局物联网,而最为关键的争夺则是对物联网核心技术专利主导权与国际标准的掌控。物联网作为国家的新兴战略产业,必须及早谋划、突破关键的核心技术,加速知识产权布局,尽快建立我国自主的物联网标准体系。

《物联网"十二五"发展规划》中指出,要"以构建物联网标准化体系为目标,依托各领域标准化组织、行业协会和产业联盟,重点支持共性关键技术标准和行业应用标准的研制,完善标准信息服务、认证、检测体系,推动一批具有自主知识产权的标准成为国际标准",其中,重点推动"标准化体系构架""共性关键技术标准""重点行业应用标准""信息安全标准""标准化服务"等。

标准建立对于物联网发展至关重要。统一标准,不同的网络系统才能互联互通,促成大规模生产,降低单业务成本,从而惠利产业发展。而实际情况是,随着物联网技术的不断进步,市场也在日益扩大,各国不同的企业和机构均初步建立了各自的技术方案,但核心技术研发方面缺乏协同,方案间缺乏统一的规划和接口;企业业务以定制项目为主,缺乏可复制性;企业之间没有标准接口,无法共享资源。

造成标准参差不齐的原因主要是,各国和各组织都意图在物联网的标准化高地谋求一席之地。物联网是全球一同起步的新兴领域,因此,在物联网领域争取到话语权,将对我国物联网发展起到极其积极的作用。

标准从某种意义上讲,是国家主权的一种体现。2007 年,我国超前于国际正式启动传感网标准化工作。"感知中国"强调以感知为核心,其立意明显高于美国偏重计算的"智慧地球"计划。此种先发优势,使我国已占领国际物联网技术与标准制高点。在我国争取下,首届 ISO/IECJTC1 国际传感网标准化大会(SGSN)于 2008 年 6 月在上海召开。我国联合美国、德国和韩国等推动 ISO/IECJTC1 于 2009 年 10 月正式成立传感器网络国际标准化工作组(WG7),使我国成为国际传感网标准化的主导国之一。自 2007 年以来,我国提出了多项传感网通信技术标准提案在 IEEE802.15.4e、IEEE802.15.4g 中均已被采纳,成为 IEEE802.15.4 系列标准的组成部分。2010 年 3 月,我国主导提出的第一项传感网国际标准《智能传感器网络协同信息处理支撑服务和接口》在 ISO/IECJTC1 正式立项,这是我国首个牵头在传感网国际标准中立项的项目。2010 年 5 月承办了美国 IEEE802 在我国大陆的首次标准全会,代表我国在信息技术领域的国际地位和影响力显著提高。

有了国际标准,并不意味着我国物联网企业就可以坐等市场利润和份额。目前,我国的物联网技术,尤其在传感器、芯片、关键设备制造、智能通信与控制、海量数据处理等核心技术上与发达国家仍有差距,也缺乏拥有强大技术实力和竞争力的龙头企业。因此,如何将标准优势转化成技术优势、竞争优势,是难点也是关键。

同时,中国要想借助新兴产业发展成为世界强国,还要在标准制定上采取开放的态度。在物联网的基础标准领域,我们要积极参与制定国际标准,并按照国际标准建设国内的物联网;同时,我们还需要在国际基础标准之上,再加上本国的信息安全标准,进而建设积极开放的物联网标准体系。

物联网是以感知为核心的全新的综合信息系统,并不是现有网络的延伸,它拥有自己的协议算法、关键技术、体系架构和产业模式。国际标准和国家标准中均已确定了物联网的三层体系架构,其中,感知层是物联网的核心,与现有基础网络相结合,提供感知服务,真正实现对物理世界无处不在的感知。我国主导"智能传感器网络协同信息处理支撑服务和接口""传感网系统架构"等系列国际标准的制定,为这一发展趋势奠定了重要基础。

在机遇与挑战并存的物联网产业发展中,中国有着广阔的、世界最大的信息市场和种类齐全的装备制造业,这将为我们带来话语权。但由于物联网产业链条长,覆盖领域广泛,物联网产业各环节的标准高低也不尽相同,因此从技术角度来看,我国物联网产业各个环节的技术标准需要走好三步棋:①在已经落后的标准领域努力"挤进去";②在同步研发的标准领域要能"抢到位";③在我国领先的标准领域能及时"圈到地"。从而使我国在物联网产业链条上的各环节都能找到合适位置。

当前,物联网已到了产业化尤其是标准化的关键时期,实施以感知为核心的物联网标准化战略迫在眉睫。要依托现有的国际标准化优势,结合我国物联网发展总体战略规划,实施以感知为核心的物联网标准化战略,推行形成"共性平台应用子集"产业结构,推动我国物联网产业健康有序发展,在国家层面统一协调,重点突破核心卡位技术、规模产业发展路线、商业模式等关键点,保障我国在国际物联网产业链体系中占领高端,推动物联网大规模产业化。

6.2　国际物联网标准制定现状

物联网覆盖的技术领域非常广泛,涉及总体架构、感知技术、通信网络技术、应用技术等各个方面。目前介入物联网领域的主要国际标准组织有 IEEE、ISO、ETSI、ITU-T、3GPP、3GPP2 等。物联网标准组织有的(ETSI)从机器对机器通信(M2M)的角度进行研究,有的(ITU-T)从泛在网角度进行研究,有的从互联网的角度进行研究,有的(ISO、IEEE)专注传感网的技术研究,有的(3GPP、3GPP2)关注移动网络技术研究,有的关注总体架构研究。

在应用技术方面,各标准组织都有一些研究,主要是针对特定应用制订标准。

总的来说,国际上物联网标准工作还处于起步阶段,目前各标准组织自成体系,标准内容涉及架构、传感、编码、数据处理、应用等,不尽相同。

各标准组织都比较重视应用方面的标准制订。在智能测量、E-Health、城市自动化、汽车应用、消费电子应用等领域均有相当数量的标准正在制订中,这与传统的计算机和通信领域的标准体系有很大不同(传统的计算机和通信领域标准体系一般不涉及具体的应用标准),这也说明了"物联网是由应用主导的"观点在国际上已成为共识。

图 6.1 所示是物联网在不同领域的主要标准组织分布情况。本节选择一些在物联网领域重要的有一定影响力的标准组织进行简要介绍。

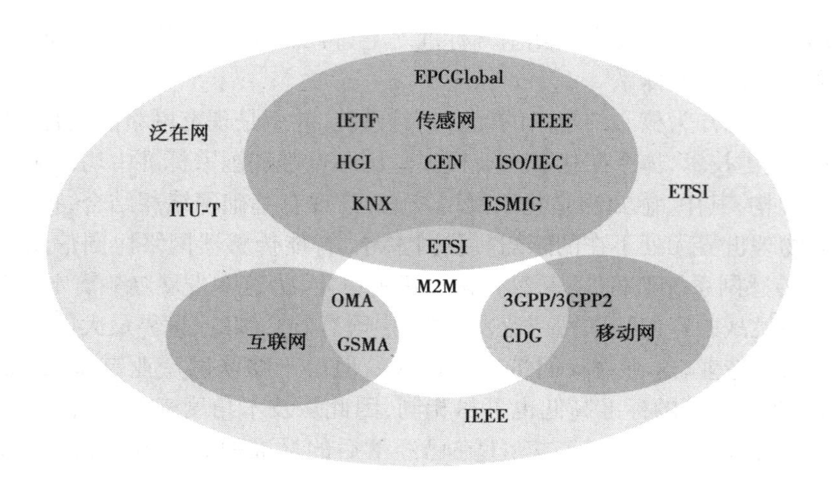

图 6.1 物联网在不同领域的主要标准组织分布情况

6.2.1 ITU-T 物联网标准进展

提到物联网标准,首先必须先提一下 ITU-T(国际电信联盟)。ITU-T 早在 2005 年就开始进行泛在网的研究,可以说是最早进行物联网研究的标准组织。

ITU-T 的研究内容主要集中在泛在网总体框架、标识及应用三方面。ITU-T 在泛在网研究方面已经从需求阶段逐渐进入框架研究阶段,目前研究的框架模型还处在高层层面。ITU-T 提出的物联网架构,在第三章已经介绍过。

ITU-T 在标识研究方面和 ISO 通力合作,主推基于对象标识(OID)的解析体系;ITU-T 在泛在网应用方面已经逐步展开了对健康和车载方面的研究。下面详细介绍 ITU-T 各个相关研究课题组的研究情况。

SG13 组主要从 NGN 角度展开泛在网相关研究,标准主导是韩国。目前标准化工作集中在基于 NGN 的泛在网络/泛在传感器网络需求及架构研究、支持标签应用的需求和架构研究、身份管理(IDM)相关研究、NGN 对车载通信的支持等方面。

SG16 组成立了专门的问题组展开泛在网应用相关的研究,日、韩共同主导,内容集中在业务和应用、标识解析方面。SG16 组研究的具体内容有:Q. 25/16 泛在感测网络(USN)应用和业务、Q. 27/16 通信/智能交通系统(ITS)业务/应用的车载网关平台、Q. 28/16 电子健康(E-Health)应用的多媒体架构、Q. 21 和 Q. 22 标识研究(主要给出了针对标识应用的需求和高层架构)。

SG17 组成立有专门的问题组展开泛在网安全、身份管理、解析的研究。SG17 组研究的具体内容有:Q. 6/17 泛在通信业务安全、Q. 10/17 身份管理架构和机制、Q. 12/17 抽象语法标记(ASN. 1)、OID 及相关注册。

SG11 组成立有专门的问题组"NID 和 USN 测试规范",主要研究节点标识(NID)和泛在感测网络(USN)的测试架构、H. IRP 测试规范以及 X. oid-res 测试规范。

6.2.2 ETSI 物联网标准进展

ETSI(欧洲电信标准化协会)采用 M2M 的概念进行总体架构方面的研究,相关工作的进展非常迅速,是在物联网总体架构方面研究得比较深入和系统的标准组织,也是目前在总体架构方面最有影响力的标准组织。

ETSI 专门成立了一个专项小组(M2M TC)从 M2M 的角度进行相关标准化研究。ETSI 成立 M2M TC 小组主要是考虑:目前虽然已经有一些 M2M 的标准存在,涉及各种无线接口、格状网络、路由和标识机制等方面,但这些标准主要是针对某种特定应用场景,彼此相互独立,如何将这些相对分散的技术和标准放到一起并找出不足,这方面所做的工作很少。在这样的研究背景下,ETSI M2M TC 小组的主要研究目标是从端到端的全景角度研究机器对机器通信,并与 ETSI 内 NGN 的研究及 3GPP 已有的研究展开协同工作。

M2M TC 小组的职责是:从利益相关方收集和制订 M2M 业务及运营需求,建立一个端到端的 M2M 高层体系架构(如果需要会制订详细的体系结构),找出现有标准不能满足需求的地方并制订相应的具体标准,将现有的组件或子系统映射到 M2M 体系结构中,针对 M2M 解决方案间的互操作性(制订测试标准),硬件接口标准化方面,与其他标准化组织进行交流及合作。

6.2.3 3GPP/3GPP2 物联网标准进展

3GPP(the 3rd Generation Partner Project,第三代合作伙伴计划)和 3GPP2 也采用 M2M 的概念进行研究。作为移动网络技术的主要标准组织,3GPP 和 3GPP2 关注的重点在于物联网网络能力增强方面,是在网络层方面开展研究的主要标准组织。

3GPP 针对 M2M 的研究主要从移动网络出发,研究 M2M 应用对网络的影响,包括网络优化技术等。3GPP 研究范围为:只讨论移动网的 M2M 通信;只定义 M2M 业务,不具体定义特殊的 M2M 应用。Verizon、Vodafone 等移动运营商在 M2M 的应用中发现了很多问题,例如大量 M2M 终端对网络的冲击,系统控制面容量的不足等。因此,在 Verizon、Vodafone、三星、高通等公司推动下,3GPP 对 M2M 的研究在 2009 年开始加速,目前基本完成了需求分析,转入网络架构和技术框架的研究,但核心的无线接入网络(RAN)研究工作还未展开。

相比较而言,3GPP2 相关研究的进展要慢一些,目前关于 M2M 方面的研究多处于研究报告的阶段。

6.2.4 IEEE 物联网标准进展

在物联网的感知层研究领域,IEEE 的重要地位显然是毫无争议的。目前无线传感网领域用得比较多的 Zigbee 技术就基于 IEEE 802.15.4 标准。

IEEE 802 系列标准是 IEEE 802 LAN/MAN 标准委员会制订的局域网、城域网技术标准。1998 年 IEEE 802.15 工作组成立，专门从事无线个人局域网(WPAN)标准化工作。在 IEEE 802.15 工作组内有 5 个任务组，分别制订适合不同应用的标准。这些标准在传输速率、功耗和支持的服务等方面存在差异。

TG1 组制订 IEEE 802.15.1 标准，即蓝牙无线通信标准。标准适用于手机、PDA 等设备的中等速率、短距离通信。

TG2 组制订 IEEE 802.15.2 标准，研究 IEEE 802.15.1 标准与 IEEE 802.11 标准的共存。

TG3 组制订 IEEE 802.15.3 标准，研究超宽带(UWB)标准。标准适用于个域网中多媒体方面高速率、近距离通信的应用。

TG4 组制订 IEEE 802.15.4 标准，研究低速无线个人局域网(WPAN)。该标准把低能量消耗、低速率传输、低成本作为重点目标，旨在为个人或者家庭范围内不同设备之间的低速互联提供统一标准。

TG5 组制订 IEEE 802.15.5 标准，研究无线个人局域网(WPAN)的无线网状网(MESH)组网。该标准旨在研究提供 MESH 组网的 WPAN 的物理层与 MAC 层的必要机制。

传感器网络的特征与低速无线个人局域网(WPAN)有很多相似之处，因此传感器网络大多采用 IEEE 802.15.4 标准作为物理层和媒体存取控制层(MAC)，其中最为著名的就是 ZigBee。因此，IEEE 的 802.15 工作组也是目前物联网领域在无线传感网层面的主要标准组织之一。中国也参与了 IEEE 802.15.4 系列标准的制订工作，其中 IEEE 802.15.4c 和 IEEE 802.15.4e 主要由中国起草。IEEE 802.15.4c 扩展了适合中国使用的频段，IEEE 802.15.4e 扩展了工业级控制部分。

6.3 中国物联网标准制定现状

物联网国内标准化组织主要有电子标签国家标准工作组、传感器网络标准工作组、泛在网技术工作委员会和中国物联网标准联合工作组。

6.3.1 电子标签国家标准工作组

为促进我国电子标签技术和产业的发展，加快国家标准和行业标准的制定、修订速度，充分发挥政府、企事业、研究机构、高校的作用，经原信息产业部科技司批准，2005 年 12 月 2 日，电子标签标准工作组在北京正式宣布成立。该工作组的任务是联合社会各方面力量，开展电子标签标准体系的研究，并以企业为主体进行标准的预先研究和制定修订工作。

电子标签标准工作组成员单位参与制定的 RFID 标准主要有《GB 18937—2003 全国

产品与服务统一标识代码编制规则》《TB/T 3070—2002 铁路机车车辆自动识别设备技术条件》以及在上海市使用的《送检动物电子标示通用技术规范》。

工作组目前已经公布的相关 RFID 标准主要有参照 ISO/IEC 15693 标准的识别卡和无触点的集成电路卡标准,即《GB/T 22351.1—2008 识别卡　无触点的集成电路卡　邻近式卡　第 1 部分:物理特性》和《GB/T 22351.3—2008 识别卡　无触点的集成电路卡　邻近式卡　第 3 部分:防冲突和传输协议》。

6.3.2　传感器网络标准工作组

传感器网络标准工作组是由国家标准化管理委员会批准筹建,全国信息技术标准化技术委员会批准成立并领导,从事传感器网络(简称传感网)标准化工作的全国性技术组织。传感器网络标准工作组是由 PG1(国际标准化)、PG2(标准体系与系统架构)、PG3(通信与信息交互)、PG4(协同信息处理)、PG5(标识)、PG6(安全)、PG7(接口)和 PG8(电力行业应用调研)等 8 个专项组构成,开展具体国家标准的制定工作。

传感器网络标准工作组在 2009 年 12 月完成了 6 项国家标准和 2 项行业标准的立项工作,6 项国家标准包括总则、术语、通信和信息交互、接口、安全、标识,2 项电子行业标准是机场传感器网络防入侵系统技术要求,以及面向大型建筑节能监控的传感器网络系统技术要求。这 6 项国家标准和 2 项行业标准现已完成。

除了 2009 年 12 月立项的 6 项国家标准,2010 年 1 月,工作组又申报了 4 项国家标准的立项,即传感器网络网关技术要求,传感器网络协同信息处理、智能服务与接口,传感器网络节点中间件规范,传感器网络数据描述规范。其中,传感器网络智能服务和接口,在国际标准化组织中推动了一个新的工作项目,2010 年 3 月,这项标准已经通过了新工作项目的投票,随即启动国际标准化的制定工作。

6.3.3　泛在网技术工作委员会

2010 年 2 月 2 日,中国通信标准化协会(CCSA)泛在网技术工作委员会(TC10)成立大会暨第一次全会在北京召开。TC10 的成立,标志着 CCSA 今后在泛在网技术与标准化的研究将更加专业化、系统化、深入化,必将进一步促进电信运营商在泛在网领域进行积极的探索和有益的实践,不断优化设备制造商的技术研发方案,推动泛在网产业健康快速发展。

6.3.4　中国物联网标准联合工作组

2010 年 6 月 8 日,在国家标准化管理委员会、工业和信息化部等相关部委的共同领导和直接指导下,由全国工业过程测量和控制标准化技术委员会、全国智能建筑及居住区数字化标准化技术委员会、全国智能运输系统标准化技术委员会等 19 家现有标准化组织联合倡导并发起成立物联网标准联合工作组。联合工作组将紧紧围绕物联网产业与应用发展需求,统筹规划,整合资源,坚持自主创新与开放兼容相结合的标准战略,加快推进我国物联网国家标准体系的建设和相关国标的制定,同时积极参与有关国际标准的制定,以掌握发展的主动权。

6.4 全面推进物联网标准化

具体来说,我国在建立健全物联网标准体系,使之能够为物联网产业大规模发展提供标准化有力支撑的过程中,建议遵循以下标准化推进策略。

6.4.1 进行术语和体系结构等项层设计,做到认识统一

物联网的术语、技术需求、系统体系结构、参考模型等项层设计是今后物联网标准化工作能够有序、可持续开展的重要保证。作为新出现的事物,物联网具有全新的内涵。面对当前社会各界对物联网存在不同解读、思想较为混乱的形势,应加快进行物联网术语、系统体系结构、参考模型等基础标准的立项和研制,在尽量短的时间内以标准为准则,统一社会各界对物联网实质的思想认识,在最大范围内形成合力,推动物联网技术与产业快速发展。

6.4.2 明确标准化的各阶段任务,做到急用先行

需要认识到,物联网是一个动态的概念,其内涵将随技术的发展而不断持续演进。相对应地,物联网的标准化工作也是长期、渐进性的系统工程,必须分步骤、有计划地开展,物联网相关领域的标准研制,按照技术发展和需求现状分解各阶段的标准化任务。目前,针对我国基础薄弱或物联网产业急需大规模应用的技术领域,如高端智能传感器、超高频电子标签、传感器网络,应优先进行标准立项,加快标准制定步伐。

6.4.3 分析标准化的基础与现状,做到重点突出

具有全新内涵的物联网并非需要全部重新开发全新的技术。尽管目前已出现不少物联网技术应用,但是物联网中,相关技术的发展水平并不均衡。经过近些年的投入和发展,RFID、互联网、移动通信网等技术标准和应用已相对成熟,其中更是涌现出 TD-SCDMA 等具有自主知识产权的技术与标准。通观物联网的三层技术体系结构,可以看出,网络层作为物联网中数据的远距离传输通道,技术和标准成熟度最好,已经基本能够承载近期物联网的初步应用。当然,为满足未来物联网的深度应用,还需对网络层技术和标准进行扩展。作为与物理世界最直接的沟通媒介,物联网的大规模应用必将带来感知层技术和设

备的广泛布设。当前,为了提升我国与国外差距巨大的感知层技术与标准整体水平,必须把智能传感器、超高频 RFID、嵌入式系统、协同信息处理和服务支持等基础关键技术标准作为重中之重,以自主创新的核心技术带动标准的突破和创新。物联网的应用层直接紧密联系着千差万别的行业应用模式,担负着使物联网成为可运营、可管理、可持续壮大的综合性信息服务系统的重任,其标准化工作没有先例可循,需立即着手进行标准化研制工作。总之,物联网的标准化应重点突出,集中力量攻克感知层和应用层关键技术与标准。

6.4.4　研究国际国内标准化进展,做到同步推进

ISO、IEC、ITU、IEEE、IETF 等国际标准化组织已陆续开展了物联网相关技术的标准化工作,如 ISO/IEC JTC1 的传感器网络标准工作组、ITU 的 SG13 工作组的泛在网络标准研究、IEEE 的 802.15.4 工作组的短距离通信标准研究、IETF 的 6LoWPAN 工作组的短报头 IPv6 标准研究等。国内一些重要标准化组织也在同步开展国家和行业标准的研制工作,并已提出协同信息处理与服务支撑接口等国际标准提案。未来的物联网将是一个跨部门、跨国界的庞大产业,我国的标准化工作应提早布局,做到国家标准与国际标准同步推进,争取在未来的这一战略性新兴产业高地占据一席之地

6.4.5　协调行业和标准化组织关系,做到有序协作

物联网是典型的交叉学科,所涉及的技术门类众多,其以数据为中心,面向应用的特性对原有自留地耕作式的标准制定模式和流程提出了新的要求,需要突破固有思维,大胆进行标准化思想创新。反映到标准制定过程中,既要从横向上考虑,做好各行业和部门间的协调合作,保证各自标准相互衔接,满足跨行业、跨地区的应用需求;又要从纵向上考虑,确保网络架构层面的互连互通,做好信息获取传输、处理、服务等环节标准的配套。特别是加强各个物联网相关标准化组织之间的协调沟通,建立及时有效的联络机制。协调各个标准组织,使其明确各自定位和范围,共同做好物联网标准体系建设。

6.4.6　结合应用示范工程与标准制定,做到良性互动

物联网的热潮在全国各地催生出大量的应用示范工程,这些应用示范工程大都是由政府买单,投入相当巨大。如何使得示范应用不会昙花一现,按照政府的初衷,真正起到带动物联网产业发展、促进物联网商业模式创新的作用,是摆在各级政府面前需要解决的急迫问题。与标准化工作的结合,可以使应用示范工程的相关成果和经验得以固化,以标准的形式指导后续应用示范工程的建设,在标准化工作和应用示范工程之间形成良性互动,避免不同技术体制的多个类似应用示范工程的重复建设,并为企业投身物联网产业链提供依据和保障。

总之,物联网标准体系的建设和相关标准的制定已进入全面推进阶段,但任重道远。

技能练习

搜索查看最新无线传感网相关标准、RFID 相关标准的制定进展，并简述其标准内容。

本章小结

标准建立对于物联网发展至关重要。统一标准，不同的网络系统才能互联互通，促成大规模生产，降低单业务成本，从而惠利产业发展。发达国家正争相布局物联网，而最为关键的争夺则是对物联网核心技术专利主导权与国际标准的掌控。物联网作为国家的新兴战略产业，必须及早谋划、突破关键的核心技术，加速知识产权布局，尽快建立我国自主的物联网标准体系。

目前介入物联网领域主要的国际标准组织有 IEEE、ISO、ETSI、ITU-T、3GPP、3GPP2 等。物联网国内标准化组织主要有电子标签国家标准工作组、传感器网络标准工作组、泛在网技术工作委员会和中国物联网标准联合工作组。

当前，推进物联网标准化工作，必须要紧紧围绕物联网的发展需求，统筹规划，整合资源，坚持自主创新与开放兼容相结合的标准战略，建立物联网标准化平台。协调各标准化机构的工作，做到分工合作，防止物联网标准制定过程中的混乱和无序状态。集中全国标准化资源，加快推进物联网国家标准体系的建设和相关国家标准的制定，同时积极参与并主导相关国际标准的制定，以掌握发展的主动权。

一、多选题

1. 物联网的中国标准组织有(　　)。

A. 电子标签国家标准工作组　　B. 传感网络标准工作组

C. 泛在网技术工作委员会　　D. 中国物联网标准联合工作组

2. 短距离无线通信相关标准包括(　　)。

A. 基于 NFC 技术的接口和协议标准　B. 低速物理层和 MAC 层增强技术标准

C. 基于 ZigBee 的网络层　　D. 应用层标准等

3. RFID 相关标准有(　　)。

A. 空中接口技术标准　　B. 数据结构技术标准

C. 一致性测试标准等　　D. 后台数据库标准

4. 无线传感网相关标准有(　　)。

A. 传感器到通信模块接口技术标准　B. 节点设备技术标准等

C. 电路标准　D. 感知标准

二、简答题

1. 为什么要制定物联网标准?

2. 中国《物联网"十二五"发展规划》中指出物联网标准工作主要有哪些内容?

3. 国际上有哪些组织参加了物联网标准的制定?

4. 国内的物联网标准化组织有哪些?

第7章 物联网应用案例

教学目标

熟悉物联网在智能电网中的应用形式及意义
熟悉物联网在智能交通中的应用形式及意义
熟悉物联网在智能物流中的应用形式及意义
熟悉物联网在智能家居中的应用形式及意义
熟悉物联网在环境监测中的应用形式及意义

重点、难点

智能交通、智能家居、环境监测
智能电网、智能物流

7.1 智能电网

7.1.1 智能电网的定义、特征及发展

1. 智能电网的定义

智能电网(Smart Power Grids)就是电网的智能化,也被称为“电网 2.0”,它是建立在集成的、高速的双向通信网络的基础上,通过先进的传感和测量技术、设备技术、控制方法以及决策支持系统的应用,实现电网的可靠、安全、经济、高效、环境友好和使用安全的目标。

2. 智能电网的主要特征及优势

智能电网的主要特征有:

①坚强——在电网发生大扰动和故障时,仍能保持对用户的供电能力,而不发生大面积停电事故;在自然灾害、极端气候条件下或外力破坏下仍能保证电网的安全运行;具有确保电力信息安全的能力。

②自愈——具有实时、在线和连续的安全评估和分析能力,强大的预警和预防控制能力,以及自动故障诊断、故障隔离和系统自我恢复的能力。

③兼容——支持可再生能源的有序、合理接入,适应分布式电源和微电网的接入,能够实现与用户的交互和高效互动,满足用户多样化的电力需求并提供对用户的增值服务。

④经济——支持电力市场运营和电力交易的有效开展,实现资源的优化配置,降低电网损耗,提高能源利用效率。

⑤集成——实现电网信息的高度集成和共享,采用统一的平台和模型,实现标准化、规范化和精益化管理。

⑥优化——优化资产的利用,降低投资成本和运行维护成本。

总之,与现有电网相比,智能电网体现出电力流、信息流和业务流高度融合的显著特点,其先进性和优势主要表现在:

①具有坚强的电网基础体系和技术支撑体系,能够抵御各类外部干扰和攻击,能够适应大规模清洁能源和可再生能源的接入,电网的坚强性得到巩固和提升。

②信息技术、传感器技术、自动控制技术与电网基础设施有机融合,可获取电网的全景信息,及时发现、预见可能发生的故障。故障发生时,电网可以快速隔离故障,实现自我恢复,从而避免大面积停电的发生。

③柔性交/直流输电、网厂协调、智能调度、电力储能、配电自动化等技术的广泛应用,使电网运行控制更加灵活、经济,并能适应大量分布式电源、微电网及电动汽车充放电设

施的接入。

④通信、信息和现代管理技术的综合运用,将大大提高电力设备使用效率,降低电能损耗,使电网运行更加经济和高效。

⑤实现实时和非实时信息的高度集成、共享与利用,为运行管理展示全面、完整和精细的电网运营状态图,同时能够提供相应的辅助决策支持、控制实施方案和应对预案。

⑥建立双向互动的服务模式,用户可以实时了解供电能力、电能质量、电价状况和停电信息,合理安排电器使用;电力企业可以获取用户的详细用电信息,为其提供更多的增值服务。

3. 我国智能电网的发展战略

国外智能电网的发展起步很早,图7.1展示了国外的发展情况。相比国外,国内的智能电网工程历程较短。2009年4月,中国国家电网公司领导与美国能源部长朱棣文相晤,在华盛顿发表演讲称:"中国国家电网公司正在全面建设以特高压电网为骨干网架、各级电网协调发展的坚强电网,以信息化、数字化、自动化、互动化为特征的自主创新、国际领先的'智能电网'。"

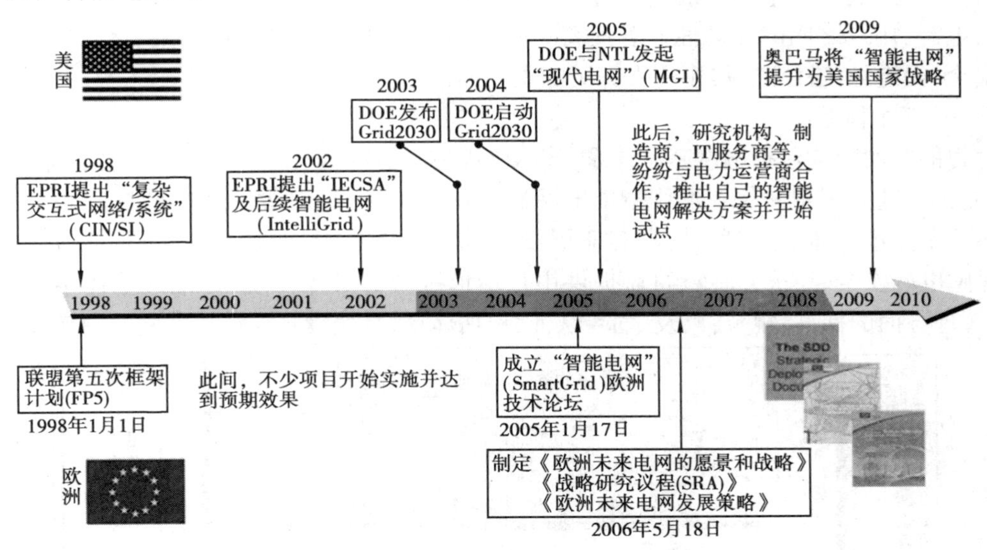

图7.1　国外智能电网发展历程

"十二五"期间,国家电网将投资数千亿元,建成连接大型能源基地与主要负荷中心的"三横三纵"的特高压骨干网架和13回长距离支流输电工程,初步建成核心的世界一流的坚强智能电网。国家电网制定的《坚强智能电网技术标准体系规划》,明确了坚强智能电网技术标准路线图,是世界上首个用于引导智能电网技术发展的纲领性标准。国网公司的规划是,到2015年基本建成具有信息化、自动化、互动化特征的坚强智能电网,形成以华北、华中、华东为受端,以西北、东北电网为送端的三大同步电网,使电网的资源配置能力、经济运行效率、安全水平、科技水平和智能化水平得到全面提升。

我国智能电网的发展战略主要包括:

(1)一个目标

构建以特高压为骨干网架、各级电网协调发展的统一坚强智能电网。

(2)两条主线

技术上体现信息化、自动化、互动化,构建以特高压为骨干网架、各级电网协调发展的统一坚强智能电网。管理上体现集团化、集约化、精益化、标准化。

(3)三个阶段

国家电网公司对坚强智能电网的3个推进阶段作了具体定位:

2009—2010年为规划试点阶段,预计投资5 500亿元,重点开展智能电网发展规划的编制工作,制定技术和管理标准,开展关键技术统一研发和设备研制,开展各个环节的试点工作。

2011—2015年为全面建设阶段,预计投资2万亿元,其中特高压电网投资3 000亿元,用于加快特高压电网和城乡电网建设,初步形成智能电网运行控制和互动服务体系,关键技术和设备上实现重大突破和广泛应用。

2016—2020年为引领提升阶段,预计投资1.7万亿元,其中特高压电网投资2 500亿元,将全面建成统一坚强智能电网,使电网的资源配置能力、安全水平、运行效率,以及电网与电源、用户之间的互动性显著提高。届时,电网在服务清洁能源开发,保障能源供应与安全,促进经济社会发展中将发挥更加重要的作用。

(4)四个体系

智能电网架构包括电网基础体系、技术支撑体系、智能应用体系、标准规范体系,如图7.2所示。电网基础体系是坚强智能电网的物质载体,是实现"坚强"的重要基础;技术支撑体系是先进的通信、信息、控制等应用技术,是实现"智能"的技术保障;智能应用体系是保障电网安全、经济、高效运行,提供用户增值服务的具体体现;标准规范体系是指技术、管理方面的标准、规范,以及试验、认证、评估体系,是建设坚强智能电网的制度依据。

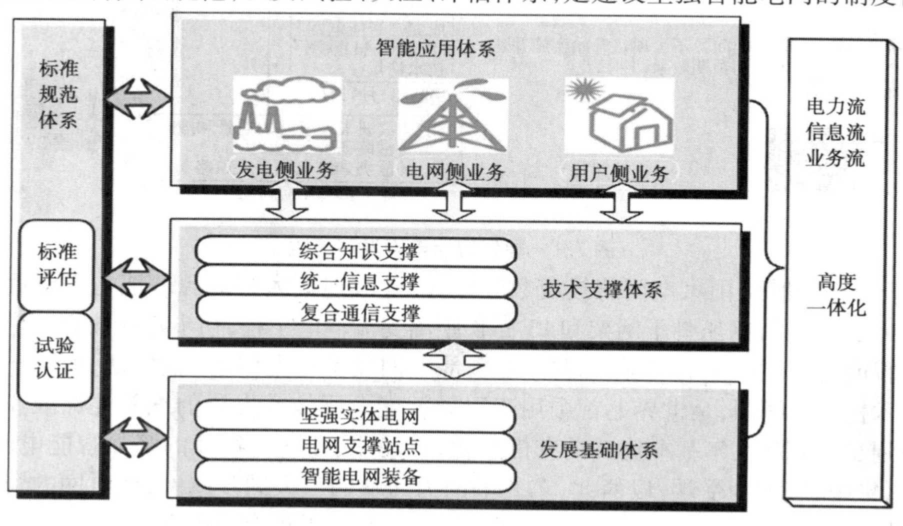

图7.2 智能电网的四大体系

(5)五个内涵

一是坚强可靠,即具有坚强的网架结构、强大的电力输送能力和安全可靠的电力供应;二是经济高效,即提高电网运行和输送效率,降低运营成本,促进能源资源和电力资产的高效利用;三是清洁环保,即促进可再生能源发展与利用,降低能源消耗和污染物排放,提高清洁电能在终端能源消费中的比重;四是透明开放,即电网、电源和用户的信息透明共享,电网无歧视开放;五是友好互动,即实现电网运行方式的灵活调整,友好兼容各类电源和用户的接入与退出,促进发电企业和用户主动参与电网运行调节。

(6)六大环节

以坚强网架为基础,以通信信息平台为支撑,以智能控制为手段,包含电力系统的发电、输电、变电、配电、用电和调度六大环节,覆盖所有电压等级,实现"电力流、信息流、业务流"的高度一体化融合。它要求智能电网能够有效提高线路输送能力和电网安全稳定水平,具有强大的资源优化配置能力和有效抵御各类严重故障及外力破坏的能力;能够适应各类电源与用户便捷接入、退出的需要,实现电源、电网和用户资源的协调运行,显著提高电力系统运营效率;能够精确高效集成、共享与利用各类信息,实现电网运行状态及设备的实时监控和电网优化调度;能够满足用户对电力供应开放性和互动性的要求,全面提高用电服务质量。

7.1.2　物联网在智能电网中的主要应用

智能电网是世界各国高度重视,具有重大战略意义的高新技术和新兴产业。我国政府不仅将物联网、智能电网上升为国家战略,并在产业政策、重大科技项目支持、示范工程建设等方面进行了全面部署。

物联网应用于智能电网是信息通信技术(ICT)发展到一定阶段的必然结果,将能有效整合通信基础设施资源和电力系统基础设施资源,使信息通信基础设施资源服务于电力系统的发电、输电、变电、配电、用电、调度等运行环节,如图7.3所示。提高电力系统信息化水平,改善现有电力系统基础设施的利用效率,进一步实现节能减排、提升电网信息化、自动化、互动化水平,提高电网运行能力和服务质量。目前,电网智能化目标明确,需求清晰,预期效果明显。电网智能化将成为拉动物联网产业,甚至整个信息通信产业(ICT)发展的强大动力,并有力影响和推动其他行业的物联网应用和部署进度,进而提高我国工业生产、行业运作和公共生活各个方面信息化水平,更能够创造一大批原创的具有国际领先水平的科研成果。

1.物联网将助力电厂生产设备的全程监控

电厂的生产设备采用并联结构,每条生产线路上都进行了相应的编号,当某一路设备出现故障时,如线路电压不稳定、炉膛压力异常等情况,希望通过采集器采集到的各种数据,如有功功率、主蒸汽等数据,经判断后将必要的预警和报告信息准确发送至相关负责人。

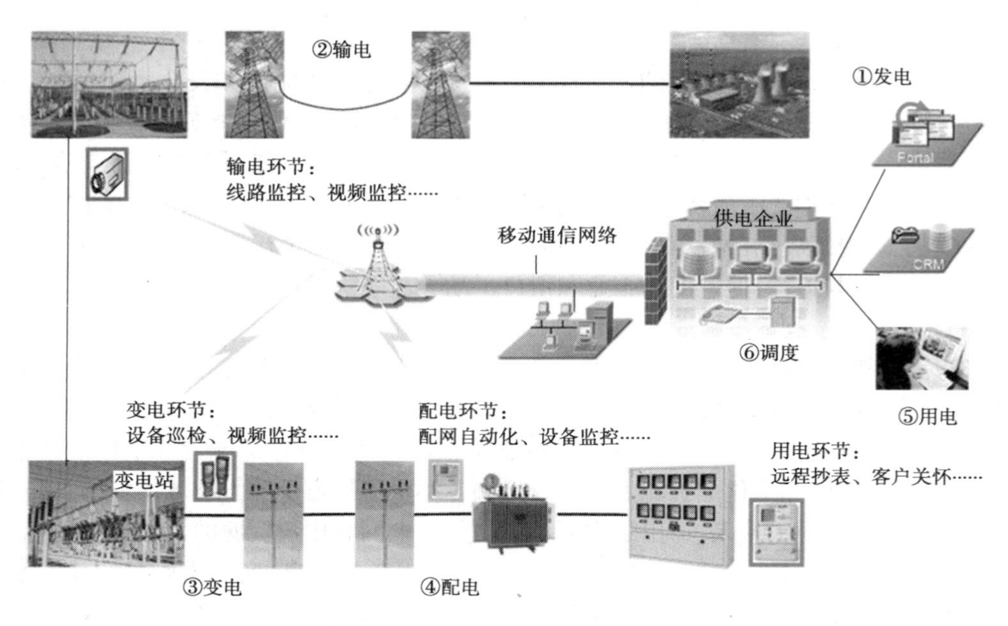

图 7.3　物联网在智能电网中的应用

利用物联网技术建设电厂生产监控系统，如图 7.4 所示。对生产数据进行判断分析，诊断是否出现设备异常，并将必要的预警和故障信息发至相关负责人，从而协助电厂从定时的人工监控转变为全时的自动监控。

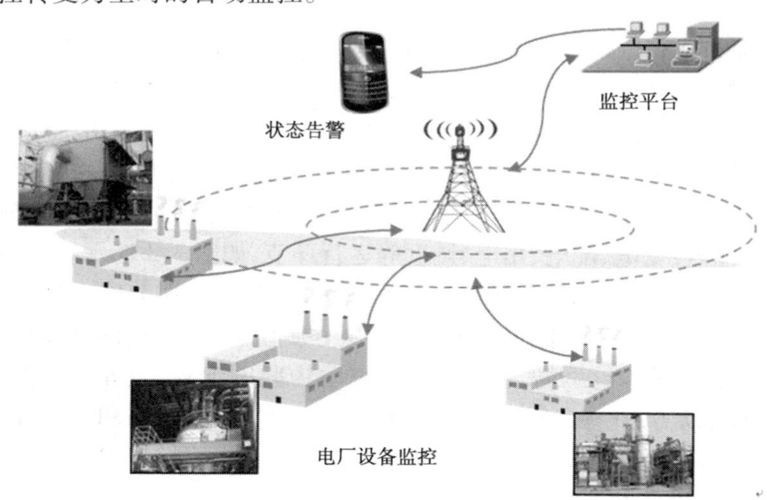

图 7.4　电厂生产监控示意图

2. 物联网让输电线路可视可控

利用 GPRS、3G 以及视频采集等物联网传输技术，能对输电线路进行远程输电参数（以及实时图像、视频）的监控。各类数据既可定时采集、传输，也可根据探测图像现场信息异常或者收到远程指令控制触发，激活视频图片采集和传输。

图 7.5 为输电线路监控系统的基本架构,通过现场图像数据采集器及专用通信网络(或 GPRS 网络),可采集输电线路的冰情、山火、绝缘子泄漏电流、导线温度等参数。图 7.6 为线路监控采集设备布放示意图,各类采集设备可以链式方式组建专用监测网络。

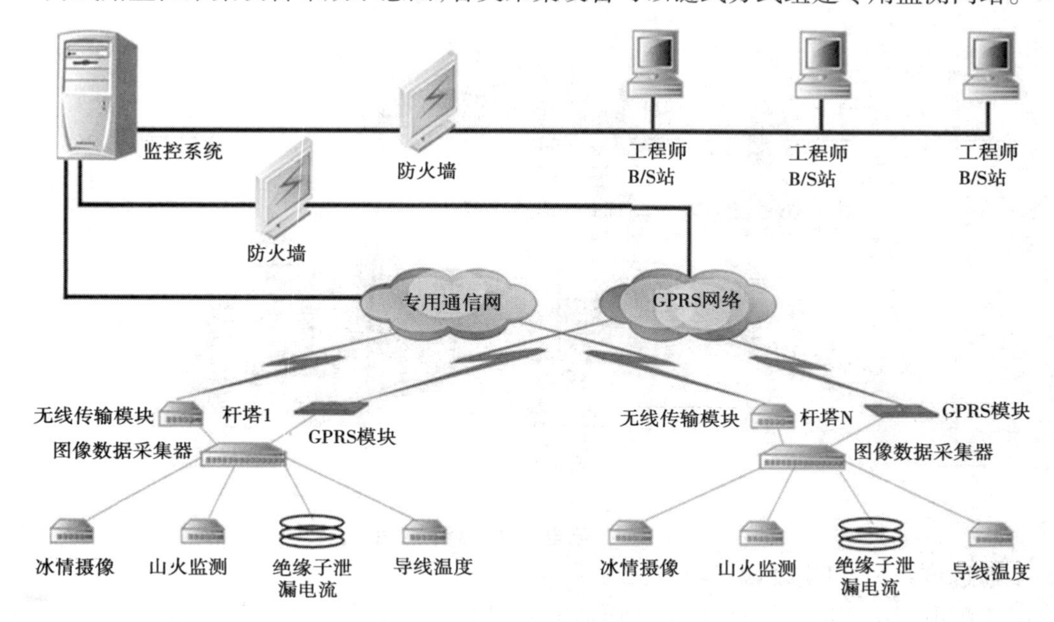

图 7.5　输电线路监控系统的基本架构

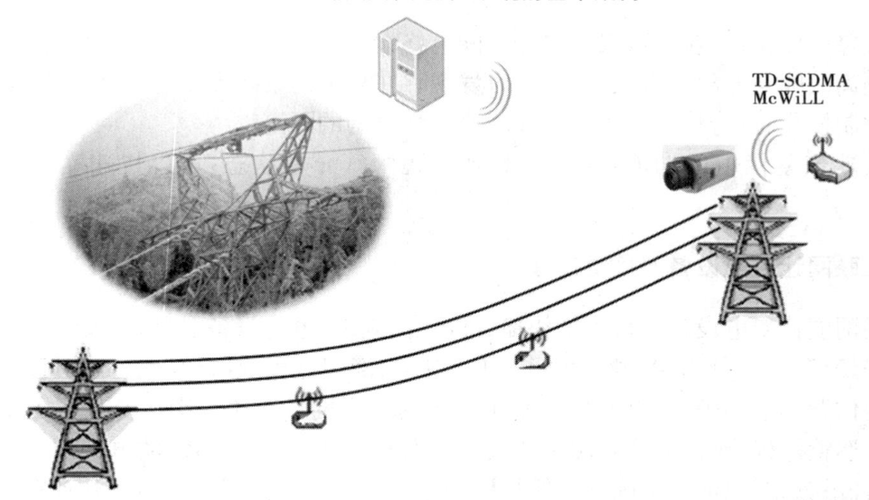

图 7.6　输电线路监控设备布放示意图

3. 物联网让配电网络更智能

物联网配电网监测系统如图 7.7 所示。配网自动化终端由配网设备和移动数据终端构成,采用 RS485/232 接口和配网设备连接,将相应监控数据通过 GPRS 网络传输到 M2M

终端监控管理系统。应用中心系统采用专线或隧道的方式,与 M2M 终端监控管理系统联接。M2M 终端监控管理系统负责接收配网设备上传的业务数据和网络管理数据。业务数据也可通过移动数据终端接收后,直接上传到应用中心系统。

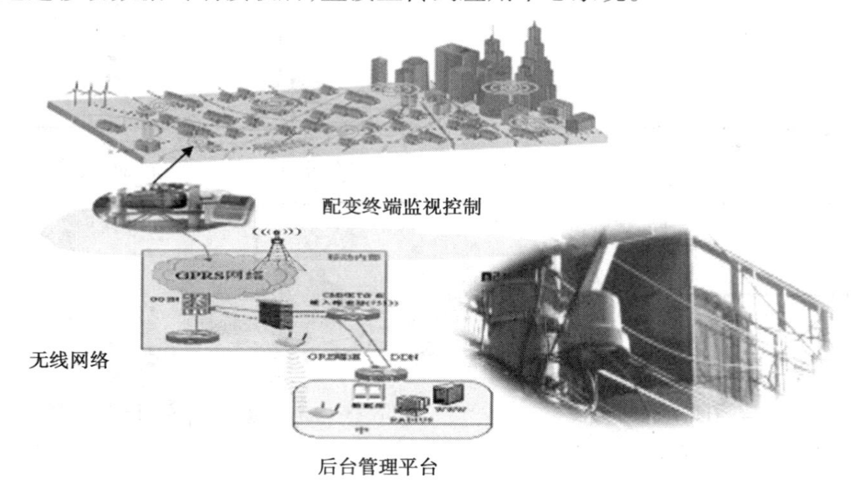

图 7.7　配电自动监测示意图

通过该系统,可实现如下功能:

①配电网络实时监控:可以对变压器的各相电表电度量、大用户用电情况等信息进行监视。

②故障区段快速定位:可以通过分析配电终端监控器上传的信息,来判断故障区域。

③隔离故障与非故障区段:可以及时发现存在故障的设备点,并基于配变控制终端实施远程控制操作,进行故障区段与非故障区段配电网的隔离。

④快速恢复供电的功能:对于监测到的跳闸等异常状态,可以快速实施远程合闸动作。

4. 物联网让变电设备巡检更便捷

物联网能让变电设备巡检更加快捷、准确、高效,在电力设备、杆塔上安装 RFID 标签,记录其一切信息,包括编号、建成时间、日常维护、修理过程及次数,此外还可以记录杆塔相关地理位置和经纬坐标,以便构建基于 GIS 的电力网分布图。图 7.8 显示了基于物联网的电力巡检过程,巡检人员利用手持式巡检设备,能根据基于 GIS 的电力网分布图来查看设备、杆塔分布,以便快速确定问题杆塔的地理位置,并通过 RFID 方式快速获取设备信息,从而大大提高巡检效率。

5. 物联网能提供更高效的用电信息采集服务

图 7.9 所示为电力远程抄表系统结构。利用物联网技术,能实时采集用户电表运行指标给抄表平台,实现对电表的实时计费管理,真正实现对最终用户用电量的调度管理。基于运营商的独特性,电力用户集中抄表平台得以经由 WMMP 在电力远程抄表终端接入

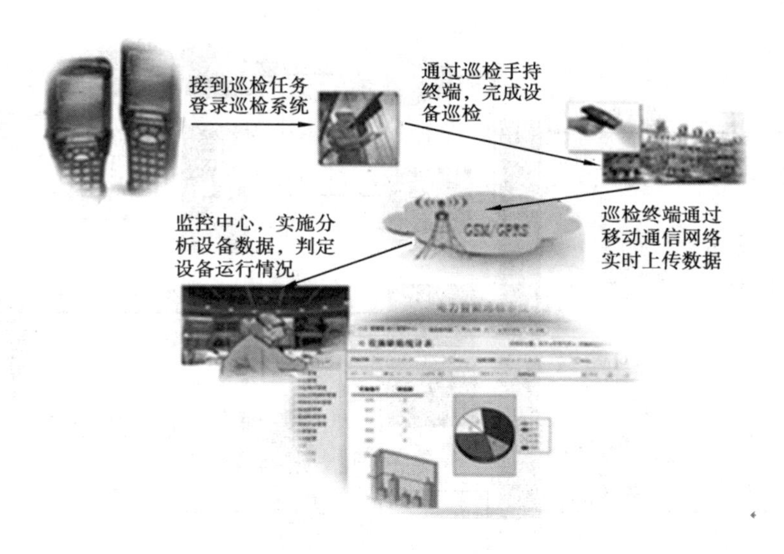

图7.8　基于物联网的电力巡检示意图

时就实现终端接入管理，确保终端在线的安全性及可靠性。平台能对终端的基本信息、实时状态及历史记录进行实时管理；并能提供在线信息维护功能，终端出现故障时，平台能针对终端状态进行确认，提供程序空中下载更新，大幅提升终端维护的效率。

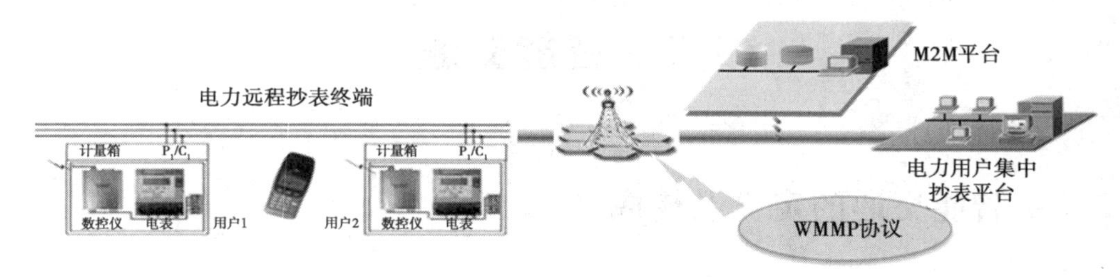

图7.9　电力远程抄表示意图

6. 电网与用户实时交互体现人性化的互动服务

电力服务部门承担着电力用电查询与咨询、业务受理、故障报修、投诉举报、欠费催缴、主动通报、客户回访、生产流程辅助管理等大量工作。图7.10所示为中国移动面向电网提供的移动客服平台，可以基于短信、语音等方式，为客户提供高效、优质的互动沟通渠道。

总之，智能电网和物联网的深度融合发展，不仅能加强电厂、电网以及用户间的互联互动，提高电网信息化、自动化、互动化水平，也将使生活更智能、更节能，极大提高生活品质。

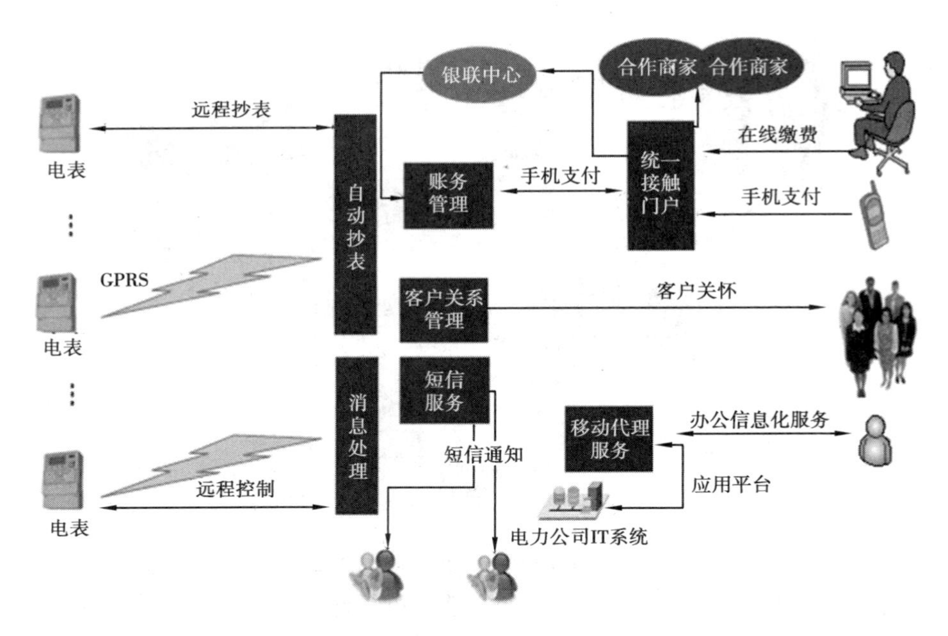

图 7.10 电网移动客户平台

7.2 智能交通

7.2.1 智能交通的定义及构成

1. 智能交通的定义

智能交通系统(Intelligent Transportation System, ITS)是未来交通系统的发展方向,它是将先进的信息技术、数据通信传输技术、电子传感技术、控制技术及计算机技术等有效地集成运用于整个地面交通管理系统而建立的一种在大范围内、全方位发挥作用的,实时、准确、高效的综合交通运输管理系统。ITS 可以有效地利用现有交通设施,减少交通负荷和环境污染,保证交通安全,提高运输效率,因而,日益受到各国的重视。

2. 智能交通的系统构成

(1)先进交通管理服务(ATMS)

ITS 的核心与基础,利用传感、通信及控制等技术,实现先进交通控制中心、动态交通预测、智能控制交通信号、车辆导航、电子式自助收费(ETC)、可变信息标识(Changeable Message Sign, CMS)、最近线路导引等功能。

(2)先进路人资讯服务(ATIS)

其主要功能是可变资讯标识(CMS)、公路路况广播(Highway Advisory Radio,HAR)、全球卫星定位系统(Global Positioning System,GPS)、最佳路线引导、电视、广播路况报道、无线电通信(Wireless Communications)、车辆导航、交通资讯查询。

(3)先进大众运输服务(APTS)

利用ATMS、ATIS与AVCSS(先进车辆控制及安全服务)的技术服务,可以实现自动车辆监视(Automatic Vehicle Monitoring,AVM)、自动车辆定位(AVL)、公车电脑排班、公车电脑辅助调度、车内、站内信息显示、双向通信、最佳路线引导、公车资讯查询。

(4)商务车营运服务(CVOS)

利用ATMS、ATIS与AVCSS的技术服务,可以实现自动车辆监视(AVM)、自动车辆定位(AVL)、行进间车辆测重(WIM)、电子式自助收费(ETC)、最佳路线引导、双向通信、自动货物辨识(Automatic Cargo Identification,ACI)。

(5)电子收付费服务(EPS & ETC)

利用车上电子卡单元与路侧电子收费电源双向通信技术实现地面交通不停车、无票据、自动化收费(包括道路通行费、运输费和停车费)以及费用、余额查询。经由电子卡记账的方式进行收费,利用自动车辆辨识(AVI)、影像执法系统(VES)来辅助。

(6)交通信息管理(IMS)

交通实时信息综合采集,包括道路条件、交通状况、服务设施位置、导游信息等。通过CMS、广播、电视等方式实现多方式交通信息发布,其内容主要有交通、旅游和旅行者信息服务、交通信息交互式服务、车辆信息、驾驶员信息等。

(7)紧急救援管理服务(EMS)

其主要包括车辆故障与事故救援、应急车辆交通信号诱导(交通优先)、应急车辆定位与调度管理、地理信息系统(GIS)、公路路况广播(HAR)、应急物资配置和调度、应急车辆通信、事件自动侦测、最佳线路引导、突发事件应急指挥。

(8)先进车辆控制及安全服务(ACVSS)

其主要包括结合传感器、电脑、通信、电子自动控制技术的防撞警示系统,自动停放车辆,车与车间——路路间通信,自动车辆检测,自动横向/纵向控制。

(9)弱势使用者保护服务(VIPS)

其主要包括路口行人触动及警示接近车辆,机车前方路况警示,身心障碍人士服务设施,道路设施有声标志,PDA路径引导,LED个人显示设备。

3. 智能交通的技术构成

(1)无线通信技术

目前,已经有多种无线通信解决方案可以应用在智能交通系统中。UHF和VHF频段上的无线调制解调器通信被广泛用于智能交通系统中的短距离和长距离通信。

短距离无线通信(小于几百米)可以使用IEEE802.11系列协议来实现,其中美国智能交通协会以及美国交通部主推WAVE和DSRC两套标准。理论上来讲,这些协议的通信距离可以利用移动 Ad—hoc 网络和 Mesh 网络进行扩展。目前提出的长距离无线通信方案是通过基础设施网络来实现,如 WiMAX(IEEE802.16)、GSM、3G 技术。使用上述技术的长距离通信方案目前已经比较成熟,但是和短距离通信技术相比,它们需要进行大规模的基础设施部署,成本很高。目前还没有一致认可的商业模式来支持这种基础设施的建设和维护。

目前车辆已经能够通过多种无线通信方式与卫星、移动通信设备、移动电话网络、道路基础设施、周围车辆等进行通信,并且利用广泛部署的 Wi-Fi、移动电话网络等途径接入互联网。

(2)计算技术

目前汽车电子设备占普通轿车成本的30%,在高档车中占到60%。根据汽车电子领域的最新进展,未来车辆中将配备数量更少但功能更为强大的处理器。2000 年一辆普通的汽车拥有 20～100 个联网的微控制器/可编程逻辑控制模块,使用非实时的操作系统。目前的趋势是使用数量更少但是更加强大的微处理器模块以及硬件内存管理和实时的操作系统。同时新的嵌入式系统平台将支持更加复杂的软件应用,包括基于模型的过程控制、人工智能和普适计算,其中人工智能技术的广泛应用将有望为智能交通系统带来质的飞跃。

(3)感知技术

电信、信息技术、微芯片、RFID 以及廉价的智能信标感应等技术的发展以及在智能交通系统中的广泛应用为车辆驾驶员的安全提供了有力保障。智能交通系统中的感知技术是基于车辆和道路基础设施的网络系统。交通基础设施中的传感器嵌入在道路或者道路周边设施(如建筑)之中,因此它们需要在道路的建设维护阶段进行部署或者利用专门的传感器植入工具进行部署。车辆感知系统包括了部署道路基础设施至车辆以及车辆至道路基础设施的电子信标来进行识别通信,同时利用闭路电视技术和车牌号码自动识别技术对热点区域的可疑车辆进行持续监控。

(4)视频车辆监测

利用视频摄像设备进行交通流量计量和事故检测属于车辆监测的范畴。视频监测系统(如自动车牌号码识别)和其他感知技术相比具有很大优势,它们并不需要在路面或者路基中部署任何设备,因此也被称为“非植入式”交通监控。当有车辆经过的时候,黑白或者彩色摄像机捕捉到的视频将会输入处理器中进行分析以找出视频图像特性的变化。摄像机通常固定在车道附近的建筑物或柱子上。大部分的视频监测系统需要一些初始化的配置来“教会”处理器当前道路环境的基础背景图像。该过程通常包括输入已知的测量数据,例如车道线间距和摄像机到路面的高度。根据不同的产品型号,单个的视频监测处理器能够同时处理 1～8 个摄像机的视频数据。视频监测系统的典型输出结果是每条车道的车辆速度、车辆数量和车道占用情况。某些系统还提供了一些附加输出,包括停止车辆检测错误行驶车辆警报等。

(5)全球定位系统 GPS

车辆中配备的嵌入式 GPS 接收器能够接收多个不同卫星的信号并计算出车辆当前所在的位置,定位的误差一般是几米。GPS 信号接收需要车辆具有卫星的视野,因此在城市中心区域可能由于建筑物的遮挡而使该技术的使用受到限制。GPS 是很多车内导航系统的核心技术。很多国家已经或者计划利用车载卫星 GPS 设备来记录车辆行驶的里程并据此进行收费。

(6)探测车辆和设备

部分国家开始部署所谓的“探测车辆”,它们通常是出租车或者政府所有的车辆,配备了 DSRC 或其他的无线通信技术。这些车辆向交通运营管理中心汇报它们的速度和位置,管理中心对这些数据进行整合分析得到广大范围内的交通流量情况以检测交通堵塞的位置。同时有大量的科研工作集中在如何利用驾驶员持有的移动电话来获得实时的交通流量信息,移动电话所在的车辆位置信息能够通过 GPS 系统实时获得。例如,北京已经有超过 10 000 辆出租车和商务车辆安装了 GPS 设备并发送它们的行驶速度信息到一个卫星。这些信息将最终传送到北京交通信息中心,在那里这些信息经过汇总处理后得到了北京各条道路上的平均车流速度状况。

4. 我国智能交通应用现状

作为近年兴起的改善交通堵塞、减缓交通拥堵的有效技术措施,智能交通在我国目前主要应用于三大领域:

(1)公路交通信息化

包括高速公路建设、省级国道公路建设两大领域。目前热点项目主要集中在公路收费,其中又以软件为主。公路收费项目分为两部分,联网收费软件和计重收费系统。此外,联网不停车收费(IETC)是未来高速公路收费的主要方式。

(2)城市道路交通管理服务信息化

兼容和整合是城市道路交通管理服务信息化的主要问题,因此,综合性的信息平台成为这一领域的应用热点。除了城市交通综合信息平台,一些纵向的比较有前景的应用有智能信号控制系统、电子警察、车载导航系统等。

(3)城市公交信息化

目前国内的公交系统信息化应用还比较落后,智能公交调度系统在国内基本处于空白阶段,也是方案商可以重点发展的领域。在地域分布上,国内的各大城市特别是南方沿海地区对于智能交通的发展都非常重视。

7.2.2 物联网在智能交通中的主要应用

随着近几年物联网技术在国内的迅捷发展,智能交通领域被赋予了更多的科技内涵,在技术手段和管理理念上也引起了革命性变革。相对于以前以地感线圈和视频为主要手段的车流量检测及依此进行的被动式交通控制,物联网时代的智能交通,全面涵盖了信息采集、动态诱导、智能管控等环节。

1. 基于物联网的智能交通系统的整体框架

基于物联网的智能交通系统架构如图 7.11 所示。智能交通系统在整体架构上可以从3个层次来进行划分：

图7.11 基于物联网的智能交通体系架构

(1)物联网感知层

物联网感知层主要通过综合采用了RFID、GPS、地感线圈、微波、视频、地磁检测等M2M终端设备实现基础信息的采集，并结合出租车、公交及其他勤务车辆的日常运营，采用搭载车载定位装置和无线通信系统的浮动车检测技术，然后通过无线传感网络将这些M2M的终端设备连接起来，使其从外部看起来就像一个整体，这些M2M设备就像神经末梢一样分布在交通的各个环节中，不断地收集视频、图片、数据等各类信息，实现路网断面和纵剖面的交通流量、占有率、旅行时间、平均速度等交通信息要素的全面全天候实时获取。

(2)物联网网络层

物联网网络层主要通过专用通信网络、移动通信网络将感知层所采集的信息运输到数据中心，并在数据中心得到加工处理形成有价值的信息，以便作出更好的控制和服务。

(3)物联网应用层

物联网应用层是基于信息展开工作的，通过将信息以多样的方式展现到使用者面前，供决策、服务、业务开展。它将利用数据融合、数学建模、人工智能等技术，结合警用GIS系统，实现交通信息服务、交通信号控制、车辆诱导、电视监控、非现场执法系统、警务通等综合应用。

2.基于物联网的智能交通系统的应用框架

智能交通系统的应用架构如图7.12所示，由应用子系统、信息服务中心和指挥控制中心三部分构成。

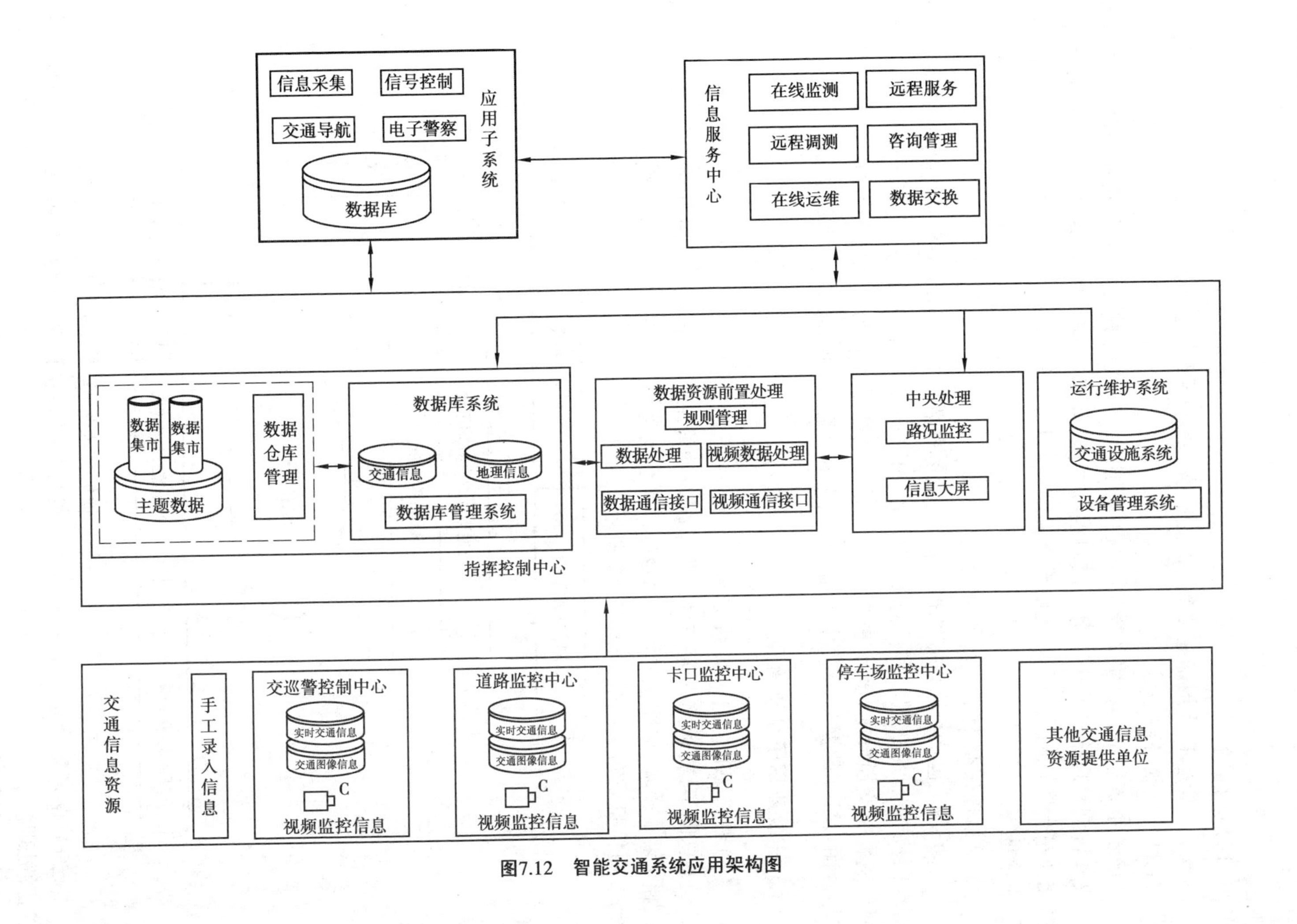

图7.12　智能交通系统应用架构图

(1)应用子系统

该子系统包括交通信息采集系统、信号灯控制系统、交通诱导系统、停车诱导系统。

(2)信息服务中心

该子系统包括远程服务模块、远程调测模块、在线监测模块、在线运维模块、数据交换模块和咨询管理模块6个部分。其以前期调测、远程运维管理和远程服务为目的,结合数据交换平台实现与应用子系统的数据共享,通过资讯管理模块实现信息的发布、用户和业务的管理等。

(3)指挥控制中心

该子系统包括交通设施数据平台、交通信息数据平台、GIS平台、应用管理模块、数据管理模块、运行维护模块和信息发布模块。其以GIS平台为支撑,建立部件和事件平台,部件主要指交通设施,事件主要指交通信息,通过对各应用子系统的管理,实现以集中管理为目的,具有数据分析、数据挖掘、报表生成、信息发布和集中管理的功能。

3. 主要应用子系统简介

(1)道路交通信息采集系统

①总体架构:道路交通信息采集系统按功能结构划分,主要由4个部分组成,即交通数据采集子系统、道路交通数据综合处理平台与地面道路视频监控控制交换平台、通信系统、交通信息发布子系统,如图7.13所示。

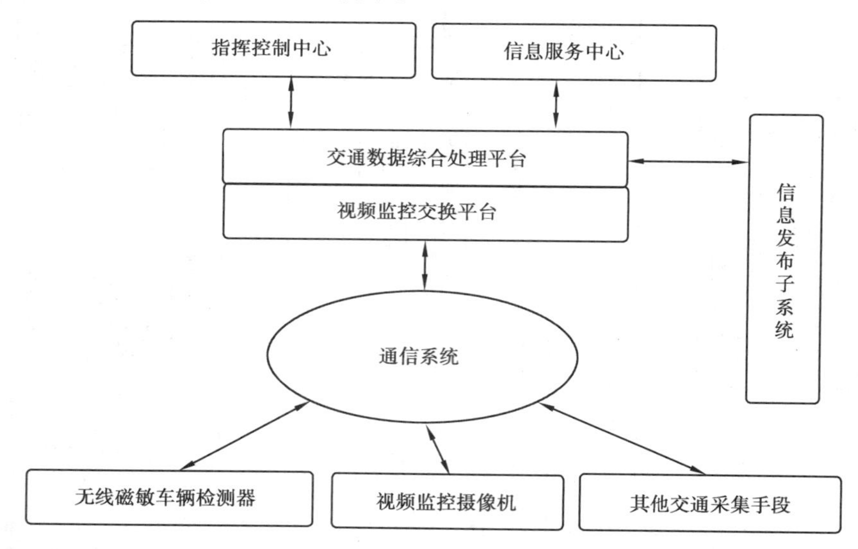

图7.13 道路交通信息采集系统总体架构

交通数据采集子系统主要负责采集实时交通参数和视频图像信息,并按一定的格式进行预处理。

道路交通数据综合处理平台与道路视频监控交换平台主要负责将接收到的预处理数据进一步进行处理、分析、融合。完成交通信息的处理、存储和发布功能,并将中心区地面道路交通信息采集系统接入城市交通信息服务中心和指挥控制中心,并通过信息服务中心能与其他应用子系统进行交通信息共享。

交通信息发布子系统主要负责将融合后的结果数据转化为相应的交通信息,以不同的方式发布,提供给交通参与者。

基于光纤和电缆的通信系统为完成交通信息采集设备、交通信息发布设备与地面道路交通数据综合处理平台(以及摄像机与道路交通视频监视系统的视频图像信息交换控制平台)之间的互联建立通信信道。

为了满足道路交通信息采集系统的近期和远期功能需求,需要建立一个中央控制和处理中心——道路交通数据综合处理平台,完成本系统中各种交通信息的汇集、存储、处理、管理和发布控制,并为交通管理人员提供与系统的接口界面,对外提供交通信息共享。为此,在系统构架中,道路交通信息采集系统以道路交通数据综合处理平台为核心,完成所要求的各项功能。

②信息采集子系统:交通信息采集系统被认为是ITS的关键子系统,是发展ITS的基础,已成为交通智能化的前提,无论是交通控制还是交通违章管理系统,都涉及交通动态信息的采集,交通动态信息采集也就成为交通智能化的首要任务。智能交通系统(ITS)进程较快的国家或地区都把交通信息采集技术作为重中之重加以开发研究。交通信息采集常用的技术有环形线圈、微波、视频、磁敏、超声波等几种探测技术。一般需要采集的交通数据信息主要有原始流量、折算流量、5分钟流量、占有率、饱和度、拥堵程度、行程时间和行驶度速等,通过传输网络连接到汇集层网络系统,进而连接到核心层应用子系统数据库,实现交通信息的采集。下面简述系统设计中的常用几种信息采集终端。

目前交通信息采集的方法和技术很多,主要有如下几类:

• 磁敏无线车辆检测器:磁敏探测技术具有低功耗、低成本、安装维护方便、采集信息量多等特点,预计将来会成为交通动态信息采集技术的主流。

图7.14 磁敏传感器

图7.14所示检测器(EZS-L031/t)是一种通过磁敏传感器探测车辆对地磁的影响,以此来判断车道上车辆经过情况的无线传感器网络装置。图7.15所示为检测器的安装示意图,通过这种装置可实时准确感应车道上经过的车辆,并将采集到的信息通过无线传感器网络发送至与之配套使用的接收主机(EZS-L031/r),完成智能红绿灯控制的前端信息采集,接收主机再把相关信息传送给信号控制机,信号控制机通过获取的车流量信息来分析当前车道的占有率,从而智能分配红绿灯的开启时间,达到真正的智能控制效果。

• 微波车辆检测器:图7.16所示为MPR-U2(MP Microwave Radar-U2,微普微波雷达),将微普微波超速抓拍触发与交通信息检测雷达安装于道路上方,用于精确测量车辆实时速度和其他交通信息参数,并提供车辆超速抓拍触发信号。

• 视频摄像机:适用于道路监控、卡口监控、出入口监控等交通车辆不同运行速度的抓拍;路口逆光环境中监看红绿橙交通灯、车辆车型、车牌、车流量等路况的全景监看。

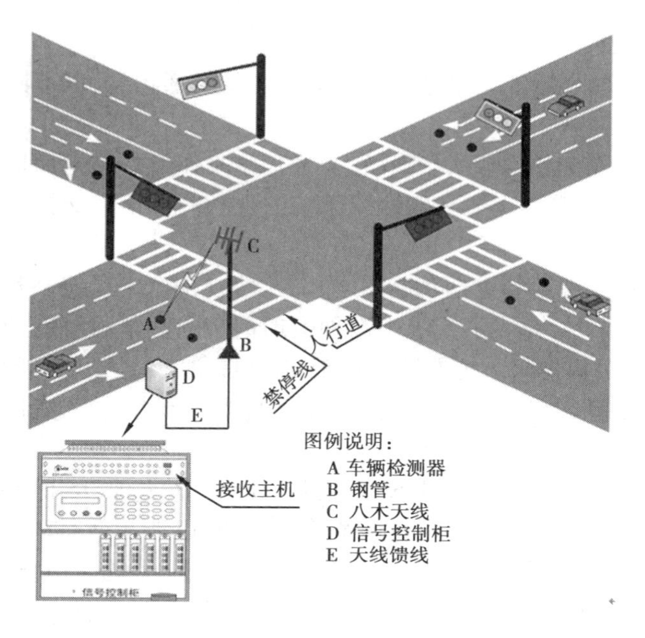

图 7.15 磁敏传感器安装示意图

图 7.16 MPR-U2 微波车辆检测器

• 环形线圈车辆检测器：图 7.17 所示为环形线圈车辆检测器，它是一种基于电磁感应原理的车辆检测器。环形线圈检测器是传统的交通流检测器，是目前世界上应用最广泛的检测设备。它由 3 部分组成：埋设在路面下的环形线圈传感器、信号检测处理单元（包括检测信号放大单元、数据处理单元）、通信接口及馈线，具有工作稳定、检测精度高的特点。它的传感器是一个埋在路面下，通有一定工作电流的环形线圈（一般为 2 m × 1.5 m），当车辆通过环形地埋线圈或停在环形地埋线圈上时，车辆的自身铁质会切割磁通线，引起线圈回路电感量的变化。检测器通过检测该电感变化量就可以检测出车辆的通过或存在。检测这个电感变化量一般来说有两种方式：一种是利用相位锁存器和相位比较器，对相位的变化进行检测；另一种方式则是利用由环形地埋线圈构成回路的耦合电路对其振荡频率进行检测。

图 7.17 环形线圈车辆检测器

(2)智能信号灯控制系统

智能信号灯控制系统可采用地磁感应车辆检测器完成对道路横截面车流量、道路交叉路口的车辆通过情况的检测,以自组网的方式建立智能控制网络,如图7.18所示。通过系统平台数据与信号机自适应数据协同融合处理的方式,制定符合试点路网车辆通行最优化的信号机配时方案。以“智能分布式”控制交通流网络平衡技术,对路口、区域交通流、道路交通流饱和度、总延误、车辆排队长度、通行速度进行交通流的绿波控制和区域控制,最大限度保证道路交叉口的通行顺畅。

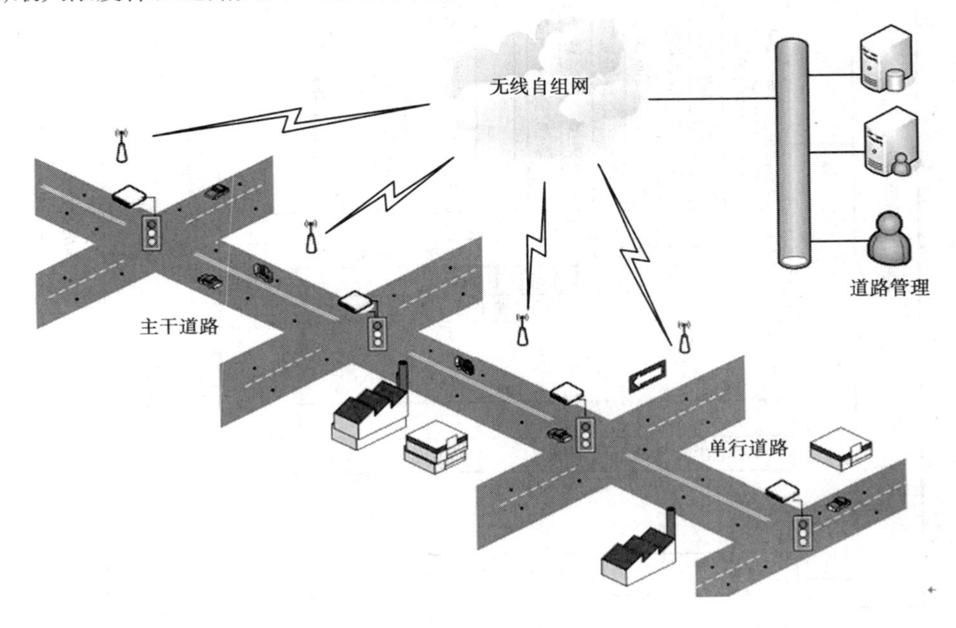

图7.18 无线自组网智能交通信号控制系统

(3)交通诱导系统

动态交通诱导系统由交通信息采集平台、交通数据综合处理平台和交通信息动态发布平台组成,系统组成与结构如图7.19所示。

根据城市路网的交通流分布特征,制定常发性交通堵塞及突发交通事件时的交通流组织及疏导预案,针对不同的系统用户设计不同的信息发布应用软件,一般包括以下几种发布方式:

①交通诱导信息屏:如图7.20所示,主要对出行车辆进行群体性交通诱导,由出行车辆根据诱导信息自主选择出行路径。这种格式的显示屏除了显示路段的实时路况外,还可以在嵌入的图文LED显示区域上显示以下几种信息:

- 前方路段发生的交通事件提示:事故、施工、交通管制等。
- 到达前方重要目的地的最佳路径及预计行程时间,例如体育场馆、风景区等。
- 交通安全宣传等公共信息显示。

②面向车载和移动终端的信息发布:如图7.21所示,可通过移动终端发布实时路况及实时交通事件信息,还可结合车载导航系统,为车辆提供更为先进、复杂的动态交通诱

导服务。

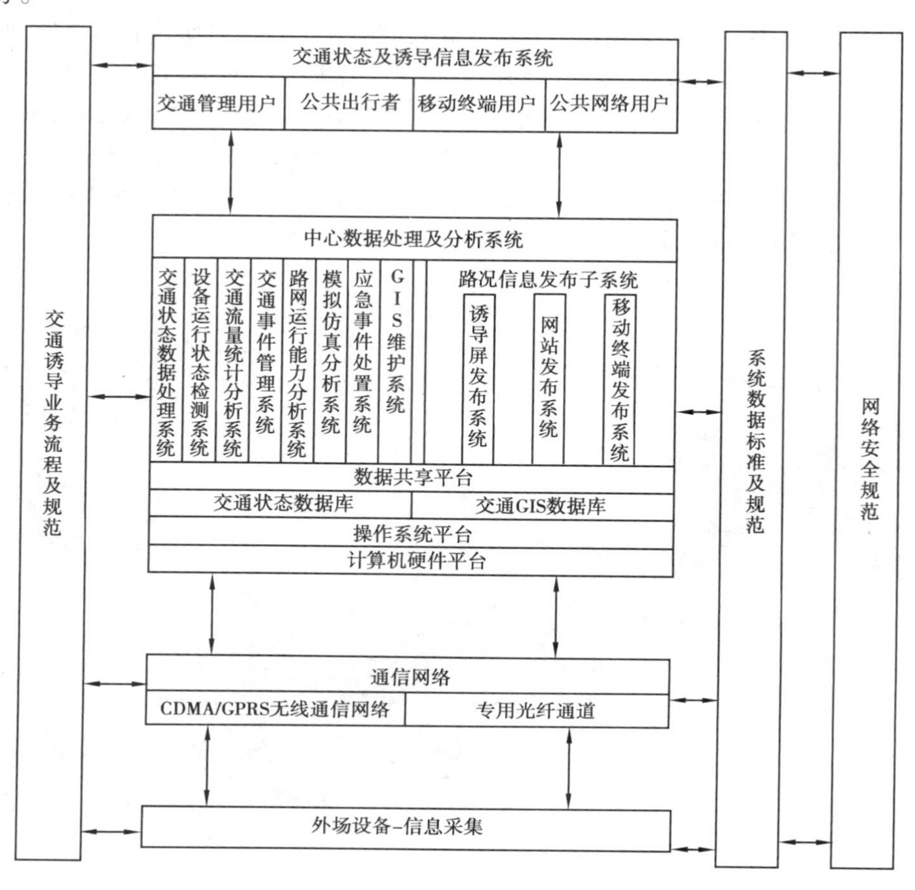

图 7.19　交通诱导系统架构图

图 7.20　交通诱导信息屏

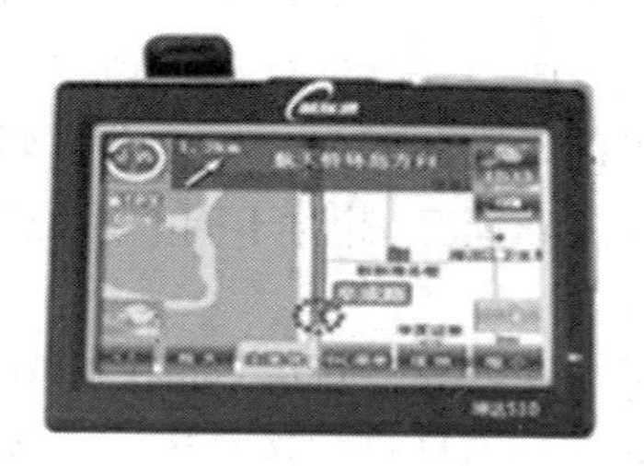
图 7.21　车载信息发布终端

③面向公共网络用户的发布：如图 7.22 所示，可以通过公共 Internet 网络平台以 GIS + 实时交通状态 + 实时交通事件的形式发布城市路网的实时交通状态。

(4)智能停车场系统

如图 7.23 所示，综合运用物联网技术，可建设智能化停车场系统。通过车位探测器实时采集停车场的车位数据；节点控制器按照轮询的方式对各个车位探测器的相关信息

进行收集,将数据压缩编码后传送给中央控制器;中央控制器对信息进行分析处理,并传送到停车场管理电脑、数据库服务器;同时,该系统将相关处理数据通过各 LED 车位引导屏、车位状态指示灯对外发布,引导车辆进行停放。

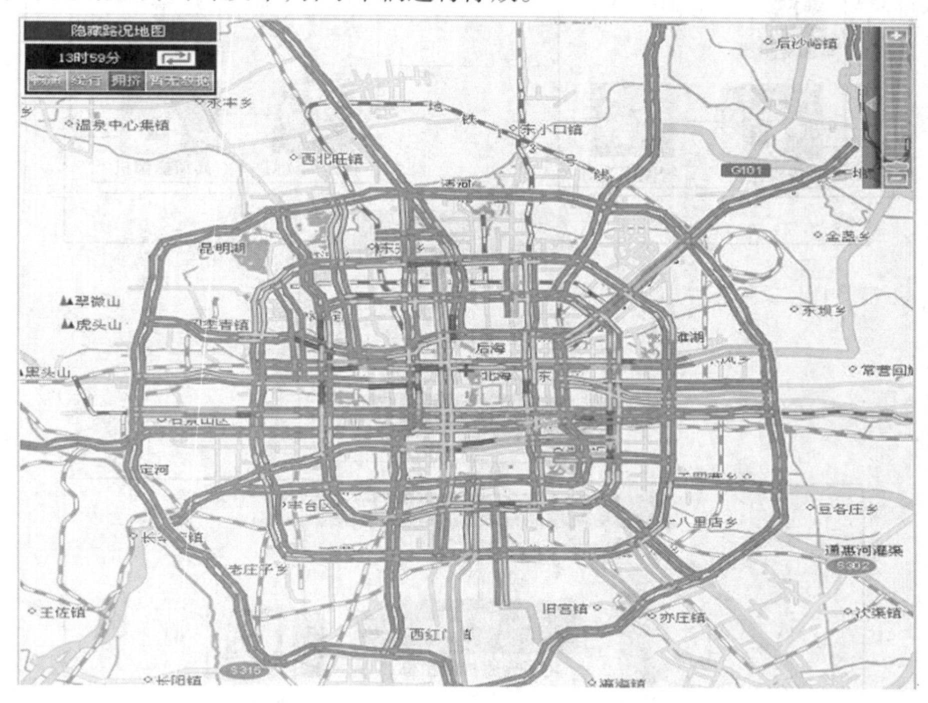

图 7.22 交通信息网络发布示意图

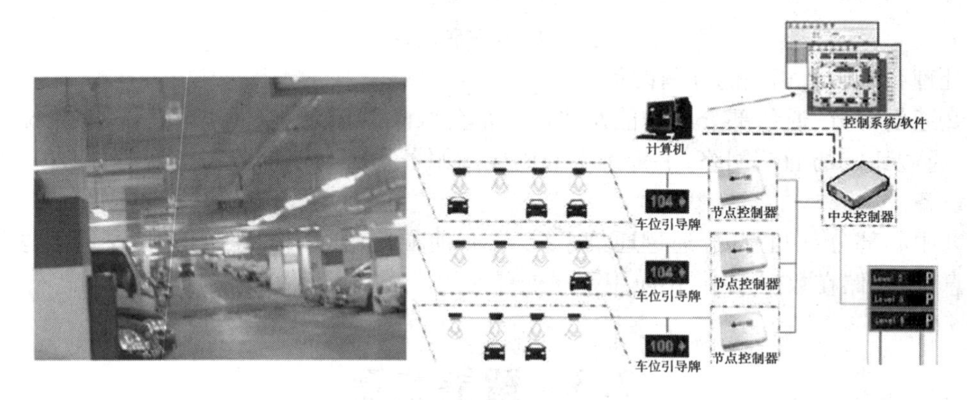

图 7.23 智能停车场系统

(5)电子警察系统

基于物联网的电子警察系统结构如图 7.24 所示,包括如下三部分:

①前端部分:闯红灯电子警察前端部分安装在路口,它基于视频+线圈检测触发高清摄像机,实现闯红灯违法行为的判断、图片抓拍、车辆号牌识别、号牌颜色识别、数据压缩、数据存储和传输、设备管理等功能。前端设备主要包括安装在立杆上的视频采集前端、控

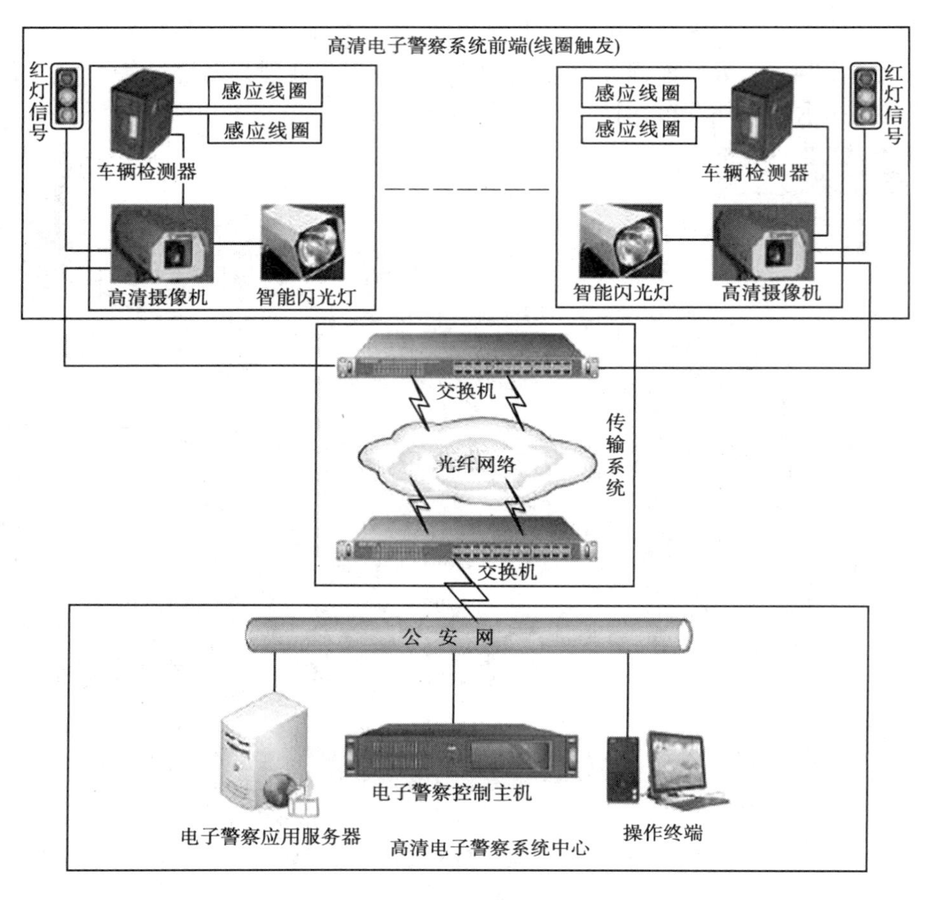

图 7.24 电子警察系统

制与处理系统以及相关的外围设备。

②通信部分:通信部分的功能是将前端部分收集的信息,包括车辆违法信息、流量信息等,通过特定的通信网络,上传到中心的应用服务系统。该部分需支持各种有线、无线通信设备。

③中心部分:中心部分通过通信系统,接收前端传输回来的违法信息、交通信息和状态信息,并存储在数据库中,供应用程序处理使用。

7.3 智能物流

7.3.1 现代物流的概念、特点及发展趋势

随着国际物流业的发展,如何提高该行业的服务效率和质量,成为现代物流的发展

趋势。

智能物流是指货物从供应者向需求者的智能移动过程,包括智能运输、智能仓储、智能配送、智能包装、智能装卸以及智能信息的获取、加工和处理等多项基本活动。智能物流是物联网技术应用于物流领域的体现,它将RFID读卡器、RFID电子标签、传感器等物联网设备紧密联系起来,通过射频信号识别目标并获取相关数据,实现了物流的系统化、信息化、一体化,是物流现代化的基本途径。

1. 现代物流的定义及特点

现代物流(Modern Times Logistics)指的是将信息、运输、仓储、库存、装卸搬运以及包装等物流活动综合起来的一种新型的集成式管理,其任务是尽可能降低物流的总成本,为顾客提供最好的服务。

现代物流包含了产品从“生”到“死”的整个物理性的流通全过程,与传统物流相比,现代物流的区别主要表现在以下几个方面:

①传统物流只提供简单的位移,现代物流则提供增值服务;

②传统物流是被动服务,现代物流是主动服务;

③传统物流实行人工控制,现代物流实施信息管理;

④传统物流无统一服务标准,现代物流实施标准化服务;

⑤传统物流侧重点到点或线到线服务,现代物流构建全球服务网络;

⑥传统物流是单一环节的管理,现代物流是整体系统优化。

2. 现代物流的发展趋势

现代物流的发展趋势呈现出全球化、多功能化、系统化、信息化和标准化的特征,其中信息化是现代物流的核心。现代物流充分利用现代信息技术,打破了运输环节独立于生产环节之外的行业界限,通过供应链建立起对企业产供销全过程的计划和控制,从而实现物流信息化,即采用信息技术对传统物流业务进行优化整合,达到降低成本、提高水平的目的。

(1)第三方物流成主导方式

从欧美看,生产加工企业不再拥有自己的仓库,而由另外的配送中心为自己服务,已经成为一种趋势。1998年美国某机构对制造业500家大公司的调查显示,将物流业务交给第三方物流企业的货主占69%(包括部分委托)。同时研究表明,美国33%和欧洲24%的非第三方物流服务用户正积极考虑使用第三方物流服务。

(2)信息网络技术广泛应用

信息技术、网络技术日益广泛用于物流领域,物流与电子商务日益融合。20世纪70年代电子数据交换技术(EDI)在物流领域的应用曾简化了物流过程中烦琐、耗时的订单处理过程,使得供需双方的物流信息得以及时沟通,物流过程中的各个环节得以精确衔接,极大地提高了物流效率。而互联网的出现则促使物流行业发生了革命性的变化,基于互联网的及时准确的信息传递满足了物流系统高度集约化管理的信息需求,保证了物流网络各点和总部之间以及各网点之间信息的充分共享。

(3)物流全球化

物流全球化包含两层含义:一是指经济全球化使世界越来越成为一个整体,大型公司特别是跨国公司日益从全球的角度来构建生产和营销网络,原材料、零部件的采购和产品销售的全球化相应地带来了物流活动的全球化。另一层含义是指,现代物流业正在全球范围内加速集中,并通过国际兼并与联盟,形成愈来愈多的物流巨无霸。1998年,欧洲天地邮政(TNT)以3.6亿美元兼并法国第一大国内快递服务公司Jef Service。1999年,英国邮政以5亿美元兼并德国第三大私人运输公司German Parcel。这些兼并活动不仅拓宽了企业的物流服务领域,同时也大大增强了企业的市场竞争力。

相对于发达国家的物流产业而言,中国的物流产业尚处于起步发展阶段,其发展的主要特点:一是企业物流仍然是全社会物流活动的重点,专业化物流服务需求已初露端倪,这说明中国物流活动的发展水平还比较低,加强企业内部物流管理仍然是全社会物流活动的重点;二是专业化物流企业开始涌现,多样化物流服务有一定程度的发展。走出以企业自我服务为主的物流活动模式,发展第三方物流,已是中国物流业发展的当务之急。

7.3.2 物联网在智能物流中的主要应用

1.智能物流的主要支撑技术

智能物流是在现代物流基础上,利用集成智能化技术,使物流系统能模仿人的智能,具有思维、感知、学习、推理判断和自行解决物流中某些问题的能力。智能物流的未来发展将会体现出5个特点:智能化、一体化、层次化、柔性化与社会化,即在物流作业过程中的大量运筹与决策的智能化;以物流管理为核心,实现物流过程中运输、存储、包装、装卸等环节的一体化;智能物流系统的层次化;智能物流的发展会更加突出"以顾客为中心"的理念,根据消费者的需求变化来灵活调节生产工艺;智能物流的发展将会促进区域经济的发展和世界资源优化配置,实现社会化。

支撑智能物流的主要技术有:

(1)自动识别技术

自动识别技术是以计算机、光、机、电、通信等技术的发展为基础的一种高度自动化的数据采集技术。它通过应用一定的识别装置,自动地获取被识别物体的相关信息,并提供给后台的处理系统来完成相关后续处理的一种技术。它能够帮助人们快速准确地进行海量数据的自动采集和输入,目前在运输、仓储、配送等方面已得到广泛应用。

(2)数据仓库和数据挖掘技术

数据仓库出现在20世纪80年代中期,它是一个面向主题的、集成的、非易失的、时变的数据集合,数据仓库的目标是把来源不同的、结构相异的数据经加工后在数据仓库中存储、提取和维护,它支持全面的、大量的复杂数据的分析处理和高层次的决策支持。数据仓库使用户拥有任意提取数据的自由,而不干扰业务数据库的正常运行。

数据挖掘是从大量的、不完全的、有噪声的、模糊的及随机的实际应用数据中，挖掘出隐含的、未知的、对决策有潜在价值的知识和规则的过程。一般分为描述型数据挖掘和预测型数据挖掘两种。描述型数据挖掘包括数据总结、聚类及关联分析等，预测型数据挖掘包括分类、回归及时间序列分析等。其目的是通过对数据的统计、分析、综合、归纳和推理，揭示事件间的相互关系，预测未来的发展趋势，为企业的决策者提供决策依据。

(3)人工智能技术

人工智能就是探索研究用各种机器模拟人类智能的途径，使人类的智能得以物化与延伸的一门学科。它借鉴仿生学思想，用数学语言抽象描述知识，用以模仿生物体系和人类的智能机制，目前主要的方法有神经网络、进化计算和粒度计算 3 种。

神经网络：它是在生物神经网络研究的基础上模拟人类的形象直觉思维，根据生物神经元和神经网络的特点，通过简化、归纳，提炼总结出来的一类并行处理网络。神经网络的主要功能有联想记忆、分类聚类和优化计算等。虽然神经网络具有结构复杂、可解释性差、训练时间长等缺点，但由于其对噪声数据的高承受能力和低错误率的优点，以及各种网络训练算法如网络剪枝算法和规则提取算法的不断提出与完善，使得神经网络在数据挖掘中的应用越来越为广大使用者所青睐。

进化计算：它是模拟生物进化理论而发展起来的一种通用的问题求解方法。因为它来源于自然界的生物进化，所以它具有自然界生物所共有的极强的适应性特点，这使得它能够解决那些难以用传统方法来解决的复杂问题。它采用了多点并行搜索的方式，通过选择、交叉和变异等进化操作，反复迭代，在个体的适应度值的指导下，使得每代进化的结果都优于上一代，如此逐代进化，直至产生全局最优解或全局近优解。其中最具代表性的就是遗传算法，它是基于自然界的生物遗传进化机理而演化出来的一种自适应优化算法。

粒度计算：早在 1990 年，我国著名学者张钹和张铃就进行了关于粒度问题的讨论，并指出“人类智能的一个公认的特点，就是人们能从极不相同的粒度(granularity)上观察和分析同一问题。人们不仅能在不同粒度的世界上进行问题的求解，而且能够很快地从一个粒度世界跳到另一个粒度世界，往返自如，毫无困难。这种处理不同粒度世界的能力，正是人类问题求解的强有力的表现”。随后，Zadeh 讨论模糊信息粒度理论时，提出人类认知的 3 个主要概念，即粒度(包括将全体分解为部分)、组织(包括从部分集成全体)和因果(包括因果的关联)，并进一步提出了粒度计算。他认为，粒度计算是一把大伞，它覆盖了所有有关粒度的理论、方法论、技术和工具的研究。目前主要有模糊集理论、粗糙集理论和商空间理论 3 种。

2. 物联网在智能物流中的主要作用

从技术层面来讲，物联网能够促进物品在物流过程中的透明管理，使得可视化程度更高。物流领域运用物联网技术，也使得运输过程中数据的传输更加正确、及时，便于交互。物联网技术提升物流行业整体管理水平，表现为：

①利用物联网技术能提高物流的信息化和智能化水平。信息化和智能化是物流发展的必然趋势。它不仅限于库存水平的确定、运输道路的选择、自动跟踪的控制、自动分拣

的运行、物流配送中心的管理等问题，还能将物品的信息也存储在特定数据库中，并能根据特定的情况作出智能化的决策和建议。

②利用物联网技术能降低物流成本和提高物流效率。利用物联网技术使得采集信息更加高效，降低物流成本，提高物流效率，如在集装箱上使用共同标准的电子标签，装卸时可自动收集货物内容的信息，从而缩短作业时间，并实时掌握货物位置，提高运营效率，最终减少货物装卸、仓储等的物流成本。

③利用物联网技术能提高物流活动的一体化。智能物流的一体化是指智能物流活动的整体化和系统化，它是以智能物流管理为核心，将物流过程中运输、存储、包装、装卸等诸环节集合成一体化系统，高效地向客户提供满意的物流服务。

3. 物联网在智能物流中的主要应用领域

①基于 RFID 等技术建立的产品的智能可追溯网络系统，如食品的可追溯系统、药品的可追溯系统等。这些智能的产品可追溯系统为保障食品安全、药品安全提供了坚实的物流保障。

②智能配送的可视化管理网络，这是基于 GPS 卫星导航定位，对物流车辆配送进行实时的、可视化的在线调度与管理的系统。很多先进的物流公司都建立与配备了这一网络系统，以实现物流作业的透明化、可视化管理。

③基于声、光、机、电、移动计算等各项先进技术，建立全自动化的物流配送中心，实现局域内物流作业的智能控制、自动化操作的网络系统。如货物拆卸与码垛依靠码垛机器人，搬运车是激光或电磁的无人搬运小车，分拣与输送是自动化的输送分拣线作业，入库与出库是自动化的堆垛机来完成，整个物流作业系统完全实现了全自动与智能化，是各项基础集成应用的专业网络系统。

④基于智能配货的物流网络化公共信息平台。此外，企业的智慧供应链等也都属于物联网的应用。

4. 物联网在智能物流中的应用案例

(1)智能运输管理系统

该类系统是综合运用于整个运输管理体系而建立起的一种大范围、全方位、实时、准确、高效的综合运输管理系统，如图 7.25 所示。包括交通管理、车辆控制、车辆调度等子系统。它基于 GPS 定位技术获取移动配送人员、车辆及固定店铺的位置坐标，通过 3G 网络传输，再利用 GIS 技术，将移动目标所在位置和行走轨迹标注在电子地图上，便于控制中心管理。

(2)基于 RFID 的智能仓储管理系统

该类系统将标签附在被识别物品的表面或内部，当被识别物品进入识别范围内时，RFID 读写器自动无接触读写，包含自动出库系统、自动入库系统、自动盘库系统、自动周转等子系统。图 7.26 展示了系统的运行流程，图 7.27 则展示了各环节的实景。

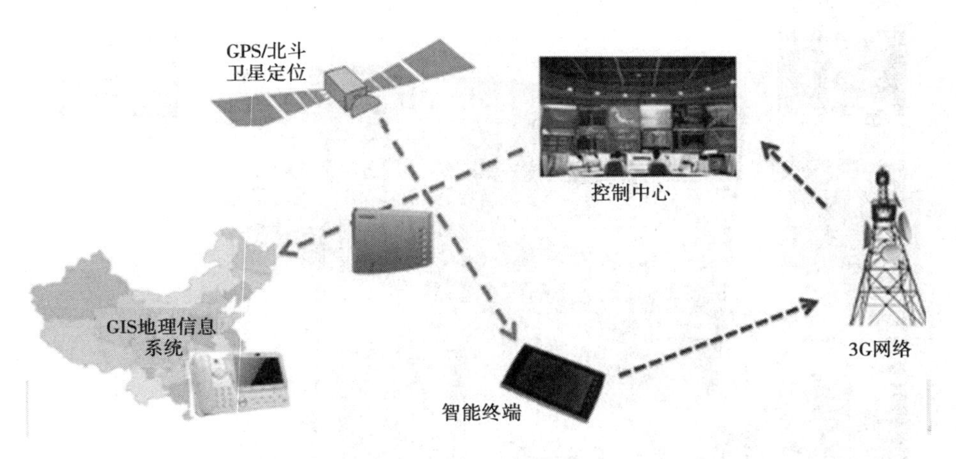

图 7.25　智能运输管理系统

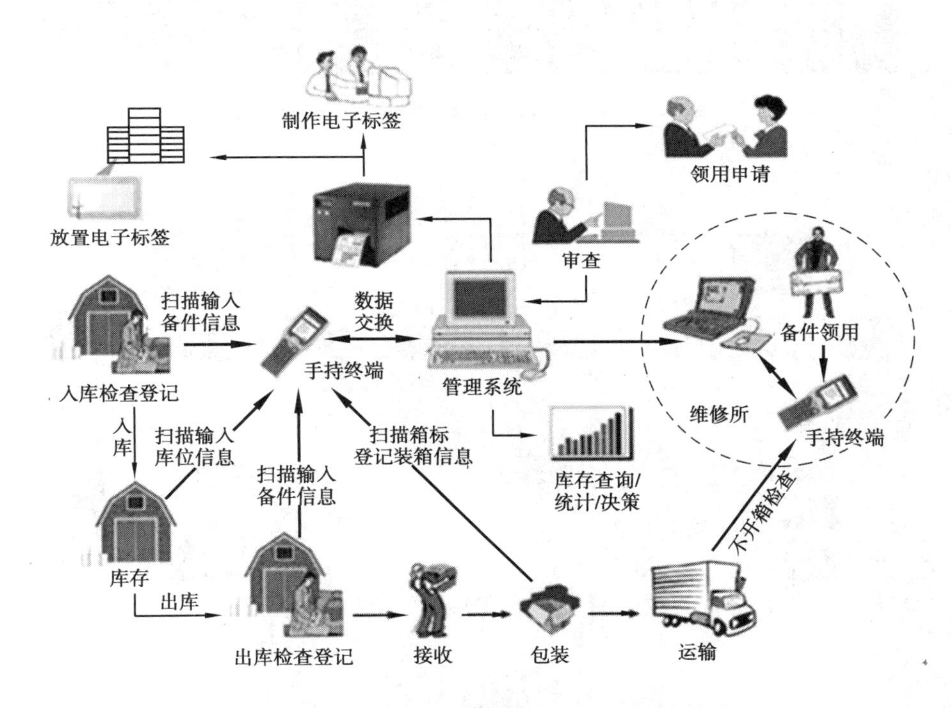

图 7.26　基于 RFID 的智能仓储管理系统运行流程

(3)智能配送管理系统

该类系统以 GIS、GPS 和无线网络通信技术为基础,服务于物流配送部门,由物流配送数据服务器、配送管理模块、车载终端管理模块、收货管理模块等构成,如图 7.28 所示。实现实时监控、双向通信、车辆动态调度、货物实时查询、配送路径规划等功能。

(4)智能包装系统

该类系统利用条码、RFID、材料科学、现代控制技术、计算机技术和人工智能等相关技术,实现了包装过程的无人值守,同时增加物品的信息以便追踪管理,提高包装效率,如

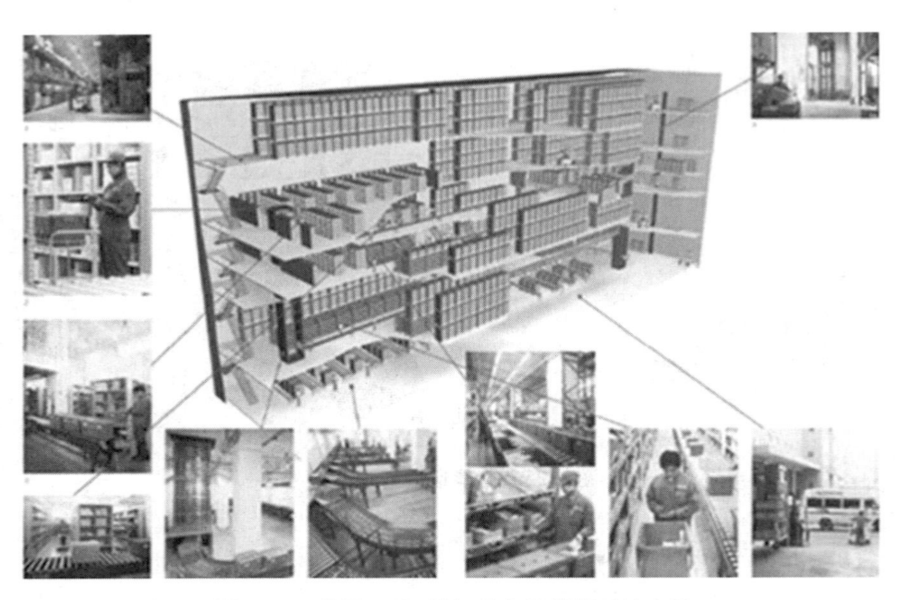

图 7.27　基于 RFID 的智能仓储管理系统实景

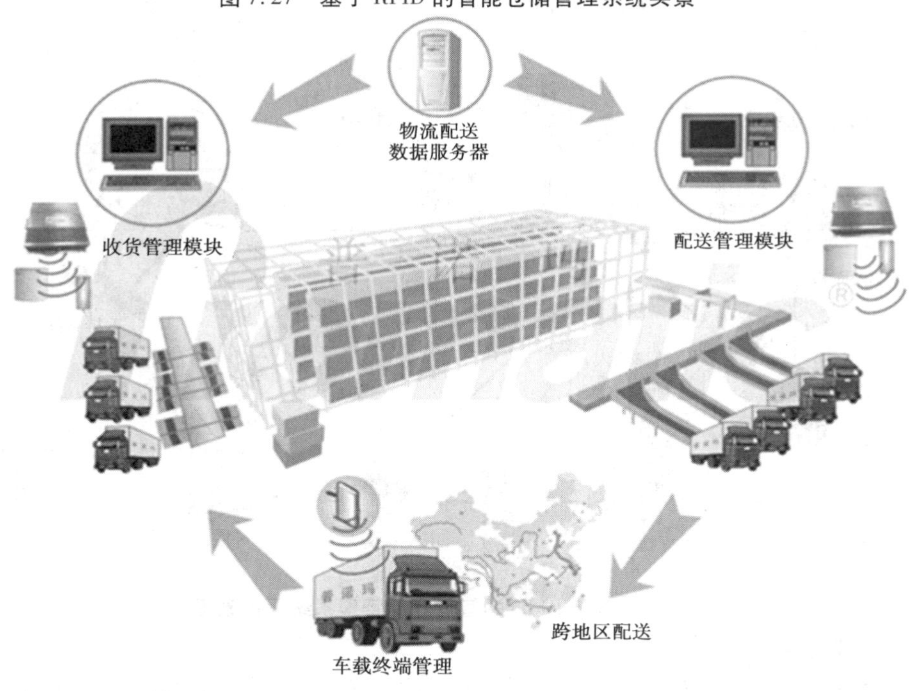

图 7.28　智能配送管理系统

图 7.29 所示。

(5)物流安全系统

该类系统利用互联网、条码、RFID 及无线数据通信等技术,实现单物品的识别和跟踪,保证商品生产、运输、仓储和销售全过程的安全和时效。基于条码的物品安全监管系统,如图 7.30 所示。

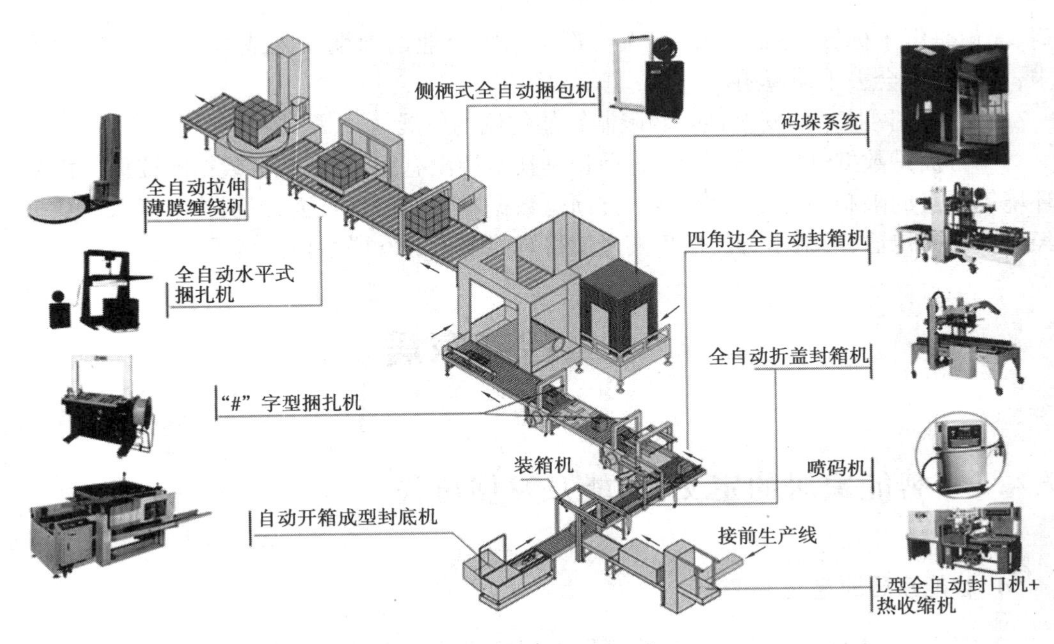

图7.29　智能包装系统示意图

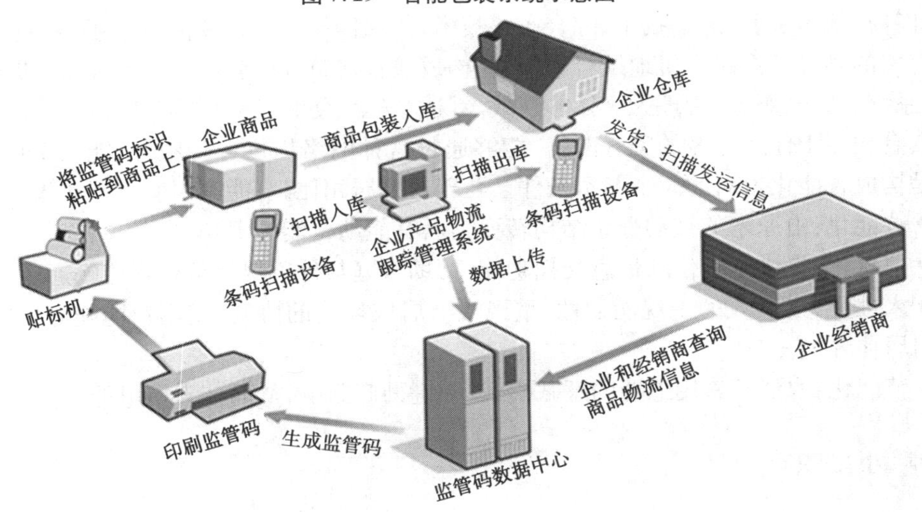

图7.30　基于条码的物品安全监管示意图

5. 利用物联网技术发展智能物流存在的主要困难

利用物联网发展智能物流有诸多优势，但是物联网技术还没有统一的标准，在利用其发展智能物流的过程中也还存在一定困难，表现为：

(1)应用物联网技术发展智能物流前期投入大

在物联网技术成为通用技术之前，要投入大量的人力和财力来实现现有系统升级换代，初期的成本很高。特别是在物流业中利润低的领域，成本成为物联网普及的第一障碍，无论是电子标签，还是条形码，无疑都会增加企业的前期投入成本，如若没有强烈需求，企业较少会去主动应用。

(2)物联网技术的安全性问题限制智能物流的发展

一方面是数据读取的可靠性，目前识别技术还没有完全成熟，在数据的读取方面受到环境等因素的限制还比较严重；另一方面是数据本身的信息安全，识别技术读取的数据需经过网络的传输，网络本身的信息安全使得智能物流的发展存在网络风险。

7.4 智能家居

7.4.1 智能家居的定义、功能及发展历程

1. 智能家居的定义

智能家居，或称智能住宅。智能家居可以定义为一个系统，它以住宅为平台，利用先进的计算机技术、网络通信技术、综合布线技术、传感器技术等物联网技术手段，将与家居生活有关的各种子系统有机地结合在一起，构成兼备建筑、网络通信、信息家电、设备自动化，集系统、结构、服务、管理为一体的高效、舒适、安全、便利、环保的居住环境。

具有相当于住宅神经的家庭网络、能够通过这种网络提供各种服务、能与 Internet 相连接是构成智能化家居的 3 个基本条件。与普通家居相比，智能家居有以下 4 大特性：

- 智能化：由原来的被动静止结构转变为具有能动智能的工具。
- 信息化：提供全方位的信息交换功能，帮助家庭与外部保持信息交流畅通。
- 人性化：强调人的主观能动性，重视人与居住环境的协调，使用户能随心所欲地控制室内居住环境。
- 节能化：取消了家用电器的睡眠模式，一键彻底断电，从而节省了电能。

小知识

应该注意，家居智能化与家居信息化、家居自动化、家庭的网络化等有一定的区别。在住宅中为住户提供一个宽带上网接口，家居信息化的条件即已具备，但这做不到家居智能化。电饭煲可定时烧饭煲汤，录像机可定时录制电视节目，这些仅仅是家电自动化。信息化和自动化是家居智能化的前提和条件，实现智能化还需对记录、判别、控制、反馈等过程进行处理，并将这些过程在一个平台实现集成，能按人们的需求实现远程自动控制。智能化应服务于人们的居家生活，因此应更全面、更富有人性化。

2. 智能家居的主要功能

典型的智能家居具有以下功能:

①家居安全监控:各种报警探测器的信息报警。

②家电控制:利用计算机、移动电话、PDA 通过高速宽带接入 Internet,对电灯、空调、冰箱、电视等家用电器进行远程控制。

③家居管理:远程三表(水、电、煤气)传送收费。

④家庭教育和娱乐:如远程教学、家庭影院、无线视频传输系统、在线视频点播、交互式电子游戏等。

⑤家居商务和办公:实现网上购物、网上商务联系、视频会议。

⑥入口控制(门禁系统):采用指纹识别、静脉识别、虹膜识别、智能卡等。

⑦家庭医疗、保健和监护:实现远程医疗和监护,幼儿和老人求救,测量身体状况(如血压、脉搏等)和化验,自动配置健康食谱。

3. 智能家居的发展历程

智能家居概念的起源甚早,但一直未有具体的建筑案例出现,直到 1984 年美国联合科技公司(United Technol ogies Building System)将建筑设备信息化、整合化概念应用于美国康乃迪克州(Conneticut)哈特佛市(Hartford)的 City Place Building 时,才出现了首栋智能型建筑,从此也揭开了全世界争相建造智能家居的序幕。

最著名的智能家居是比尔·盖茨的豪宅。比尔·盖茨在他的"未来之路"一书中描绘他的住宅是"由硅片和软件建成的",并且要"采纳不断变化的尖端技术"。

由社会背景层面来看,近年来信息化的高度进展,通信的自由化与高层次化、业务量的急速增加与人类对工作环境的安全性、舒适性、效率性要求的提高,造成家居智能化的需求大为增加; 此外,在科学技术方面,由于计算机控制技术的发展与电子信息通信技术的进步,也促成了智能家居的诞生。因此,智能家居是 IT 技术(特别是计算机技术)、网络技术、控制技术等物联网核心技术向传统家电产业渗透发展的必然结果。

目前,国内外主要智能家居产品及系统提供企业,如表 7.1 所示。

表 7.1 国内外主要智能家居产品及系统提供企业一览表

序号	企业名称	企业简介
1	海尔	企业网址:www.haieruhome.com
		海尔智能家居是海尔集团在信息化时代推出的一个重要业务单元,典型产品是 U-home 系统
2	霍尼韦尔	企业网址:www.honeywell.com
		霍尼韦尔国际(Honeywell International)是一家位列财富 100 强的多元化技术和制造行业的领先企业,典型产品为单户型智能家居 HRIS-1000 系列

续表

序号	企业名称	企业简介
3	快思聪	企业网址:www. crestron. com
		智能集成设计(Integrated by Design)是快思聪最新的市场定位,公司先后荣获"2012 年度中国市场智能建筑十大住宅智能化品牌""2012 十大智能家居品牌"第三名
4	波创科技	企业网址:www. 18bc. com
		波创科技是家居智能化、小区智能化产品制造商及方案提供商,先后获得"推动中国建筑智能化进程的十大风云企业""中国智能家居十大品牌、十大推荐品牌""中国安防十大最具影响力品牌"等荣誉
5	索博	企业网址:s-10. cn
		上海索博智能电子有限公司是国际型智能家居专业生产企业,拥有亚洲最大的智能家居研发中心,也是最早将荷兰 PLC-BUS 及美国 X10 等成熟智能家居产品引入中国的国内智能家居龙头企业。典型产品包括 EON3、S-10、PLC-BUS 在内的 50 个品牌的智能家居产品
6	安居宝	企业网址:www. anjubao. com
		广州市安居宝数码科技有限公司是一家集研发、生产、销售、服务为一体的高科技企业,是国内住宅安防行业最著名的品牌之一
7	视得安罗格朗	企业网址:www. shideanlegrand. com. cn
		视得安罗格朗公司是罗格朗集团旗下子公司,其主营业务是在中国生产、销售楼宇对讲系统及产品,典型产品有视得安(Shidean)和 Bticino
8	聚晖电子	企业网址:www. jhsys. cn
		广州市聚晖电子科技有限公司是一家专门从事数字城市、数字社区、数字酒店、数字家庭的核心技术及智能化产品的研发、生产及销售的综合性高科技企业,致力于为客户提供各种先进的智能化解决方案和服务,是目前国内智能家居产业领域最大的企业之一
9	慧居智能	企业网址:www. superhouse. com. cn
		"慧居"系列产品采用互联网成熟、开放的 TCP/IP 协议和智能网关技术,以图形化交互式的人机界面向用户提供可视对讲、家居安防、四表抄收、家电控制、物业管理、远程控制、信息服务等多方面的功能
10	尼科	企业网址:www. nicorosberg. com
		尼科是智能建筑产品的供应商和服务商,获得 LID(LonWorks Independent Developer)认证,成为全球 20 多家著名 LonWorks 设备开发商之一,是"智能照明控制"领域的领头羊

续表

序号	企业名称	企业简介
11	麦驰	企业网址:www. muchy. cn
		麦驰产品系列齐全、功能完善,已成功实现可视对讲与门禁管理、智能家居、防盗报警、拍照留影、电梯预约及楼层控制等功能的完美整合
12	瑞讯科技	企业网址:www. risen. hk
		典型产品有 BM-I(数字家庭智能终端模块)、BM-D(数字门口控制终端模块)、BM-Switch(模数网络转换器)、BM-Keeper(数字管理平台)系列模块产品及DHS800、DHS900 系列数字可视对讲系统
13	松本智能	企业网址:www. soben168. com
		松本智能是目前国内住宅小区安防领域规模最大,产品科技含量、生产能力最强的专业集成生产商之一,致力于提供小区智能化的整套解决方案和配套产品,同时有着较强的数字视音频(MJPEG、MPEG1、MEPG4)压缩处理技术、嵌入式操作系统(Linux、ucos、psos)的开发技术储备
14	安明斯	企业网址:www. anmingsi. com
		福州安明斯科技有限公司是中国内地最早从事智能家居产业研发的企业之一,也是中国最大的智能家居研发生产基地
15	普力特	企业网址:www. maxicom. cn
		深圳市普力特科技是一家从事智能楼宇、智能小区及家居智能化产品研发、生产、销售及工程服务于一体的智能化专业公司,主要产品有 H-Bus 系列"Maxicom"智能家居控制系统和"Anysmart"智能酒店控制系统
16	兴联科技	企业网址:www. xingtac. com
		厦门兴联科技有限公司是加拿大 Xingtel 集团下属的一家专业从事数字可视对讲、智能家居系统产品的研发、生产、销售的专业性公司
17	威易科技	企业网址:www. zxfe. cn
		作为智能家居行业的导向企业,公司以 ZIGBEE 2. 4G 无线通信技术、V-BUS 技术、PLC-BUS 电力线载波技术为核心,开发了能实现本地和远程可视化控制的50 多种智能化产品
18	Control4	企业网址:www. control4china. com
		Control4 是一家专业从事智能家居产品的研发、生产、销售的知名企业。截至2009 年底,Control4 共销售了 100 万台基于 Zigbee 无线技术的家庭自动化产品
19	达实智能	企业网址:www. chn-das. com
		主要从事建筑智能化及建筑节能服务,包括建筑智能化及建筑节能方案咨询、规划设计、定制开发、设备提供、施工管理、系统集成及增值服务

案例分析

智能建筑典范——比尔盖茨的豪宅

世界首富比尔·盖茨从1990年开始，花了7年时间、约1亿美元与无数心血，建成一幢独一无二的豪宅，占地约2万公顷，建筑物总面积超过6 130平方米。这座豪宅号称当今智能建筑的经典之作，这座豪宅也是物联网技术应用的典范，如图7.31所示。

图7.31 比尔盖茨的豪宅

(1)比尔·盖茨对自己豪宅的智能设计要求最高的就是养着鲨鱼、海龟等大型海洋动物的巨型鱼缸和厨房。鱼缸的控温、换水、投食及清洁全部智能化，仅换一次水(取自佛州深海)就需要数千美元。

(2)比尔·盖茨开车回家途中，可以通过车内的计算机遥控家中浴缸为他准备好洗澡的热水，遥控厨房自动烹调机为他准备好他想吃的饭菜。他的全智能化厨房科技含量非常高。冰箱会随时告诉主人，存放在冰箱里的食品哪些时间过长，需要及时处理。冰箱门上装有计算机、条形码扫描仪和显示器，它能提供食物保存、处理和制作的正确方法，让你以最安全、最健康的方法处理食物。冰箱上还装有电视机和收音机，可以在厨房里一边做饭一边看电视或听新闻，也可以通过与它连接的摄像机监视门前的情况和孩子的安全。冰箱还能自行扫描其中的存储情况，自动向超市发出需求订单。最神奇的是主人通过计算机可以发出做饭指令，各种烹饪锅内都有测温装置并与控制装置相连，可以保证烹饪时菜肴不会过热爆炸或外溢；埋藏在墙壁内、地板下自动化的设备能自动喷洒清洁剂、水雾和清水对厨房进行清洁。主人在下班前只需轻点几下鼠标，就可以在回家时看到电视正在播放自己想看的新闻，并且可口的饭菜已经做好。这主要涉及无线、有线通信技术、传感器技术、智能控制技术。

(3)访客从一进门开始，就会领到一个内建微晶片的胸针，可以预先设定你偏好的温度、湿度、灯光、音乐、画作等条件，无论你走到哪里，内建的感测器就会将这些资料传送至 Windows NT 系统的中央计算机，将环境自动调整。因此，当你踏入一个房间，藏在壁纸后方的扬声器就会响起你喜爱的旋律，墙壁上则投射出你熟悉的画作；此外，你也可以使用一个随身携带的触控板，随时调整感觉。甚至当你在游泳池戏水时，水下都会传来悦耳的音乐。这主要涉及无线感知技术、计算机网络通信技术、数字家庭技术等。

(4)整座建筑物埋设了 84 km 长的光纤缆线，在墙壁上看不到任何一个插座。这主要涉及通信技术、综合布线技术。

(5)豪宅安全系统也进行了精心的设计，一旦发生火警、盗窃等灾害，系统会自动报警、拉闸，根据火情分配灭火的水量，甚至立即提出最佳营救方案。为以防万一，安全系统有两套，当一套发生故障时，另一套能自动激活，立即接替工作。这主要涉及智能安防技术、传感器技术、自动控制技术、冗余技术。

(6)比尔·盖茨还希望能在厨房的门上安装一台像电子监视器一样小巧的人体营养扫描仪，每天将自己的营养状况、所需蛋白质和维生素的种类情况告知机器人厨师，让它有的放矢地工作。盖茨还希望在厨房放一个集养殖和种植融为一体的多层箱体。多层箱体上半部分是分层的蔬菜培育箱，可以种莴苣、油菜、西红柿和黄瓜。蔬菜生长过程中释放出的氧气可以导入水族箱，水族箱可以养鱼和虾。当然，水族箱的高度必须适合机器人厨师的收获采摘。

通过对比尔·盖茨的豪宅分析，我们不难发现，物联网技术被大量应用，从感知层的传感技术到传输层的通信技术，再到应用层的各种应用，表明物联网技术已经在我们的身边触手可及。当前，我国的智能家居、数字家庭、车联网、智能安防、智能交通等物联网应用均在快速发展，和我们的生活越来越紧密联系，诸如小区门禁、智能车库、智能安防、智能交通、智能物流、商场条码系统、车间生产跟踪这些系统在大城市已经随处可见；而智能手机、云存储、云办公、云计算等更贴近生活的应用也逐步被人们所接受，就连农村的农产品，现在也被贴上了 RFID 标签(如大闸蟹、生猪)。

物联网技术是感知、传输、应用技术的大融合，需要各位读者满怀热情，持之以恒地去学习、研究、应用，以解决各种实际问题，从而掌握相关的知识和技能，迎接物联网时代的来临，才能实现“感知中国，物联世界”的宏伟目标。

7.4.2 智能家居的系统结构及主要产品

一套完整的智能家居系统通常由一个中央控制系统和各子系统组成，如图 7.32 所示。子系统一般包括门禁系统、远程控制系统、安防系统、背景音乐系统、智能窗帘系统、智能照明系统、智能家电系统。若业主只要求其中部分子系统功能，可配置相应子系统控制器代替中央控制系统，以节约成本。为进一步提升生活品质，一些住宅还配有家庭 AV 系统、家用中央吸尘及新风系统、宠物设备、智能卫浴系统、车库智能换气系统、自动浇花系统、自动给排水系统等智能家居子系统。

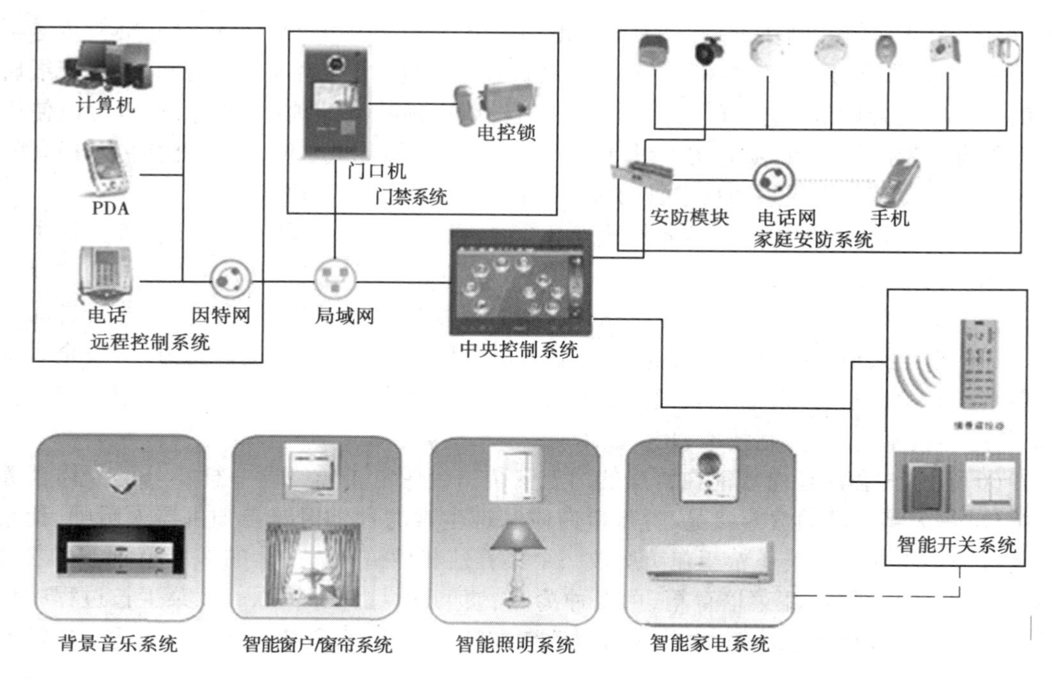

图 7.32 典型智能家居的配置

1. 中央控制系统

(1)基本功能

中央控制系统是智能家居系统的中心控制设备,用于集中控制智能家居各子系统(包括室内控制和远程控制),一般包括一台主机和一个总控制触摸屏。

(2)产品选取(见表 7.2)

表 7.2 智能家居中央控制系统选取建议

住宅类型	智能家居配置特点	产品选取建议
豪华住宅	室内面积较大 智能家居配置较为完整 业主多有系统升级的需求	多考虑系统可控回路数和可扩展性
中高档住宅	室内面积适中 选取多数智能家居配置 选择系统时受价格影响较大	在满足性能前提下,选取产品时应多考虑价格因素
普通住宅	室内面积小 选取少数智能家居配置	中央控制系统对于普通住宅业主来说价格过于昂贵,不推荐普通住宅业主选取

图 7.33 为中央控制主机。图 7.34 为适用于豪华住宅的多媒体彩色触摸屏。

图 7.35 为触摸屏家庭服务器,集系统中央控制和用户综合管理于一身,一般回路数能满足大多数公寓需要,同时触摸屏的设计模式可使面板能方便地嵌入客户设计的空间中,大方美观。

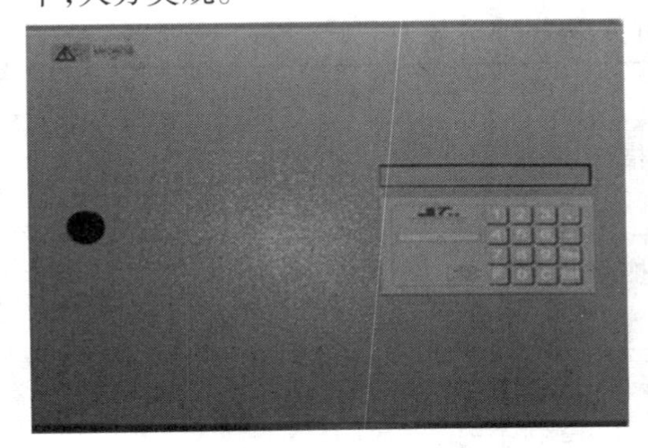

图 7.33 中央控制主机

图 7.34 适用于豪华住宅的多媒体彩色触摸屏

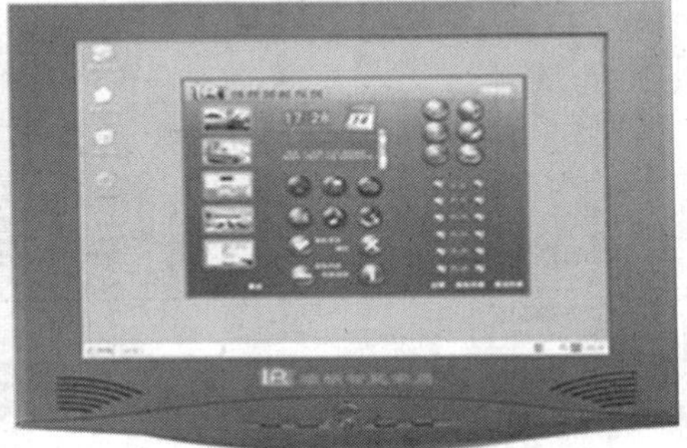

图 7.35 适用于中高档住宅的家庭服务器

2. 智能开关系统

(1)基本功能

智能开关系统是指除总控制触摸屏外,其他用于控制系统的外部控制设备,包括智能电器、智能窗帘、智能照明等的开关控制。智能开关有遥控器、声控开关、光感开关、温感开关、触摸屏、触摸板、普通复位开关等。通过遥控器,业主可以管理家中所有的智能模块,实现无线控制、场景控制。场景编排可根据使用者的爱好在遥控器上任意设置,无须采用其他工具。声控开关、光感开关、温感开关等通过传感器感应控制灯光和电器开闭。例如,空调温感开关可通过温度探测器测得当时室内温度,当温度过低或过高时能自动打开空调调温。

(2)产品选取(见表 7.3)

图 7.36 为适用于豪华住宅的智能开关,它的一个显著特点是可 DIY:触摸板面板后面的面膜可自行设计打印。相应按键可用一个形象的图标来表示。另一方面,不锈钢外壳耐磨损,褪色折旧较慢。曲奇复位开关内置红外接收器,可直接安装在复位面板的墙装底盒内,使普通复位开关也能实现触摸屏的大部分功能。例如,洗手间复位开关安装此模

块后，一按，洗手间的灯亮，排风扇自动开启，背景音乐奏响。当离开洗手间时，再轻按一下同一个复位开关，洗手间的灯灭，背景音乐关闭，排风扇继续工作 10 分钟后自动关闭。遥控器面板设计简洁，可随着业主所处房间的变换而转换成相应功能，方便操作。

表 7.3　智能家居智能开关系统选取建议

住宅类型	产品需求	产品选取建议
豪华住宅	智能开关外形和风格与室内装修风格匹配；产品耐磨损性能好；操作便捷型	产品选取时应造型、质量、便捷性兼顾
中高档住宅	产品耐磨损性能好；操作便捷型；价格适中	选择产品时应多考虑复位开关和触摸板
普通住宅	操作便捷型，以遥控为主	定时开关；普通的手持式遥控器；匙配遥控器

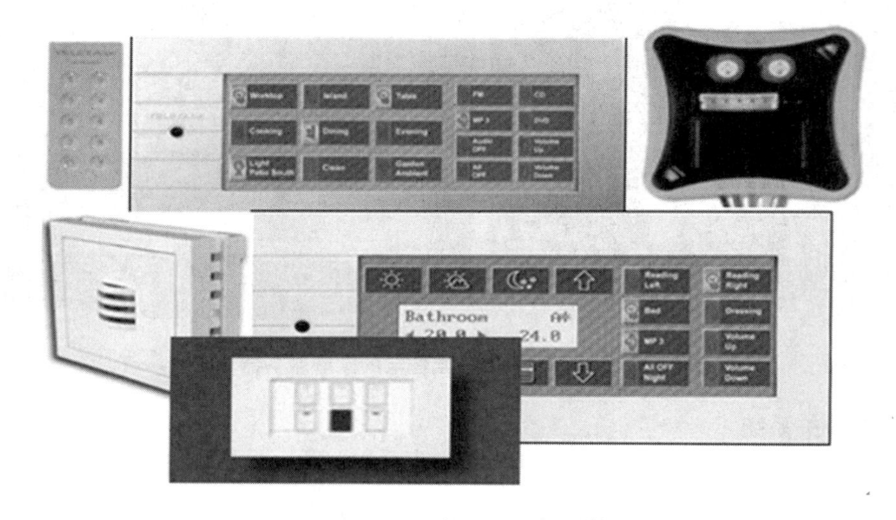

图 7.36　适用于豪华住宅的智能开关

图 7.37 所示为适用于中高档住宅的智能开关。触摸板和复位开关价格相对较低，触摸屏可用于客厅中。图 7.38 所示为定时开关（完成家电、照明定时开关功能）、普通的手持式遥控器、匙配遥控器等。

3. 背景音乐系统

(1) 基本功能

一个完整的背景音乐系统，应使任一房间都可开启系统、切换音源、选择歌曲、调节音量。在进行背景音乐系统设计时，智能家居厂家提供背景音乐系统的控制模块和接口，DVD、MP3、音箱等外接设备可由业主自由选择。

图 7.39 所示为家庭背景音乐系统的基本结构，由音源、音频分配器（中央智能主机）

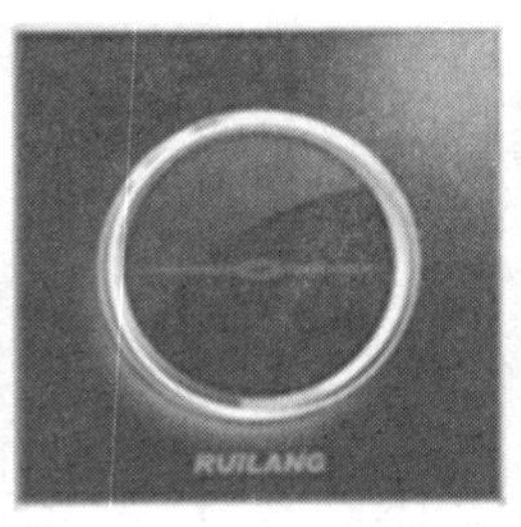

图 7.37　适用于中高档住宅的智能开关

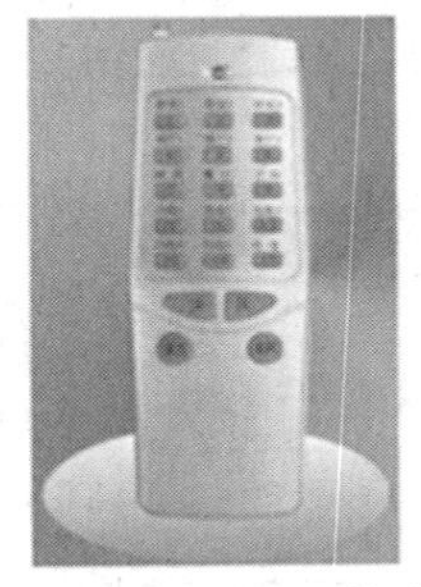
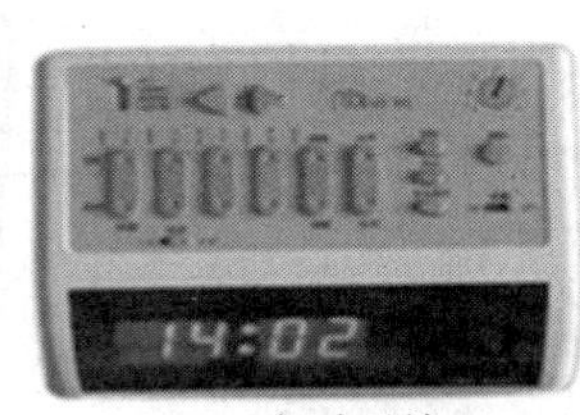

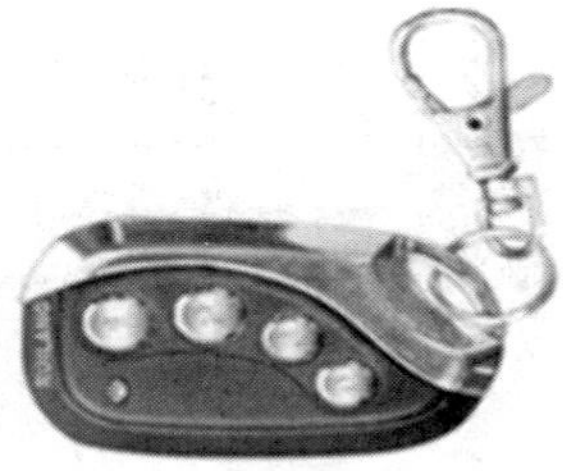

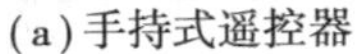
(a)手持式遥控器　　(b)定时开关　　(c)匙配遥控器

图 7.38　适用于普通住宅的各类定时开关或遥控器

以及分布在各房间的音频功放、音响等构成。

图 7.40 所示为背景音乐学习型红外控制器和背景音乐中央智能主机，大致具有的功能如下：

- 高保真、立体声音质，HI-FI 级音质效果，每路输出额定功率 25W ×2，可与任何一款高档音响的音质媲美；
- 内置音源、功放陈列及控制系统，通过控制面板即可实现对不同音源的直接、完全控制，不需要烦锁地往返于不同音源之间进行操作；
- 不同房间音源独立控制；
- 支持不同音源任意播放功能；
- 支持对歌曲进行分类；
- 音源自动记忆功能：能够将客户最喜爱的歌曲进行自动排序；
- 不同房间单独音量控制，1 024 级电脑调音；
- 具备音质 EQ 调节模式：可以调节系统高低音；
- 内置高灵敏调频收音模块，支持 80 个 FM 电台的自动搜索及 40 个台精确优先设置功能，在 FM 状态下支持通过控制面板调节电台；
- 内置 MP3 播放器，支持外接 U 盘或硬盘，方便从电脑下载最新音乐；
- 可以设置系统定时开关，具备唤醒功能；
- 独特智能设计：电话接入时相应房间音量自动减小(需要电话模块支持)；
- 具备消防报警功能，可与任意消防报警系统进行连接；
- 具备防盗报警功能，可与任意防盗报警系统进行连接；

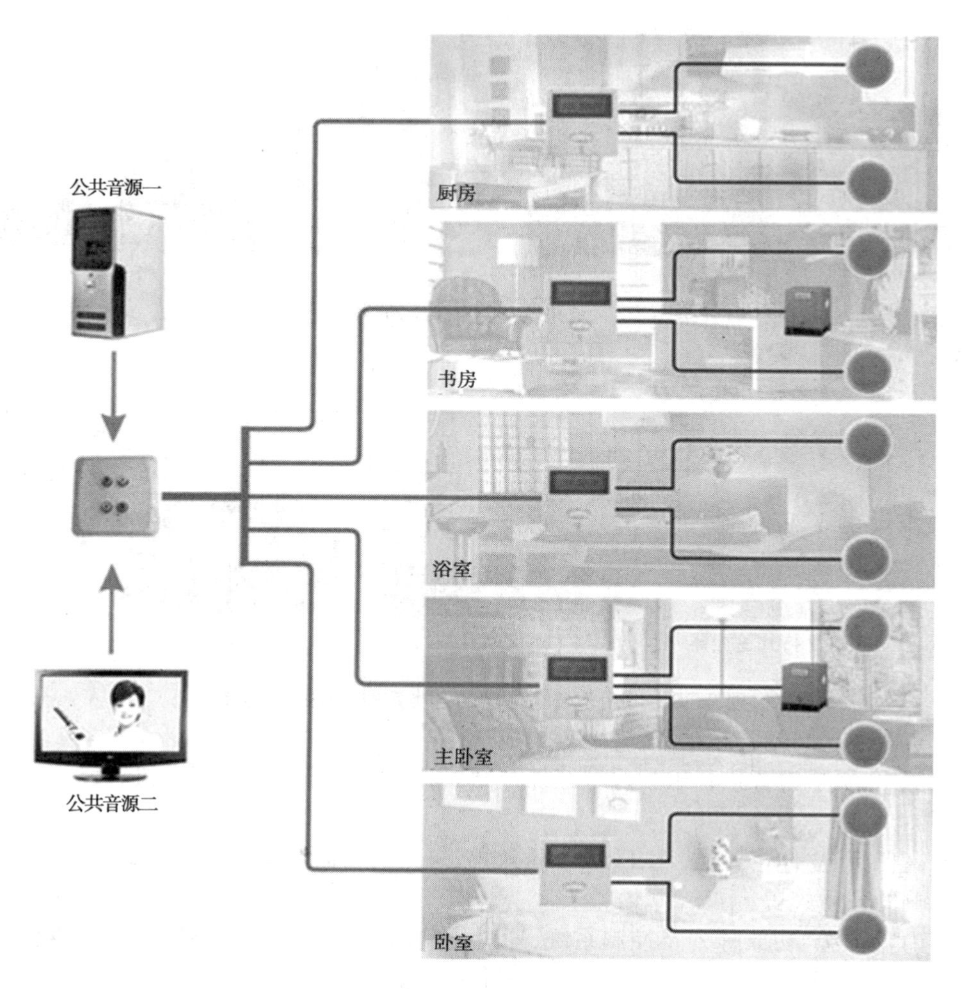

图 7.39　家庭背景音乐系统的基本结构

图 7.40　红外控制器和中央智能主机

- 可以通过 RS485 或者 RS232 接口与其他系统联动。

(2)产品选取(见表 7.4)

表 7.4 智能家居背景音乐系统选取建议

住宅类型	产品需求	产品选取建议
豪华住宅	全宅背景音乐系统布置;顶级音质需求,愿意投入成本	选取产品时,与顶级音响的兼容性不可忽视;另外,可配备特定电话模块,当有电话进入时音乐会自动停止,待业主通话完毕后继续播放
中高档住宅	部分区域音乐系统布置;普通音质	中高档住宅背景音乐系统的控制模块功能与豪华住宅相仿,主要差别在于音质
普通住宅	部分区域音乐系统布置;普通音质	重点考虑经济性

4. 家庭安防系统

(1)基本功能

住宅的安全永远是第一位的,所以家庭安防系统是智能家居中最重要的一套子系统,其基本结构及应用情况分别如图 7.41、图 7.42 所示。家庭安防系统发展到现在,可实现的功能越来越多,主要有如下几方面:

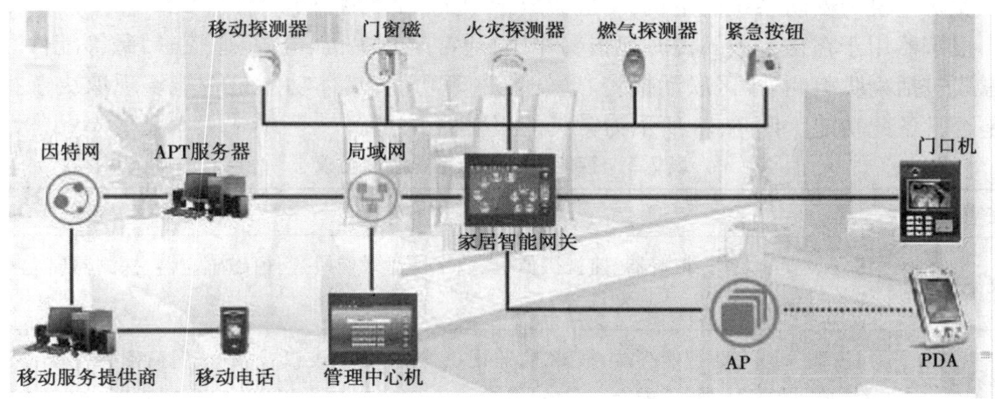

图 7.41 家庭安防系统结构图

- 提供无线防区,外接各种安防探测器与警灯、警铃,对每种不同的安防探测器具识别功能;
- 实现一键撤布防、紧急求助、布防延时、密码撤防、消警等功能;
- 业主可以通过电话和网络进行远程撤布防,具有联动控制功能;
- 用户与管理中心可查询报警类型、报警点、报警时间、处理记录;
- 触发警情后可通过小区局域网向保安中心报警,同时拨打用户设定的电话号码进行报警;
- 通过家庭智能安防系统,可以实现各个防区与其他家电自动化设备的联动控制。

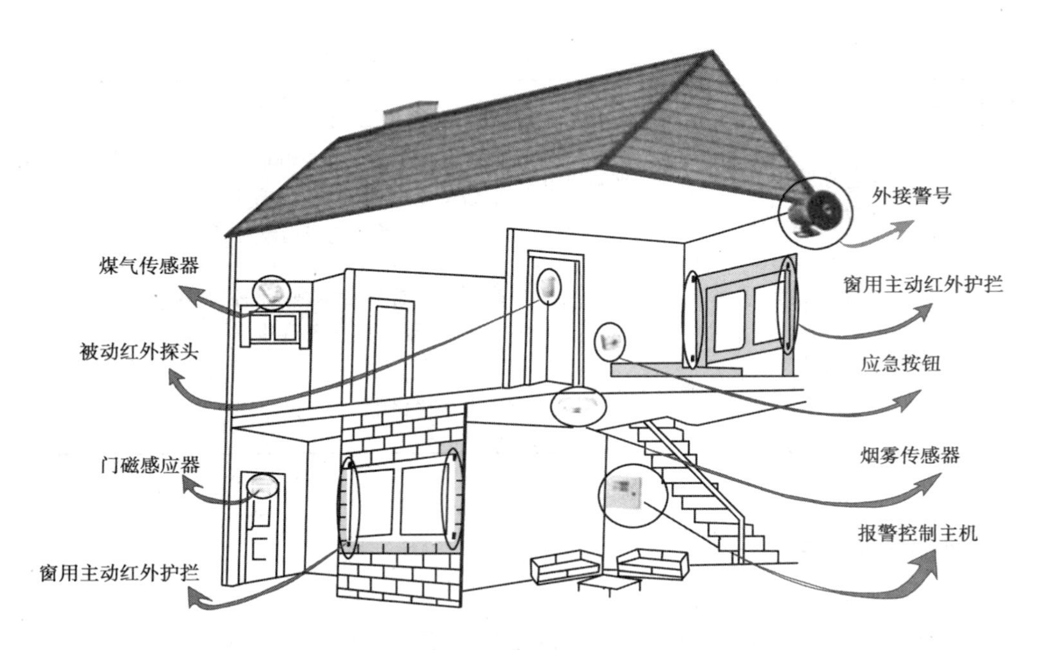

图 7.42　家庭安防系统应用示意图

(2)产品选取(见表 7.5)

安防主机为安防系统的主机,一般集成于中央控制系统中。

报警器用于在住宅被入侵时起报警作用,通常配有主机、电源、遥控、门磁等配件。报警方式包括喇叭鸣叫、小区联动报警、通知业主等功能,具体功能是否能实现取决于报警器是否具备此功能。图 7.43 所示为常见的报警器。

表 7.5　智能家居安防系统选取建议

住宅类型	产品选取建议
豪华住宅	可安装安防主机、报警器、监视摄像机、数字硬盘录像机、门窗磁感应器、探测器(窗、烟、火、天然气等)
中高档住宅	可安装家庭安防智能终端、报警器、监视摄像机、数字硬盘录像机、门窗磁感应器、探测器(窗、烟雾、天然气等)
普通住宅	可安装安博士报警主机、安博士无线门窗磁(防盗报警器)、火警报警器、天然气泄露报警器

监视摄像机和数字硬盘录像机用于安防中的摄像监视。当安防系统启动时,摄像机自动开始工作,并由数字硬盘录像机记录数据。豪华住宅一般会设置全宅监控,包括花园、车库、室内、阳台等,所需监视摄像机较多。中高档住宅中,室内监视也较常用。图 7.44所示为常见的监视摄像机和数字硬盘录像机。

门窗磁感应器和探测器是最常用的安防探测设备,如图 7.45 和图 7.46 所示,易受外部光线、强风等干扰,多用于车库门、入户门安防。当安防系统处于布防状态时,若有外部强行入侵事件发生,门窗磁会感应事件的发生,触发报警器报警。

图 7.43 报警器实物

对于普通住宅,家庭安防系统一般由安防主机、门窗磁、烟雾/天然气报警器这三部分组成。国内二线品牌主机单价 1 000 元左右,普通门窗磁单价 30 元左右,烟火、天然气报警器单价在 100 元左右,一整套安防系统总价在 2 500 元左右。

图 7.44 监视摄像机和数字硬盘录像机

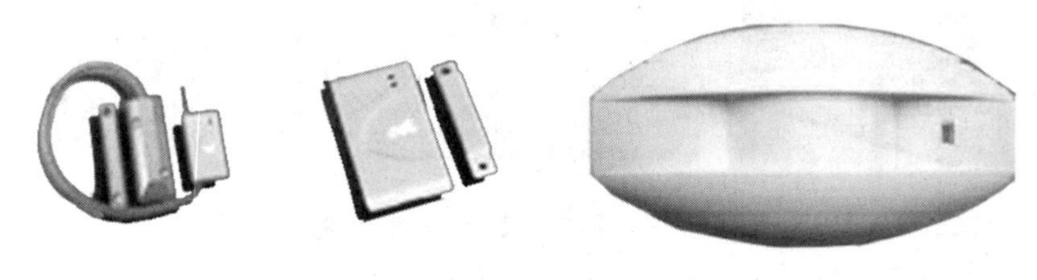
图 7.45 门窗磁感应器和幕帘探测器

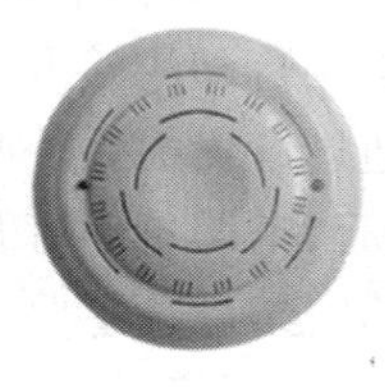
图 7.46 天然气、烟雾探测器

5. 门禁系统

(1)基本功能

智能门禁系统已突破了传统的只有钥匙才可以开锁的观念,它的智能化体现在识别率、准确率、安防性和人性化等方面,主要表现形式有智能卡门禁、指纹门禁、密码锁门禁等,如图 7.47 所示。

(2)产品选取(见表 7.6)

豪华住宅的门禁系统需兼顾安全、方便,以及个性化、人性化需求。豪华型门禁系统一般选择感应卡门禁系统,实物如图 7.48 所示,一般具有下述功能:

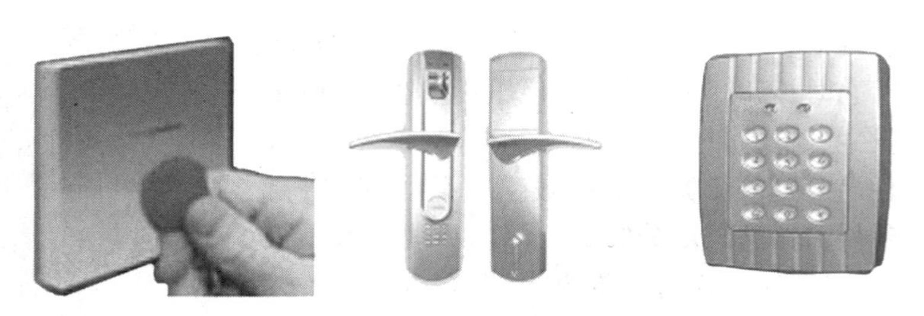

图 7.47　智能卡、指纹、密码锁门禁

表 7.6　智能家居门禁系统选取建议

住宅类型	产品选取建议
豪华住宅	可安装感应读卡器(非接触式)、感应式门卡、电磁锁、钥匙扣型门卡
中高档住宅	可安装门禁感应器、电磁锁、感应 ID 厚卡
普通住宅	无

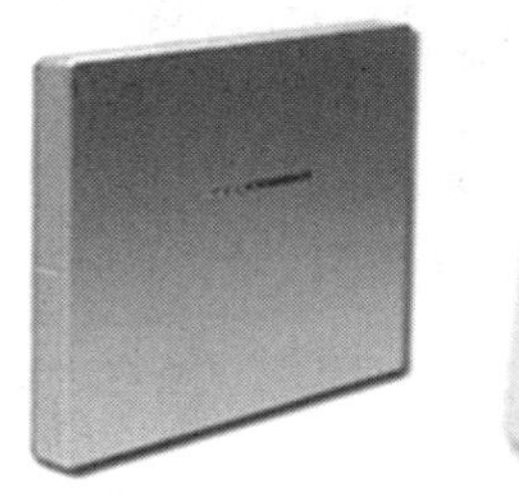

图 7.48　豪华型感应卡门禁系统

• 具有门卡具体身份识别功能,可满足业主对不同人的进门管理,这是其最大的特色。例如,业主可以通过对读卡器功能的设置,限制保姆、园丁等的出入时间段,即让他们在特定时间内才能刷自己的门卡进门。

• 业主可以通过设置中央控制系统,实现系统 Welcome 功能。例如,当业主刷卡进门时,客厅灯自动亮起,空调自动打开,背景音乐自动响起。

中高档住宅的门禁系统主要考虑实用,一般选择密码锁等,如图 7.49 所示。

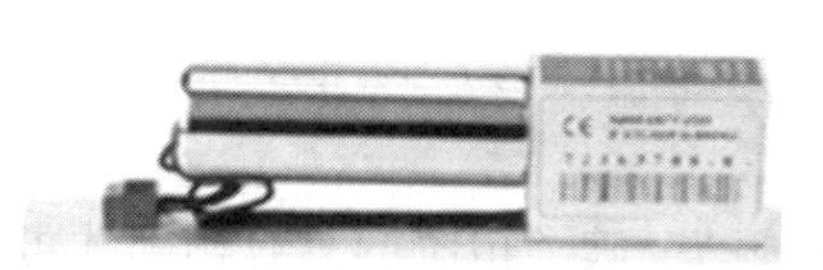

图 7.49　密码锁门禁系统

6. 智能窗户(窗帘)系统

(1)基本功能

智能窗户(窗帘)系统用于根据需求自动开关窗户和窗帘,基本构成如图 7.50 所示。

豪华住宅一般都配有智能窗户、智能窗帘、智能天棚遮阳帘，通过窗户/窗帘系统和中央系统的配合，可以做到遥控一键同时或单个开关家内所有遮阳天棚、窗户、窗帘，避免重复劳动。由于智能窗户（窗帘）系统价格较高，一般中高档住宅只会选择在客厅或主卧安装一套智能窗帘。普通住宅用户则基本不安装该类系统。

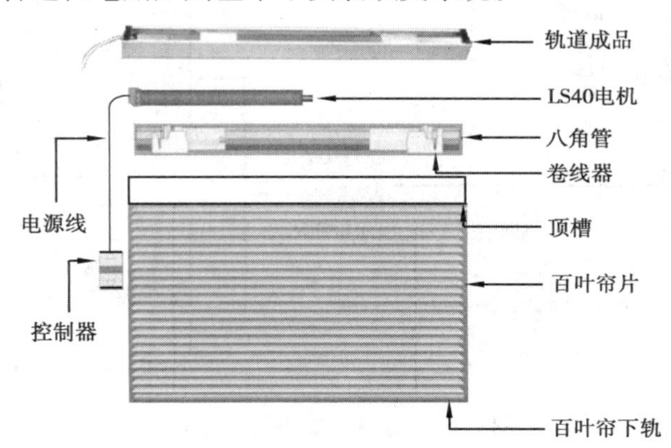

图 7.50 智能百叶窗帘系统的结构

（2）产品选取（见表 7.7）

表 7.7 智能家居窗户（窗帘）系统选取建议

住宅类型	产品选取建议
豪华住宅	可安装开窗机、电动窗帘机、电动窗帘轨、天棚遮阳帘轨
中高档住宅	可安装开窗机、电动窗帘机、电动窗帘轨
普通住宅	无

7. 远程控制系统

（1）基本功能

业主能通过电话、手机、电脑等设备实现对家中设备的控制，基本结构如图 7.51 所示。

（2）产品选取（见表 7.8）

表 7.8 智能家居远程控制系统选取建议

住宅类型	产品选取建议
豪华住宅	可安装电话接口和图形用户界面软件
中高档住宅	可安装电话控制器
普通住宅	无

豪华住宅侧重考虑多种途径控制，以“唐太子”远程控制系统为例，如图 7.52 所示，通过安装电话接口，业主可以在异地使用普通电话或者手机拨号实现对家里设备的控制，最

多可以控制八个功能或场景。为安全考虑,用户需要输入密码才可以进入系统。另一方面,通过安装图形用户界面软件,业主可在电脑、智能手机、PDA 等设备上根据实际情况设计功能菜单,以实现相应的远程控制功能。

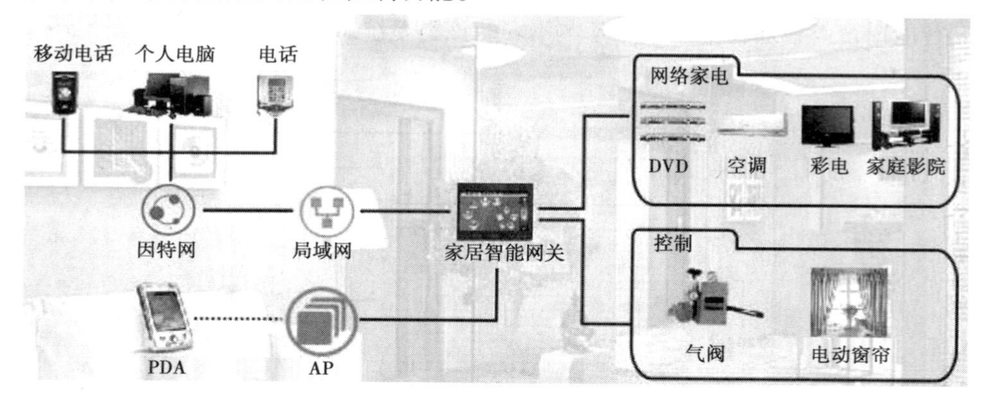

图 7.51　远程控制系统的结构

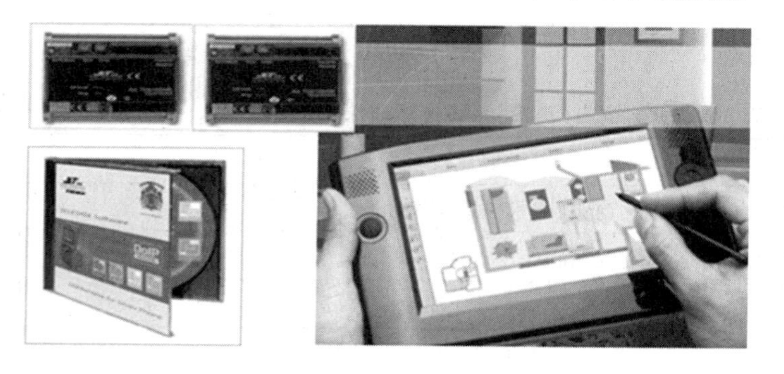

图 7.52　“唐太子”智能家居远程控制系统

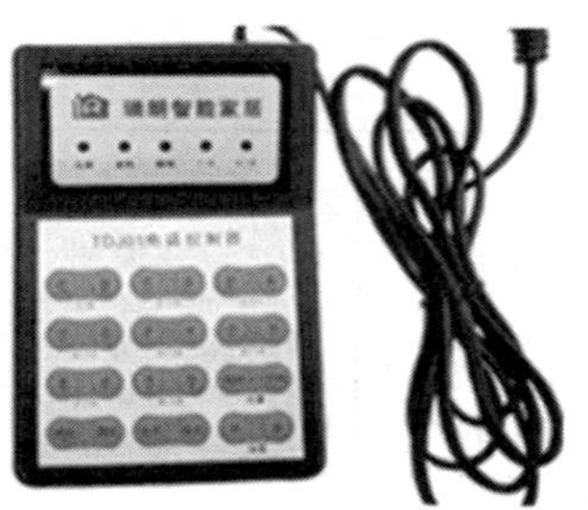

图 7.53　电话控制器

中高档住宅远程控制系统一般多用电话控制器。图 7.53 为某型号电话控制器。此产品即插即用,将两个外接插头中的电源插头插在 220 V 电源插座上,再把电话线插头与电话线插座相连接即完成安装。安装后,用户可以通过拨打家里电话远程控制家里的 16 路电灯或电器,并具备集中控制功能。

8. 远程医疗监护系统

远程医疗是技术与医学相结合的产物,即利用远程通信技术和计算机多媒体技术提供医学交流和医疗服务。远程医疗主要应用在:临床会诊、检查、诊断、监护、指导治疗、医学研究、交流、医学教育、手术观摩等方面。社区家庭远程医疗监护系统作为远程医疗系统中的一部分,它将采集到的被监护者的生理参数与视频、音频以及影像等资料通过网络实时传送到社区监护中心,用于动态跟踪病态发展,以保障及时诊断、治疗。随着当今社会老年人口的剧增,家庭医疗监护的作用越发突出。

随着数字电视、电话、Internet 在家庭中的普及,远程医疗将迅速拓展到家庭和社区,如开展远程心电监护、远程助产护理、对慢性患者进行远程家庭护理、远程医疗随访,患者可以在远程医疗系统中进行疾病治疗、身体保健、饮食等方面的咨询。考虑到近年来我国上网人数量剧增这一事实，将远程医疗系统与 Internet 医疗网站以及发展中的社区保健网络有机地结合在一起，将极大地推动社区保健和个人卫生保健事业的发展，扩大和强化保健职能。

9. 其他子系统

以上介绍的为常用的智能家居子系统。但根据实际情况，业主往往有不同的要求，下面列出一些常见的可选子系统，一般在豪华住宅中应用较多。

(1)家庭 AV 视频系统

图 7.54 所示为家庭 AV 视频系统。安装此系统后，用户只需一数字电视机顶盒、DVD/VCD 机、卫星天线及摄像头等设备，不用每个房间分别配备，就能在任何房间的电视机上随心所欲地观看这些设备播放或接收到的内容。可以在不同的房间分别观看不同的节目，又可以同时共享同一节目，轻松方便。

图 7.54 家庭 AV 视频系统

(2)家用中央吸尘及新风系统

该类系统常用于豪华住宅项目，用于中央吸尘及新风，如图 7.55 所示。

(3)其他智能家电

智能家电是在家电网络化和信息化的基础上，加入人工智能技术，使其能简单仿真人的思维活动。智能家电应能体现“3I”，即网络(Internet)、互动(Interactive)、智能(Intelligent)。

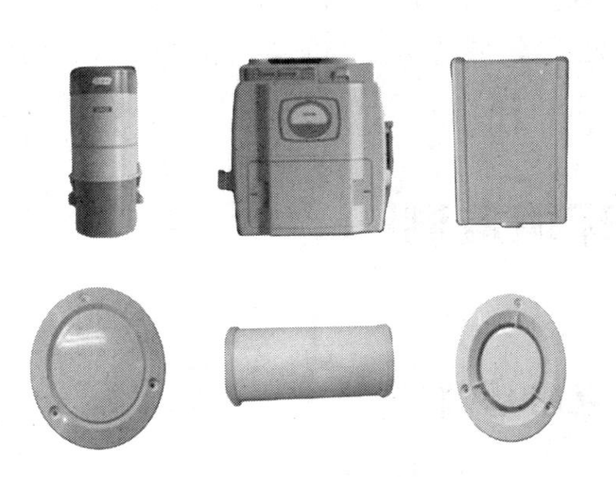

图 7.55 中央吸尘及新风系统

图 7.56 智能冰箱

①智能冰箱——海尔、伊莱克斯等公司生产了一类新型的智能冰箱，如图 7.56 所示，这类智能冰箱门上装有计算机、条形码扫描仪和显示器，与常用冰箱最大的不同是冰箱门

上安装了一块触摸屏，能够显示冰箱内的食品数量，当某种食品减少到一定程度，智能冰箱就会提醒主人，并可通过冰箱连接网络，向网上商店下单采购。根据冰箱所存的物品，冰箱屏幕上还能提供菜单。由于采用了GSM和WAP技术，通过冰箱还能收听广播、看电视节目以及上网。

②智能洗衣机——欧洲排名第三的家电企业MerLoni公司推出一款能利用移动电话和Internet来控制的智能洗衣机。这台洗衣机的名字很有网络概念，叫作Margherita2000（以下简称玛格莉特）。如果使用者放了太多洗衣粉，或者在洗纯羊毛衣服时把水温调得过高，洗衣机会自动提醒用户。如果内部的监视器发现洗衣机的零件即将损坏，也会自动通知客户服务中心及时前往修理。玛格莉特的功能不仅于此，其安装在底盘的监视器能够测量洗衣机的水流量，只要清洗完毕，玛格莉特就会终止清洗程序。

③智能卫浴——图7.57是集臀部清洗、温水调节、座圈加温、自动除臭、自动烘干、静音落座等功能于一身的智能马桶。

④多功能洗脸台——该类洗脸台装有红外感应水龙头，伸手即出水。镜子上还嵌有超薄显示器，可一边刷牙，一边通过显示器查看当天的天气预报。实物如图7.58所示。

图7.57 智能卫浴系统

图7.58 多功能洗脸台

总之，智能家居作为家庭信息化的实现方式，已成为社会信息化发展特别是物联网发展的重要组成部分。从个人、公共服务以及政府需求都凸显出发展智能家居产业的迫切性。物联网技术的发展与成熟，使得跨产业、跨领域技术和业务融合成为现实，并成为智能家居行业实现产业化的加速器。

7.5 环境监测

7.5.1 物联网在环境监测中的应用基础

1. 物联网环境监测的定义

物联网环境监测应用是指通过运用各种物联网技术，能够对影响环境质量因素的代表值进行实时在线测定，确定环境质量（或污染程度）及其变化趋势，预警和管控环境质量。物联网环境监测应用主要分为生态环境监测和污染监测，其中生态环境监测又可进一步细分为大气质量监测、地表水质监测、土壤墒情监测以及近岸海域水质监测等；污染监测则可细分为废气污染源监测、废水污染源监测以及固体废物在线监管等。

2. 物联网环境监测的特点

由于环境监测具有监测范围广阔、采样点位众多、采样频率高、监测手段多样、测定灵敏度要求高等特点，因此，传统监测方法耗费大量资源所获得的监测数据往往存在样本量和样本类型偏少、数据实效性弱、数据精度差等诸多问题。物联网新型传感及感知节点技术、感知节点组网与网络通信技术、数据融合及智能应用等技术能够在极为广阔的空间内，通过密布各种类型的感知节点，连续、实时采集并测定监测对象，通过多种通信方式快速反馈至数据处理平台，在对数据进行汇总、分析、发布的同时，系统自动反馈相应的环境预防或防治方案，从而将环境污染问题由事后监管转向事先预防。环境监测领域能够充分发挥物联网技术的优势，全国环境监测信息化建设早已成为物联网行业应用的雏形。

3. 物联网在我国环境监测中的应用历程

我国环境保护部从1997年开始进行环境在线监控系统的起步试验，从1999年开始第一次在全国范围内推广环境在线监控系统，2008年第二次在全国31个省/自治区/直辖市、6个督查中心和333个地级市部署国控污染源在线监控系统。截止2009年初，在生态环境监测领域，全国范围内实现环境空气监测点位数3 793个、地表水质监测断面数9 635个、近岸海域监测点位1 203个，饮用水源地水质监测的城市1 021个，已实现全国120个重点城市空气质量监测日报联网和国家地表水水质自动监测实时数据发布系统；在污染监测领域，开展污染源监督性监测的重点企业数49 391个，已实施污染源自动监控企业总数8 405个，实施自动监控国家重点监控企业4 218个。相对于其他行业应用来看，物联网环境监测应用已经走在了其他物联网行业应用的前列，成为物联网技术与行业应用有机结合的示范性代表。虽然多年来，全国环境监测信息化建设成果已经在某个层面上（如感知层）或某种程度上实现了物联网的相关功能，但总体来说，环境监测信息化建设仍处于物联网环境监测应用的初级发展阶段，存在传感器功能单一、测定精度和可靠性不高、网络传输技术相对落后、数据利用率不高、智能应用缺乏等问题，物联网环境监测应用的智能化水平有待进一步提高。

2009年国家环保部颁布的《先进的环境监测预警体系建设纲要(2010—2020)》提出“到2020年，全面改善我国环境监测网络、技术装备、人才队伍等方面薄弱的状况，全面实现环境监测管理和技术体系的定位、转型和发展”；中央财政也长期设立多项环境监测与污染防治专项资金，从资金层面上切实落实环境监测与污染防治工作的具体落实。国家政策与资金的大力支持，成为环境监测行业快速发展的巨大推动力量。2010年，随着各种环境监测资金的到位以及全国范围内物联网环境应用示范工程的广泛建设，我国物联网环境监测应用市场（不包含电磁辐射、放射性、声、光及卫生监测系统市场）获得了快速的增长,全年实现销售环境监测系统2 980万套(台),同比大幅度增长85.8%;年销售额12.8亿元,同比增长93.8%,物联网环境监测应用市场正在国家政策和市场应用的强力驱动下迅速发展。

从物联网环境监测应用的具体细分领域来看,污染监测系统是物联网环境监测应用市场的主力,2010年市场销售额达7.2亿元,占市场总额的56%,其中废水和废气污染源监测系统市场发展相对比较成熟,市场份额较大,而固体废物在线监管系统兴起较晚,市场仍处于成长阶段。生态环境监测系统市场销售额为4.5亿元,占市场总额的35%,其中大气质量监测系统、地表水质监测系统等市场快速发展,土壤墒情、近岸海域水质监测等市场也正处于快速成长阶段,市场份额相对较小。

7.5.2 物联网在环境监测中的主要应用

1. 物联网在环境监测中的主要应用领域

物联网可以广泛地应用于环境质量检测、污染源监控、应急指挥等领域,如图7.59所示,包括控制质量检测、地表水检测、环境噪声检测、远程图像监控、污染源在线监控、环保设施状态监控、环境应急指挥预案、执法车辆指挥调度等监测项目。从目前国内环保物联网的建设情况来看,其作用主要表现为:

①加强对重点污染源监管。

②加强环境监管、提高环境保护执行力。

③全面掌握污染源信息,实时监控企业环境违法行为。

④建立环境安全危机应急体系。

⑤环保部门能面向公众,服务社会。

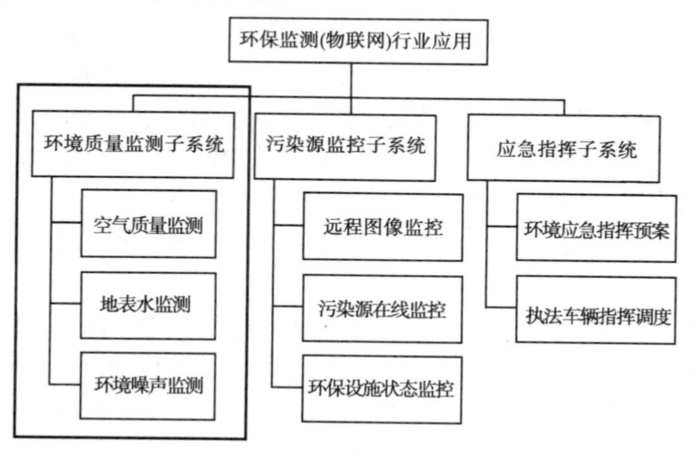

图7.59 物联网在环保监测中的应用领域

2. 物联网环境监测的体系结构及组网方案

物联网环境监测系统从结构上分，可以分为三层结构，如图 7.60 所示。首先是感知层，主要是污染治理设施（污染源）现场端的感知，包括现代化的传感器、分析仪、智能仪表等。其次是通信层，通信层的主要作用是实现感知层数据的传输，主要包括两种数据传输方式，有线传输和无线传输。最后是数据应用层，数据应用层有两方面的含义，一方面是通过数据分析，得出相关的结论支持环保管理决策；另一方面是通过远程控制来优化环保治理设计的工艺运行条件。

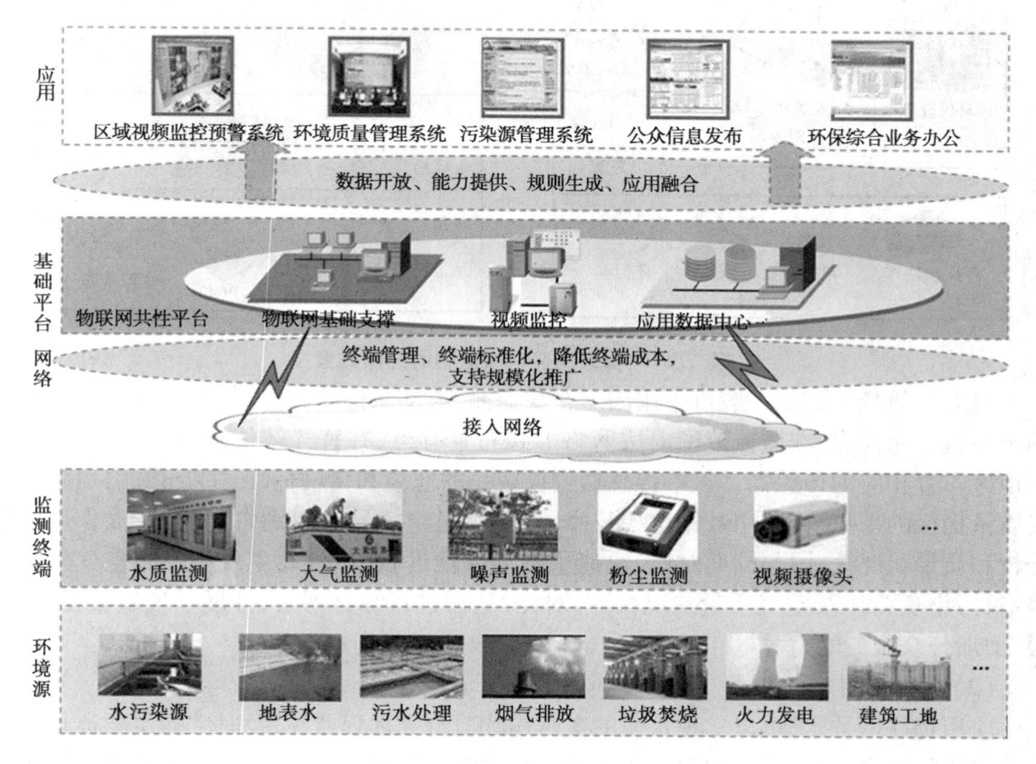

图 7.60　物联网在环保监测的体系结构

物联网环境监测的组网方案如图 7.61 所示，可以通过无线传感器网络构建感知层，通过环保专网、3G 移动网络构建传输层。

3. 物联网环境监测的应用案例

（1）大气质量监测

物联网技术可以广泛应用于大气环境监测，可以在所需监测大气环境质量的区域布设大量大气环境监测无线传感器网络，构成大气环境无线监测系统。通过微型传感器可以连续、自动采集大气的温度、气压、可吸入颗粒物、CO_2、SO_2 或其他需要监测的气体含量等参数。

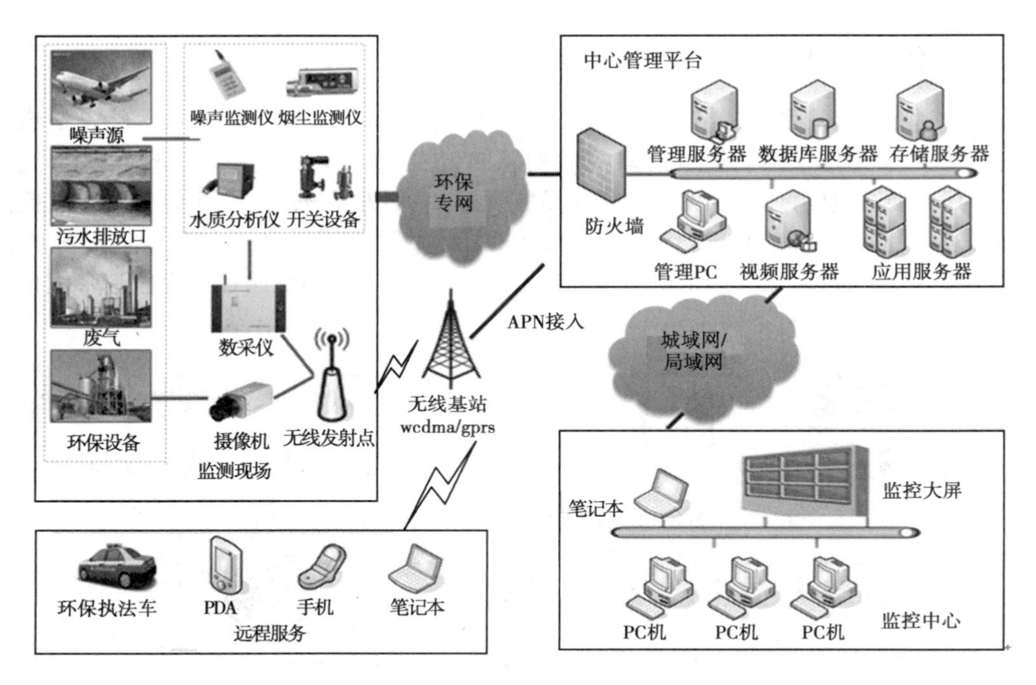

图 7.61　物联网在环保监测的组网方案

对大气质量的监测一般可采用固定在线监测、流动采样监测等方式，可在污染源安装固定在线监测仪表，在监控范围内按网络形式布置有毒、有害气体传感器，人群密集或敏感地区布置相应的传感器。这些传感器遵循统一的通信和传输标准，主要功能：对各类大气质量指标的采集，再利用数据挖掘技术，可实现对空气质量级别自动判定；能作出趋势分析和质量状况统计，与同期对比，快速了解环保治理状况；自动生成和发布空气质量日报；对污染负荷比及空气质量状况排序、对比，从而进行综合评价；开展空气质量预警、预报，增加公众服务能力。

(2)水质监测

应用物联网技术，可以实现水质的实时连续监测和远程监控，及时掌握主要流域重点断面水体的水质状况，预警预报重大或流域性水质污染事故，解决跨行政区域的水污染事故纠纷，监督总量控制制度落实情况。

水质监测包含饮用水源监测和水质污染监测两种。饮用水源监测是在水源地布置各种传感器、视频监视等传感设备，将水源地基本情况、企业水质的 PH 值等指标实时传送至监控中心，实现实时监测和预警。而水质污染监测是在各企业污水排放口安装水质自动分析仪表和视频监控，对排污企业排放的污水中的 BOD、COD、氨氮、流量等进行实时监控，并将数据同步更新到排污单位、中央控制中心、环境执法人员的终端上，以便有效防止过度排放或重大污染事故的发生。

以太湖为例，多年来深受“富营养化”的困扰。为了及时获得太湖水质的第一手资料，2009 年无锡首度运用物联网新技术在太湖大范围布放传感器，通过无线传输方式 24 小时在线监测太湖水的各项变化。截至 2009 年年底，五里湖、梅梁湖、贡湖和宜兴沿岸等水域已相继投放设立了86个固定式、浮标式水质自动监测站，覆盖饮用水源地、主要出入湖河道、太湖湖体和重点监控水域，总投资1.8亿元。这些监测站不仅为太湖治理提供了有力的数据支撑，而且有效搭建了一个水质监测预警平台，顺利帮助太湖安全度夏。

(3)生物生态环境监测

2002年，英特尔的研究小组和加州大学伯克利分校以及巴港大西洋大学的科学家把无线传感器网络技术应用于监视大鸭岛海鸟的栖息情况，如图7.62所示。位于缅因州海岸的大鸭岛环境恶劣，岛上的海燕又十分机警，研究人员无法采用常规方法进行跟踪观察。为此他们使用了包括光、湿度、气压计、红外传感器、摄像头在内的近10种传感器类型及数百个节点，系统通过自组织无线网络，将数据传输到百米外的基站计算机内，再由此经卫星传输至加州的服务器。之后，全球的研究人员都可以通过互联网察看该地区各个节点的数据，掌握第一手的环境资料，为生态环境研究者提供了一个极为便利的平台。

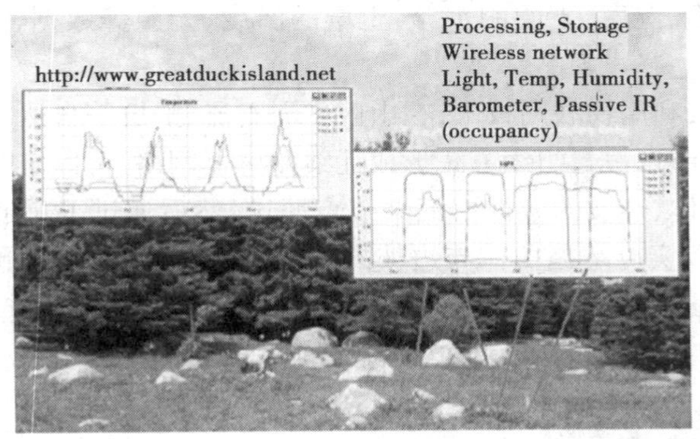

图7.62　大鸭岛生态环境监测系统

2005年，澳大利亚的科学家利用无线传感器网络来探测北澳大利亚蟾蜍的分布情况，如图7.63所示。由于蟾蜍的叫声响亮而独特，因此利用声音作为检测特征非常有效。科研人员将采集到的信号在节点上就地处理，然后将处理后的少量结果数据发回给控制中心。通过统计分析，就可以大致了解蟾蜍的分布、栖息情况。

图7.63　北澳大利亚的蟾蜍的分布情况

2012年，我国黄山风景区利用物联网技术，实现了景区保护管理和迎客松生态环境监测，如图7.64所示。通过布设在景区周边的物联网设备，指挥中心可实时获取迎客松松实现微细化保护管理。

图 7.64　黄山迎客松物联网生态环境监控系统

周边环境的温度、湿度、土壤的水分、土壤的温度、光照等数据，从而对迎客(4)防灾减灾监测与预警

如图 7.65 所示，利用物联网技术，在山区中泥石流、滑坡等自然灾害容易发生的地方布设监测节点，这些节点按自组织方式形成无线传感器网络，可以定时或测量值超过预定值范围时，自动将山体、边坡的数据由汇聚节点回送，然后通过卫星通信信道发送到控制中心。控制中心可以实时掌握山体与边坡的状态信息，可提前发出预警，以便做好准备，采取相应措施，防止进一步恶性事故的发生。

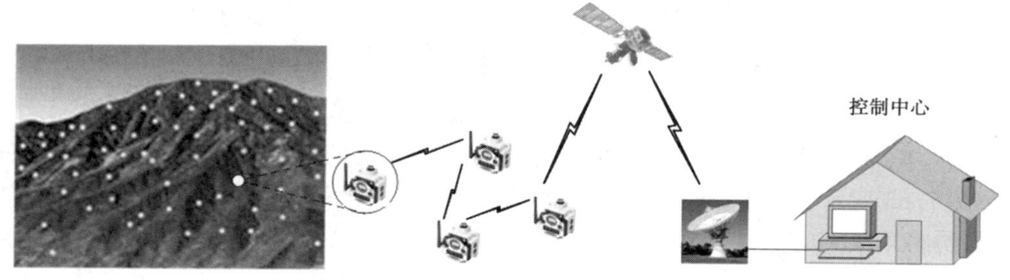

图 7.65　物联网防灾减灾监测与预警系统

技能练习

参观查看一个物联网应用系统，并画图说明构成及功能。

本章小结

应用是物联网存在的理由。发展物联网技术就是要使信息技术与各个行业、多个学科更进一步地紧密结合、相互渗透、深度融合，达到促进生产力发展、提高人们生活质量、改善生态环境、支持经济与社会可持续发展的目的。

本章主要介绍了物联网在各个领域的应用情况，其内容包括：

(1)智能电网的定义、特征及发展历程，物联网应用于智能电网中的主要形式、作用。

(2)智能交通的定义、系统构成及技术构成，物联网应用于智能交通中的主要形式、作用。

(3)我国现代物流发展的基础，物联网应用于智能物流中的主要形式、作用。

(4)智能家居的定义、功能、发展历程、主要企业，物联网智能家居的体系结构及典型系统。

(5)我国物联网环境监测的发展历程，物联网应用于环境监测中的主要形式、作用。

通过本章的学习，能够熟悉物联网在智能电网、智能交通、智能物流、智能家居、环境监测中的应用形式及作用，为进一步了解物联网的发展动力、发展趋势奠定基础。

简答题

1. 简述智能电网的定义，并说明其主要特征。
2. 举例说明物联网在智能电网中有哪些具体的应用？
3. 简述智能交通的定义，并说明其系统结构和技术构成。
4. 举例说明物联网在智能交通中有哪些具体的应用？
5. 简述现代物流的概念、特点及发展趋势。
6. 简述智能物流需要哪些支撑技术？
7. 举例说明物联网在智能物流中有哪些具体的应用。
8. 简述智能家居的定义、功能及发展历程。
9. 国内主要有哪些智能家居企业？
10. 请查阅有关智能家居企业的典型产品，并制作一份宣传报告。
11. 简述物联网在我国环境监测方面的应用概况。
12. 举例说明物联网在环境监测中有哪些具体的应用？

第8章* 物联网的知识体系和课程安排

教学目标

认识物联网的知识体系

熟悉物联网应用技术专业技术类知识领域、知识模块和知识单元

掌握物联网应用技术的主要关键知识点

理解认识物联网应用技术专业课程体系结构

熟知物联网应用技术专业课程设置

重点、难点

物联网应用技术专业技术类知识体系

物联网应用技术专业课程体系结构

8.1 物联网的知识体系

在物联网蓬勃发展的同时，相关统一协议的制定正在迅速推进，无论是美国、欧盟、日本、中国等物联网积极推进国，还是国际电信联盟等国际组织都提出了自己的协议方案，都力图使其上升为国际标准，但是目前还没有世界公认的物联网通用规范协议。不可否认的是，整体上，物联网分为软件、硬件两大部分。软件部分即为物联网的应用服务层，包括应用、支撑两部分。硬件部分分为网络传输层和感知控制层，分别对应传输部分、感知部分；软件部分大都基于互联网的 TCP/IP 通信协议，而硬件部分则有 GPRS、传感器等通信协议。通过介绍物联网的主要技术，分析其知识点、知识单元、知识体系，掌握实用的软件、硬件技术和平台，理解物联网的学科基础，从而达到真正领悟物联网本质的要求，如表 8.1 所示。

表 8.1 物联网体系框架

	感知控制层	网络传输层	应用服务层
主要技术	EPC 编码和 RFID 射频识别技术	无线传感器网络、PLC、蓝牙、Wi-Fi、现场总线	云计算技术、数据融合与智能技术、中间件技术
知识点	EPC 编码的标准和 RFID 的工作原理	数据传输方式、算法、原理	云连接、云安全、云存储、知识表达与获取、智能 Agent
知识单元	产品编码标准、RFID 标签、阅读器、天线、中间件	组网技术、定位技术、时间同步技术、路由协议、MAC 协议、数据融合	数据库技术、智能技术、信息安全技术
知识体系	通过对产品按照合适的标准进行编码实现对产品的辨别。通过射频识别技术完成对产品的信息读取、处理和管理	技术框架、通信协议、技术标准	云计算系统、人工智能系统、分布智能系统
软件平台	RFID 中间件(产品信息转换软件、数据库等)	NS2、IAR、KEIL、WAVE	数据库系统、中间件平台、云计算平台
硬件平台	RFID 应答器、阅读器、天线组成的 RFID 系统	CC2430、EM250、JENNIC LTD、FREESCALE BEE	PC 和各种嵌入式终端
相关课程	编码理论、通信原理、数据库、电子电路	无线传感器网络技术、电力线通信技术、蓝牙技术基础、现场总线技术	微机原理与操作系统、计算机网络、数据库技术、信息安全

8.1.1 物联网应用技术专业知识体系

物联网应用技术专业是教育部批准新设立的战略性新兴产业相关高职高专专业，学科基础一般依靠计算机技术、信息与通信技术、智能技术、控制技术等主干学科，其主要课程如下：计算机基础与程序设计、电工电子技术、离散数学、数字逻辑技术、物联网技术概论、信号与系统、算法与数据结构、计算机组成原理、现代通信技术、操作系统、无线数据通信技术、计算机网络、现代交换技术、数据库系统及应用、计算机系统结构、人工智能、传感器技术、嵌入式系统基础及应用、控制论基础、算法设计与分析、信息与网络安全技术、无线传感网技术、物联网信息处理技术、RFID 技术、物联网应用实践、云计算、服务计算、多媒体技术等。

按照一般技术专业划分，物联网技术分为三大知识领域：通识基础类知识领域、综合管理类知识领域和专业技术类知识领域，本节重点讨论物联网应用技术专业技术类知识领域。

物联网应用技术专业知识体系如图 8.1 所示。

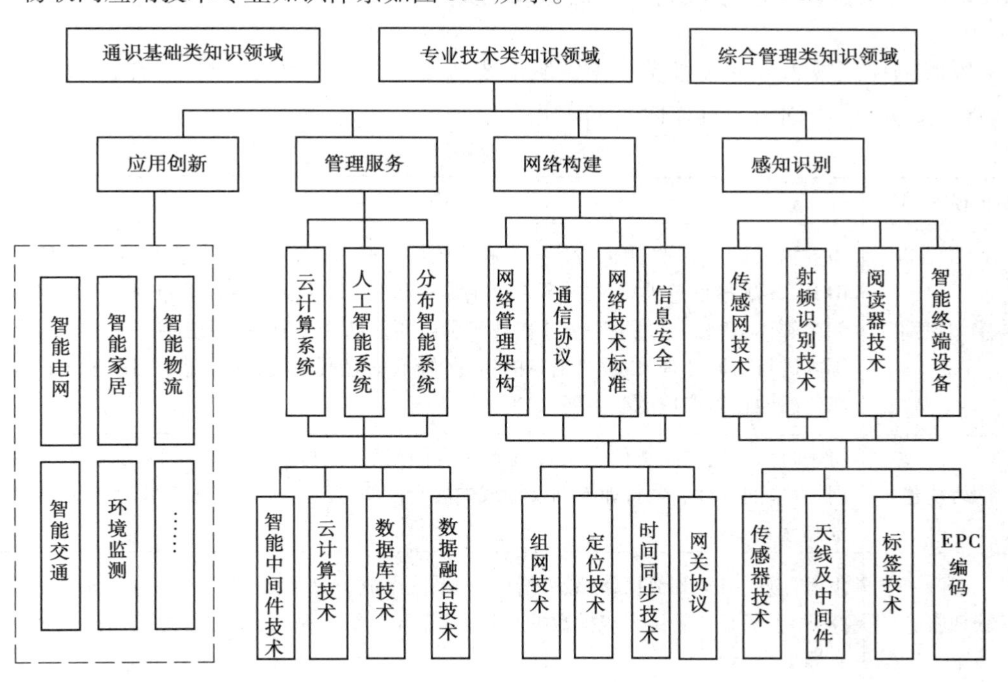

图 8.1 物联网应用技术专业知识体系

8.1.2 物联网应用技术专业知识领域

物联网应用技术专业涉及三个知识领域。

①通识基础类知识领域："非专业、非职业性的教育"，通过这部分知识的学习让学生掌握最基本的常识性知识。

②综合管理类知识领域：人文环境、法律法规、经济与管理、心理素质、职业修养及道德教育等。

③专业技术类知识领域：涉及学科基础、技术技能及学科发展方向的相关领域。

3 个知识领域的名称和内容如表 8.2 所示。

表 8.2　物联网技术专业知识领域

知识领域名称	内　容	课程学时比例
通识基础类知识领域	思政课程、英语、计算机等	20%
专业技术类知识领域	专业基础课程、必修和选修课程等	70%
综合管理类知识领域	经济与管理、职业道德教育等	10%

8.1.3　物联网应用技术专业知识模块

物联网应用技术专业技术类知识领域主要涵盖 4 个知识模块，包括感知识别、网络构建、管理服务、应用创新。具体内容如表 8.3 所示。

表 8.3　专业知识模块

知识模块名称	内　容
感知识别	由数据采集子层、短距离通信技术和协同信息处理子层组成。数据采集包括传感器、RFID、多媒体信息采集、二维码和实时定位等技术，涉及各种物理量、标识、音频和视频多媒体数据。通过短距离通信技术和协同信息处理子层将采集到的数据在局部范围内进行协同处理，以提高信息的精度，降低信息冗余度，并通过自组织能力的短距离传感网接入广域承载网络
网络构建	将来自感知层的各类信息通过基础承载网络传输到应用层，包括移动通信网、互联网、卫星网、广电网、行业专网及形成的融合网络等。涉及传感网技术、通信协议等技术单元
管理服务	由云计算、引擎等数据存储、分析、处理系统组成，在高性能计算和海量存储技术的支撑下，管理服务层将大规模数据高效、可靠地组织起来，为上层行业应用提供智能的支撑平台
应用创新	主要将物联网技术与行业专业系统相结合，实现广泛的物物互联的应用解决方案，主要包括业务中间件和行业应用领域

上述知识模块中，感知识别、网络构建两个知识模块属于物理基础层次，主要涉及硬件，例如，RFID 应答器、阅读器、天线及嵌入式终端等，因此本部分实验、实训较多；管理服

务、创新应用则偏向软件，例如中间件框架设计、编程实现等；各职业技术学院可以依据本校学科基础和特色技术优势，自组选择侧重点。

8.1.4　物联网应用技术专业知识单元

物联网应用技术专业知识单元涵盖的内容较多，其中感知识别模块主要包括4个知识单元：传感网技术、射频识别技术、阅读器技术和智能设备；网络构建知识模块主要包括4个知识单元：网络技术框架、通信协议、技术标准、信息安全；管理服务知识模块主要包括3个知识单元：云计算系统、人工智能系统、分布智能系统；应用服务包括智能电网、智能交通、智能家居、环境监测等。

物联网应用技术专业主要知识单元如表8.4所示。

表8.4　专业知识单元

知识单元名称	内　容
传感网技术	传感网络技术作为信息获取的重要核心技术，以其自动识别、安全可靠和可以动态跟踪的特点，实现真正物与物对话的应用
射频识别技术	射频识别技术是一项利用射频信号通过空间耦合（交变磁场或电磁场）实现无接触信息传递并通过所传递的信息达到识别目的的技术
阅读器技术	阅读器适用于快速、简便的系统集成，且性能可靠、功能齐全、安全性高，由实时处理器、操作系统、虚拟移动内存和一个小型的内置模块组成
智能终端设备	智能终端设备是指那些具有多媒体功能的智能设备，这些设备支持音频、视频、数据等方面的功能，如可视电话、会议终端、PDA等
网络管理框架	内容包括网络管理概述、网络管理观点、网络管理构件块、应用网络管理
通信协议	通信协议是指双方实体完成通信或服务所必须遵循的规则和约定。协议定义了数据单元使用的格式，信息单元应该包含的信息与含义，连接方式，信息发送和接收的时序，从而确保网络中数据顺利地传送到确定的地方
技术标准	技术标准是指重复性的技术事项在一定范围内的统一规定。标准能成为自主创新的技术基础，源于标准制定者拥有标准中的技术要素、指标及其衍生的知识产权
信息安全	信息安全包括的范围很大，网络环境下的信息安全体系是保证信息安全的关键，包括计算机安全操作系统、各种安全协议、安全机制（数字签名、信息认证、数据加密等），直至安全系统，其中任何一个安全漏洞便可以威胁全局安全
云计算系统	云计算操作系统是云计算后台数据中心的整体管理运营系统，它是指构架于服务器、存储、网络等基础硬件资源和单机操作系统、中间件、数据库等基础软件管理海量的基础硬件、软件资源之上的云平台综合管理系统
人工智能系统	人工智能系统是指通过了解智能的实质，构造出一种新的能以人类智能相似的方式作出反应的智能系统，部分替代或辅助人类工作

8.1.5 物联网应用技术专业知识点

物联网应用技术主要有以下关键知识点:EPC编码、标签技术、天线及中间件、传感器技术、网关协议、时间同步技术、定位技术、组网技术、数据融合及数据库技术、云计算技术、智能中间件技术等,如表8.5所示。

表8.5 专业知识点

专业知识点名称	内　容
EPC编码	EPC的目标是提供对物理世界对象的唯一标识。它通过计算机网络来标识和访问单个物体,就如在互联网中使用IP地址来标识、组织和通信一样
标签技术	标签技术是一项利用射频信号通过空间耦合,实现无接触信息传递并通过所传递的信息达到识别目的的技术
天线及中间件	天线及中间件把传输线上传播的导行波,变换成在无界媒介中传播的电磁波,或者进行相反的变换
传感器技术	传感器是指能感受规定的被测量,并按照一定的规律转换成可用输出信号的器件或装置
网关协议	网关在传输层上以实现网络互联,是最复杂的网络互联设备,既可以用于广域网互联,也可以用于局域网互联,在使用不同的通信协议、数据格式或语言,甚至体系结构完全不同的两种系统之间,大多数网关运行在OSI 7层协议的顶层——应用层
时间同步技术	目前有多种时间同步技术,每一种技术都各有特点,不同技术的时间同步精度也存在较大的差异,如长、短波授时等
定位技术	目前定位技术包括GPS、基站定位以及网络混合定位等
组网技术	组网技术就是网络组建技术,分为以太网组网技术和ATM局域网组网技术。以太网组网非常灵活和简便,可使用多种物理介质,以不同拓扑结构组网,已成为网络技术的主流
数据融合及数据库技术	数据库技术是一种计算机辅助管理数据的方法,它解决如何组织和存储数据,如何高效地获取和处理数据,通过学习数据库的结构、存储、设计、管理的基本理论和实现方法,并运用这些理论来实现对数据库中的数据进行处理、分析和理解
云计算技术	云计算技术是分布式计算技术的一种,透过网络将庞大的计算处理程序自动分拆成无数个较小的子程序,再交由多部服务器所组成的庞大系统经搜寻、计算分析之后将处理结果回传给用户
智能中间件技术	智能中间件屏蔽了底层操作系统的复杂性,减少程序设计的复杂性,从而大大减少了技术上的负担。智能中间件缩短了开发周期,减少了系统的维护、运行和管理的工作量,还减少了计算机总体费用的投入

8.2　物联网应用技术专业课程体系

8.2.1　物联网应用技术专业培养目标

本专业培养适应国家战略性新兴产业发展需要，具有良好的职业道德、职业素养和创新精神，掌握较好的专业理论知识和物联网应用技术，具有二维码、传感器与射频设备的安装、调试、维修、维护能力；传感设备生产、检测能力；无线通信网络、无线传感网络系统的组建、调试、维修、维护能力；智能系统的调试、维护、检测能力；物联网系统的应用、营销推广能力；能够胜任物联网构建、物联网管理、物联网应用等相关职业岗位的高端技能型专门人才。

8.2.2　物联网应用技术专业课程体系设置

物联网应用技术专业课程体系结构

围绕感知识别、物联网构建、物联网管理服务、物联网应用开发 4 个技术领域相关岗位的职业能力，开发出具有两个基础课程平台，4 个专业能力方向的课程体系结构。如图 8.2 所示。各学校可以根据自身基础条件，选择 2 ~3 个专业方向构建其课程体系。

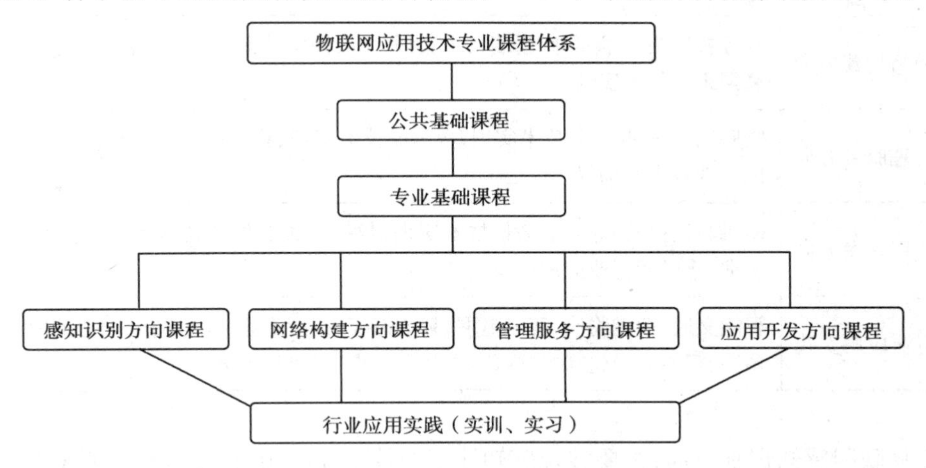

图 8.2　物联网应用技术专业课程系统结构

8.2.3　物联网应用技术专业课程设置

物联网应用技术专业是计算机技术、电子技术、通信技术、控制以及软件技术、管理工程等多个学科相融合的综合性专业学科，因此在一个专业内要学习整个物联网相关知识是不现实的，所以物联网应用技术专业人才培养要根据岗位目标定位，面向 4 个方向来培养。物联网应用技术专业课程设置建议如表 8.6 所示。

表 8.6　物联网应用技术专业课程设置

基础课程	公共基础	毛邓三概论、军事教育、形势与政策、道德与法律基础、大学英语、高等数学、社会实践、就业教育、体育、计算机应用基础等
	专业基础	物联网技术概论、电工电子技术、数字电子技术、计算机网络技术、数据库技术、程序设计基础、网页设计基础等
专业课程	感知识别方向	RFID 射频识别技术、传感器及检测技术、无线传感网技术、无线定位技术、嵌入式技术、自动控制技术等
	网络构建方向	通信技术、移动通信技术、无线网络技术、网络互联技术、物联网综合布线技术、物联网组网技术等
	管理服务方向	信息集成管理技术、操作系统、物联网与 Web 服务技术、云计算技术、物联网信息安全技术、物联网管理技术、应用软件设计等
	应用开发方向	微机与接口技术、通信技术、数据采集及处理技术、智能编程技术、物联网行业应用开发等
技能训练	基础课程	C 语言程序设计实训、计算机组装与维修实训
	感知识别方向	RFID 射频识别技术实训、传感器及检测技术实训、无线传感网技术实训、嵌入式技术实训
	网络构建方向	计算机网络技术实训、通信技术实训、无线网络技术实训、网络互联技术实训、物联网组网技术实训
	管理服务方向	物联网与 Web 服务技术实训、数据库技术实训、物联网信息安全技术实训、物联网管理技术实训等
	应用开发方向	微机与接口技术实训、通信技术实训、数据采集及处理技术实训、智能编程技术实训、物联网行业应用开发实训
	行业应用实践	智能交通、智能物流、智能电网、智能医疗、智能工业、智能农业、环境监控与灾害预警、智能家居、金融与服务业、智慧城市、国防与军事等

①物联网感知识别方向：主要涉及感知终端的技术和应用，包括各种传感器技术和应用，如温度传感器、压力传感器、光传感器等，以及芯片设计和应用技术，如射频标签和嵌入式应用开发等，要求学生掌握一定的电子设备知识、数字和模拟电子知识、嵌入式开发知识等内容。

②物联网构建方向：这个方向主要解决网络构建、数据传输问题，要求学生掌握计算机网络和通信相关知识，具有网络系统的构建、运行维护与管理能力，通信设备的安装、调

试和故障排除能力。

③物联网管理和服务方向:从物联网应用方面来看,物联网其实是一个应用管理系统,可以实现定位追溯、报警联动、调度指挥、预案管理、远程控制、安全防范、远程维保、在线升级、统计报表、决策支持、领导桌面等管理和服务功能,因此该领域需要大量的既懂得物联网知识、IT 技术又懂得管理的信息管理类人才。

④物联网应用开发方向:物联网是一个系统解决方案,实施前要经过详细的规划和设计,要求学生具备物联网相关知识,同时具备系统应用开发和集成应用设计能力。

物联网从对物的感知到数据传输,再到数据处理和控制,每一个环节都需要不同的知识和技能,因此在每个环节对学生的能力要求也不同。从以上 4 个培养方向上来分析,物联网应用技术专业人才知识和能力要求主要集中在以下几个方面:具有扎实的自然科学基础、较好的人文社会科学基础和外语综合能力;掌握物联网技术的基本理论;具有开发物联网终端设备的软硬件基本能力;具有构建、运行维护物联网的基本能力;具有与行业专家合作,对融合物联网后的信息系统进行管理的能力;了解与物联网有关的法规与发展动态。

物联网应用技术专业是面向国家战略性新兴产业发展的需要而设置的新专业,高职院校作为培养高级技能型人才的高等院校,面对物联网产业所带来的机遇与挑战,建立起适应于物联网产业需求的高职层次专业,并培养适应于物联网产业的高级技能人才,是紧跟社会经济发展的必然要求。

案例分析

某高职院校物联网应用技术专业课程体系

围绕物联网构建、物联网智能系统的设计与维护(应用)两个技术领域相关岗位的职业能力,开发出具有两个基础平台,两个专业能力方向的课程体系,物联网应用技术专业课程体系结构如图 8.3 所示。公共基础平台、专业基础平台和两个专业方向课程设置如图 8.4 所示。

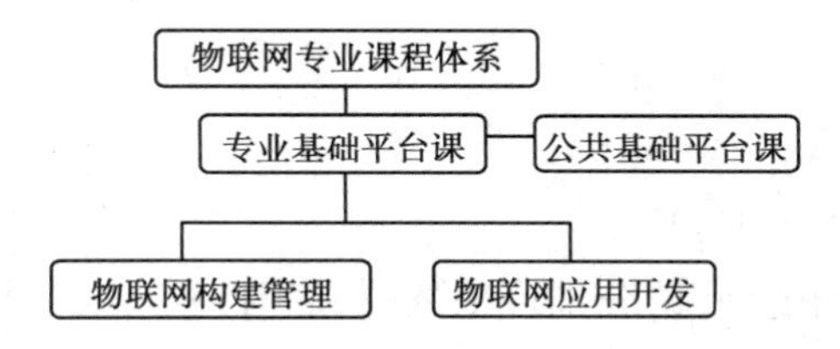

图 8.3 物联网应用技术专业课程体系结构

【友情提示】

- 物联网精神——开放、包容、探索、创新。
- 物联网特征——技术高度集成,学科复杂交叉,综合应用广泛。
- 培养特色——动手能力极强,创新层次,以探索性、验证性实验及技能训练为主,突出学生创新能力和实践能力的培养。

● 培养模式——宽口径、厚基础、重实践、求创新。

公共基础平台	毛邓三概论	道德与法律基础	形势与政策	就业指导
	高等数字	大学英语	计算机文化基础	体育
专业基础平台	C语言程序设计	电工电子技术	计算机网络技术	JAVA程序设计
	程序设计实训	数据库原理与应用	现代通信技术与设备	物联网概论
物联网构建管理方向	传感器与检测技术	RFID技术及应用	无线传感网络技术	物联网安全技术
	物联网组网技术	物联网组网实训	物联网综合实训	顶岗实习
物联网应用开发方向	JAVA项目实践	嵌入式技术及应用	智能设备编程	智能设备编程实训
	物联网编程项目实践	物联网行业应用	物联网综合设计	顶岗实习

图 8.4 课程设置

本章小结

本章简要介绍了物联网的知识体系,重点介绍了物联网应用技术专业的知识体系、课程体系及安排。通过这部分的学习,读者可以更加熟悉物联网的知识体系,明确物联网应用技术专业内容,专业方向以及专业发展,更好地规划自己的职业生涯。

简答题

1. 请简述物联网的主干课程。

2. 物联网分为软件和硬件,请分别说出软件和硬件指什么?

3. 物联网应用技术专业主要有哪些关键知识点?

4. 请简述物联网应用技术有哪三大知识领域?

5. 请简述物联网应用技术专业技术类知识领域涵盖哪 4 个知识模块? 并说出每个知识模块包含哪些知识单元?

6. 物联网应用技术专业课程体系结构,具有哪两个基础课程平台,哪 4 个专业能力方向的课程体系结构?

参考文献

[1] 吴功宜. 智慧的物联网——感知中国与世界的技术[M]. 北京:机械工业出版社,2010.

[2] 王志良,石志国. 物联网工程导论[M]. 西安:西安电子科技大学出版社,2011.

[3] 王志良,王粉花. 物联网工程概论[M]. 北京:机械工业出版社,2011.

[4] 刘化君,刘传清. 物联网技术[M]. 北京:电子工业出版社,2010.

[5] 刘云浩. 物联网导论[M]. 北京:科学出版社,2010.

[6] 田景熙. 物联网概论[M]. 南京:东南大学出版社,2010.

[7] 季顺宁. 物联网技术概论[M]. 北京:机械工业出版社,2012.

[8] 王鹏. 走进云计算[M]. 北京:人民邮电出版社,2009.

[9] 屈军锁. 物联网通信技术[M]. 北京:中国铁道出版社,2011.

[10] 张春红,等. 物联网技术与应用[M]. 北京:人民邮电出版社,2011.

[11] 刘丽军. 物联网技术与应用[M]. 北京:清华大学出版社,2012.

[12] 李蔚田. 物联网基础与应用[M]. 北京:北京大学出版社,2012.

[13] 王志良,闫纪铮. 普通高等学校物联网工程专业知识体系和课程大纲[M]. 西安:西安电子科技大学出版社,2011.

[14] 谢昌荣. 计算机网络技术[M]. 北京:清华大学出版社,2011.

[15] 陶文林, 周传勇,等. 物联网技术在高等职业技术教育中的应用[J]. 苏州市职业大学学报,2011(2):69-71.

[16] 沈苏彬, 范曲立. 物联网的体系结构与相关技术研究[J]. 南京邮电大学学报:自然科学版, 2009, 29 (6): 1-11.

[17] 孙其博,等. 物联网:概念、架构与关键技术研究综述[J]. 北京邮电大学学报, 2010(2):76-77.

[18] 张晖. 物联网体系架构和标准体系进展分析[N]. 中国电子报,2011(8).